DEVELOPMENT REPORT OF PLANT FIBER MOLDING

植物纤维模塑
发展报告 2020—2022

主　编｜黄俊彦
副主编｜苏炳龙　吴姣平　赵宝琳　郑天波　李中华　许祖近　陈　豪
主　审｜刘全校　黄昌海

文化发展出版社
Cultural Development Press
·北京·

图书在版编目（CIP）数据

植物纤维模塑发展报告：2020-2022 / 黄俊彦主编.-北
京：文化发展出版社，2023.2
ISBN 978-7-5142-3608-8

Ⅰ．①植… Ⅱ．①黄… Ⅲ．①植物纤维－塑料成型－研究报
告－2020－2022 Ⅳ．①TS102.2②TQ320.66

中国国家版本馆CIP数据核字(2023)第031647号

植物纤维模塑发展报告　2020—2022

主　　编：黄俊彦
副 主 编：苏炳龙　吴姣平　赵宝琳　郑天波　李中华　许祖近　陈　豪
主　　审：刘全校　黄昌海

出 版 人：宋　娜
责任编辑：李　毅　管思颖　　　　责任校对：岳智勇
责任印制：杨　骏　　　　　　　　封面设计：韦思卓
出版发行：文化发展出版社（北京市翠微路2号 邮编：100036）
发行电话：010-88275993　　010-88275710
网　　址：www.wenhuafazhan.com
经　　销：全国新华书店
印　　刷：北京天工印刷有限公司

开　　本：787mm×1092mm　　1/16
字　　数：395千字
印　　张：19.5
版　　次：2023年4月第1版
印　　次：2023年4月第1次印刷

定　　价：258.00元
ＩＳＢＮ：978-7-5142-3608-8

◆ 如有印装质量问题，请与我社印制部联系　电话：010-88275720

编 委 会

主 编
黄俊彦

副 主 编
苏炳龙　吴姣平　赵宝琳　郑天波　李中华　许祖近　陈　豪

顾 问
滕步彬　莫灿梁　陈志虎　董正茂　潘燕萍

特约撰稿人
毋玉芬　史晓娟　卢逸升　孙　昊　龙天宁　刘琳琳　邢　浩
周世燚　罗明翔　张合欢　查全罄　高　飞　黄　昕　黄胜文
韩若冰　舒祖菊　Stephen Harrod

委 员
王　方　王书红　王希刚　仇兴亚　邓剑峰　叶志坚　叶锦强　石殿相
尹海军　孙少锋　李　江　李　军　李杰敬　李时福　李　泰　伦永亮
向孙团　刘克华　刘　欢　刘　武　刘炯年　刘坤锋　花骏琪　吴学晗
陈艺铮　陈　洁　何　献　苏红波　范志交　金　坤　金志敏　岳文婷
张一为　张　雷　张　达　张路虎　房锦生　季文虎　杨　磊　钟同苏
饶日华　胡恒朝　姚姝君　徐洪池　徐红兵　徐佚鋆　侯云耀　侯　军
黄炜圻　夏凤林　童　钧　谢福松　蔡仁志　Chris Lo

主 审
刘全校　黄昌海

前　言

"植物纤维模塑"又称"纸浆模塑",是利用可再生的植物资源如蔗渣、毛竹、麦草、芦苇以及废弃纸品等植物纤维,经过模具塑造的方法,生产各种纤维模塑餐具、纤维模塑托盘、纤维模塑工业品缓冲衬垫和包装托盘,以及非平面的各种纤维模塑制品等。

我国植物纤维模塑行业经过 30 多年的发展,植物纤维模塑工业包装制品和食品餐饮用具的市场正在迅速扩大,已形成珠江三角洲、长江三角洲和环渤海地区三个植物纤维模塑区域发展中心,植物纤维模塑工业包装制品的应用已遍及各大品牌产品,植物纤维模塑食品餐饮用具已大批量出口到世界各地,各种植物纤维模塑精品包装制品不断涌现。特别是近几年,全球禁塑政策开始升温后,植物纤维模塑行业规模以每年 30% 以上速度的增长。今后几年,我国植物纤维模塑行业将迎来连续多年的高速发展期,到 2025 年,我国植物纤维模塑行业有望形成千亿美元的市场规模。

为促进我国植物纤维模塑行业持续健康快速地发展,系统辑录我国植物纤维模塑行业发展情况,展示我国植物纤维模塑行业的企业形象,为植物纤维模塑行业的发展提供有价值的参考,本书编委会精心编辑出版《植物纤维模塑发展报告 2020—2022》(以下简称《发展报告》)。本书是目前我国唯一辑录有关我国植物纤维模塑行业发展情况的资料性工具书,系统收集整理我国植物纤维模塑行业发展情况、企业经营情况、新工艺新装备发展情况、科研与新技术研发情况等,以及相关企业介绍和名录等,面向业内外公开发行。

本书自组织编写以来,得到了植物纤维模塑行业和业内外人士的广泛关注,为进一步做好《发展报告》基础资料搜集整理工作,编委会先后多次走访了广东、福建、江浙等地的植物纤维模塑行业相关企业、高校和科研院所,与上百位行业技术专家和企业家进行了交流，为本书的编写搜集第一手的基础资料。各位业内专家和同人对本书的编辑出版寄予厚望，提出了一些建设性的意见和建议，并为本书的编写工作提供了一些基础资料和编辑出版支持。

本书共分 8 个部分：一、行业综述与发展现状；二、产品与应用市场；三、生产工艺与技术；四、装备与器材；五、助剂与化学品；六、科技进步（获奖、专利、标准目录）；七、行业大事记；八、附录（重点企业介绍、企业名录、社团与信息平台）。

本书由大连工业大学黄俊彦教授任主编。吉特利环保科技（厦门）有限公司苏炳龙、广州华工环源绿色包装技术股份有限公司吴姣平、佛山市必硕机电科技有限公司赵宝琳、浙江欧亚轻工装备制造有限公司高级工程师郑天波、广东瀚迪科技有限公司李中华、浙江珂勒曦动力设备股份有限公司许祖近、格兰斯特机械设备（广东）有限公司陈豪任副主编。浙江众鑫环保科技集团股份有限公司滕步彬、广东省汇林包装科技集团有限公司莫灿梁、江苏澄阳旭禾包装科技有限公司陈志虎、江苏秸宝生物质新材料有限公司董正茂、美狮传媒集团上海华克展览服务有限公司潘燕萍任顾问。本书特约撰稿人有焦作市天益科技有限公司毋玉芬，大连工业大学史晓娟、邢浩，国际纸浆模塑协会卢逸升，江南大学孙昊副教授，深圳海内供应链有限公司龙天宁，西安理工大学刘琳琳副教授、韩若冰，深圳市爱美达环保科技有限公司周世燚，索理思（上海）化工有限公司罗明翔，济丰包装（上海）有限公司张合欢，加拿大林产品创新研究院查全磬，美狮传媒集团上海华克展览服务有限公司高飞，广东翰迪科技有限公司黄昕，中国包装联合会电子工业包装技术委员会黄胜文，安徽农业大学舒祖菊副教授、Smithers Information Limited Stephen Harrod 等。

参加本书编写工作的还有格兰斯特机械设备（广东）有限公司王方，中山市创汇环保包装材料有限公司王书红，山东汉通奥特机械有限公司王希刚，山东辛诚生态科技有限公司仇兴亚，佛山市浩洋包装机械有限公司邓剑峰，东莞市基富真空设备有限公司叶志坚，清远科定机电设备有限公司叶锦强，廊坊茂乾纸制品有限公司石殿相，深圳市昆宝流体技术有限公司尹海军，邢台市顺德染料化工有限公司孙少锋，莱茵技术监督服务（广东）有限公司李江，佛山市南海区旭和盛纸塑科技有限公司李军，广东旻洁纸塑智能设备有限公司李杰敬，青岛新宏鑫机械有限公司李时福，佛山市南海区凯登宝模具厂李泰，广州市南亚纸浆模塑设备有限公司伦永亮，佛山市顺德区富特力模具有限公司向孙团，沙伯特（中山）有限公司刘克华，江西中竹生物质科技有限公司刘欢，广东省汇林包装科技集团有限公司刘武，星悦精细化工商贸（上海）有限公司刘炯年，深圳市山峰智动科技有限公司刘坤锋，江苏澄阳旭禾包装科技有限公司花骏琪，沧州恒瑞防水材料有限公司吴学晗，吉特利环保科技（厦门）有限公司陈艺铮，上海镁云科技有限公司陈洁，东莞市勤达仪器有限公司何献，杭州品享科技有限公司苏红波，佛山市南海区双志包装机械有限公司范志交，浙江欧亚轻工装备制造有限公司金坤，浙江珂勒曦动力设备股份有限公司金志敏，广东瀚迪科技有限公司岳文婷，浙江万得福智能科技股份有限公司张一为，苏州艾思泰自动化设备有限公司张雷，深圳市龙威清洁剂有限公司张达，河北省蟠桃机械设备有限公司张路虎，广州华工环源绿色包装技术股份有限公司房锦生，浙江众鑫环保科技集团股份有限公司季文虎，开翊新材料科技（上海）有限公司杨磊，东莞市美盈森环保科技股份有限公司钟同苏，迪乐科技集团·佛山市美万邦科技有限公司饶日华，河北海川纸浆模塑制造有限公司胡恒朝，大连工业大学姚姝君、徐佚鋆、侯云耀，温州科艺环保餐具有限公司徐洪池，韶能集团绿洲生态（新丰）科技有限公司徐红兵，佛山市必硕机电科技有限公司侯军，佛山市顺德区致远纸塑设备有限公司黄炜圻，深圳市超思思科技有限公司夏凤林，绿赛可新材料（云南）有限公司童钧，汕头市凹凸包装机械有限公司谢福松，佛山美石机械有限公司蔡仁志，香港 TAW Holdings Limited Chris Lo 等。

本书由大连工业大学黄俊彦教授统稿，北京印刷学院刘全校副教授、《上海包装》杂志社黄昌海高级工程师主审。

在本书的调研和编写过程中承蒙植物纤维模塑行业相关企业和业内专家的大力支持和帮助，对本书的编写提出了许多宝贵的意见和建设性的建议，为提高本书的编写质量和编写水平起到了重要作用，在此一并表示衷心的感谢。

由于编者学识水平有限，编写时间仓促，搜集和发掘的资料不够充分，书中难免出现错误和不妥之处，恳请业内外读者朋友予以斧正。

编　　者

2022 年 10 月

目　录

行业综述与发展现状

2020—2022 年我国植物纤维模塑行业发展情况报告 ·· 2
2020—2022 年部分投资建设的植物纤维模塑项目 ·· 10
国外植物纤维模塑行业发展情况综述 ·· 15

产品与应用市场

2020—2022 年我国植物纤维模塑行业生产情况概述 ·· 26
植物纤维模塑产品应用市场及前景展望 ·· 34
植物纤维模塑行业发展机遇与挑战 ·· 46

生产工艺与技术

植物纤维模塑工艺技术与发展趋势 ·· 54
植物纤维模塑研究进展及应用情况 ·· 63
植物纤维模塑创新技术与发展趋势 ·· 72
3D 打印技术在植物纤维模塑行业的应用 ·· 84
免切边植物纤维模塑制品的生产过程及成本影响因素分析 ·· 96
环保包装"万能公式"让植物纤维模塑更精彩 ··· 102

装备与器材

2020—2022 年我国植物纤维模塑装备与器材行业概述 ··· 108

植物纤维模塑装备技术与发展趋势 ┈┈┈┈┈┈┈┈┈┈┈┈┈┈┈┈┈┈ 113

植物纤维模塑干燥设备隔热节能材料痛点问题分析及新型材料的应用 ┈┈┈┈ 126

五

助剂与化学品

植物纤维模塑化学品添加剂与技术发展 ┈┈┈┈┈┈┈┈┈┈┈┈┈┈┈┈ 135

六

科技进步

历年植物纤维模塑行业获奖情况 ┈┈┈┈┈┈┈┈┈┈┈┈┈┈┈┈┈┈ 146

植物纤维模塑行业授权专利目录 ┈┈┈┈┈┈┈┈┈┈┈┈┈┈┈┈┈┈ 148

植物纤维模塑行业相关标准目录 ┈┈┈┈┈┈┈┈┈┈┈┈┈┈┈┈┈┈ 199

植物纤维模塑相关文献资料目录 ┈┈┈┈┈┈┈┈┈┈┈┈┈┈┈┈┈┈ 202

七

行业大事记

2020 年植物纤维模塑行业大事记 ┈┈┈┈┈┈┈┈┈┈┈┈┈┈┈┈┈ 208

2021 年植物纤维模塑行业大事记 ┈┈┈┈┈┈┈┈┈┈┈┈┈┈┈┈┈ 211

2022 年植物纤维模塑行业大事记 ┈┈┈┈┈┈┈┈┈┈┈┈┈┈┈┈┈ 213

八

附录

国内外限塑禁塑政策盘点 ┈┈┈┈┈┈┈┈┈┈┈┈┈┈┈┈┈┈┈┈┈ 216

植物纤维模塑行业重点企业介绍 ┈┈┈┈┈┈┈┈┈┈┈┈┈┈┈┈┈┈ 221

植物纤维模塑部分企业名录 ┈┈┈┈┈┈┈┈┈┈┈┈┈┈┈┈┈┈┈ 275

社团与信息平台 ┈┈┈┈┈┈┈┈┈┈┈┈┈┈┈┈┈┈┈┈┈┈┈┈┈ 293

CONTENTS

Industry Overview and Development Status

Report on the Development of the Plant Fiber Molding Industry in China from 2020 to 2022 ⋯⋯ 2

Part of Invested and Constructed Plant Fiber Molding Projects from 2020 to 2022 ⋯⋯⋯⋯⋯ 10

Summary of the Development of the Plant Fiber Molding Industry Abroad ⋯⋯⋯⋯⋯⋯⋯ 15

Product and Application Market

Overview of the Production of the Plant Fiber Molding Industry in China from 2020 to 2022 ⋯ 26

Application Market and Prospect of Plant Fiber Molding Products ⋯⋯⋯⋯⋯⋯⋯⋯⋯ 34

Development Opportunities and Challenges of the Plant Fiber Molding Industry ⋯⋯⋯⋯ 46

Production Process and Technology

Technology and Development Trend of Plant Fiber Molding Products ⋯⋯⋯⋯⋯⋯⋯⋯ 54

Research Progress and Application of Plant Fiber Molding Products ⋯⋯⋯⋯⋯⋯⋯⋯ 63

Emerging Technologies and Development Trends of Plant Fiber Molding Products ⋯⋯⋯⋯ 72

Application of 3D Printing Technology in Plant Fiber Molding Industry ⋯⋯⋯⋯⋯⋯⋯ 84

Production Process and Cost-effectiveness Analysis of Trimming-free Plant Fiber

Molding Products ⋯⋯⋯⋯⋯⋯⋯⋯⋯⋯⋯⋯⋯⋯⋯⋯⋯⋯⋯⋯⋯⋯⋯⋯⋯ 96

The Eco-friendly Packaging "Universal Formula" Makes Plant Fiber Molding Products More

Wonderful ⋯⋯⋯⋯⋯⋯⋯⋯⋯⋯⋯⋯⋯⋯⋯⋯⋯⋯⋯⋯⋯⋯⋯⋯⋯⋯⋯⋯ 102

Equipment

Overview of the Plant Fiber Molding Equipment and Manufacturing in
China from 2020 to 2022 ·· 108

Equipment Technologies and Development Trends of Plant Fiber Molding Products ················ 113

Pain Point Analysis of Thermal Insulation & Energy−saving Materials of Plant Fiber
Molding Drying Equipment, and the Applications of New Materials ···························· 126

Additives and Chemicals

Chemical Additives and New Technology Development of Plant Fiber Molding Products ········ 135

Scientific and Technological Progress

Awards Received by the Plant Fiber Molding Industry over the Years ··························· 146

Authorized Patents of the Plant Fiber Molding Industry ··· 148

Standards of the Plant Fiber Molding Industry ··· 199

Literature of the Plant Fiber Molding Industry ·· 202

Industry Events

Highlights of the Plant Fiber Molding Industry in 2020 ··· 208

Highlights of the Plant Fiber Molding Industry in 2021 ··· 211

Highlights of the Plant Fiber Molding Industry in 2022 ··· 213

Appendix

Review of Domestic and Foreign Policies on Plastic Ban ··· 216

Introduction of the Key Enterprises in Plant Fiber Molding Industry ···························· 221

List of Part of Plant Fiber Molding Enterprises ·· 275

Associations and Information Platform ··· 293

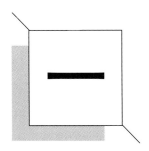

行业综述与发展现状

Industry Overview and Development Status

★ 2020—2022 年我国植物纤维模塑行业发展情况报告

★ 2020—2022 年部分投资建设的植物纤维模塑项目

★ 国外植物纤维模塑行业发展情况综述

2020—2022年我国植物纤维模塑行业发展情况报告

Report on the Development of the Plant Fiber Molding Industry in China from 2020 to 2022

随着全球各国对环保政策的日趋收紧和我国新版"限塑令"逐步在全国各地落地实施，作为一次性塑料替代品之一的植物纤维模塑（又称：纸浆模塑）制品凭借其生产制造过程对环境友好、应用范围广泛、相对于其他绿色环保材料更加成熟等优势，成为禁塑限塑风口下工业包装、食品餐饮包装及其相关行业的翘楚。本文对近年来我国纸浆模塑行业的发展状况以及未来纸浆模塑行业的发展趋势等作一综述和分析，以便为我国纸浆模塑行业健康稳定发展提供借鉴和参考。

一、植物纤维模塑行业发展概况

在全球植物纤维模塑（以下简称纸浆模塑）市场整体发展向好的情况下，中国新版限塑令的执行，"双碳"目标的确立，以及近年来消费者环保意识的不断加强，促使我国工业品、食品餐饮行业对于环保型绿色包装的需求持续攀升，助推我国纸浆模塑行业规模和市场快速扩张。据行业内人士交流预测，到2025年，我国纸浆模塑行业有望形成千亿美元的市场规模，今后几年，我国纸浆模塑行业将迎来连续多年的高速发展期。

通过企查查网站，以关键词"纸浆模塑"进行查询，结果显示，截至2022年5月，我国纸浆模塑相关企业共有945家，经营10年以上有617家，新近1～3年成立的企业有84家。地域分布呈现出高度集中的特征，约70%的企业集中在东部地区，而东部地区中，广东省的企业数量属全国第一，其次是江苏、山东、浙江、上海和京津地区。我国纸浆模塑行业企业分布情况如表1所示。各地区纸浆模塑行业企业占比情况如图1所示。

近年来，在政府禁塑限塑政策引导与市场需求两大推力的作用下，纸浆模塑产品作为主流的塑料替代产品之一，因其环保、可持续、价格相对稳定等优势，市场地位及重要性日益上升，国内很多厂商纷纷将巨资投入这个行业。根据前瞻产业研究院的资料，我国纸浆模塑市场预计在2025年将要达到的容量为2000亿元，纸浆模塑在塑料包装市场中的渗透率有望达到30%，见表2。

表 1　我国纸浆模塑行业企业分布情况

区域	行政区划	企业数量/家	区域	行政区划	企业数量/家
东部地区（660家，占比 70%）	广东省	236	西部地区（94家，占比 10%）	陕西省	24
	北京市	23		重庆市	21
	江苏省	100		四川省	13
	山东省	83		广西壮族自治区	5
	浙江省	71		云南省	6
	上海市	60		贵州省	6
	河北省	38		甘肃省	5
	天津市	16		内蒙古自治区	5
	福建省	27		青海省	2
	海南省	1		宁夏回族自治区	2
	台湾省	1		新疆维吾尔自治区	5
	香港特别行政区	4		—	—
中部地区（127家，占比 13%）	湖北省	19		—	—
	山西省	11		—	—
	江西省	11		—	—
	湖南省	26	东北地区（64家，占比 7%）	辽宁省	41
	安徽省	40		吉林省	9
	河南省	20		黑龙江省	14

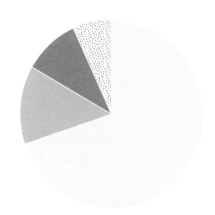

东部地区 70%　　中部地区 13%　　西部地区 10%　　东北地区 7%

图 1　各地区纸浆模塑行业企业占比情况

表2 2020—2025 年我国纸浆模塑行业市场容量预测

序号	指标	单位	2020 年	2025 年
1	我国塑料包装的市场规模 [A]	亿元	6867	7960
2	纸浆模塑在塑料包装行业的渗透率 [B]	%	5	30
3	我国纸浆模塑市场容量预测 [C=A×B]	亿元	343	2388

（资料来源：前瞻产业研究院整理）

以禽蛋包装为例，据前瞻产业研究院资料显示，如表3所示，目前纸浆模塑包装在禽蛋包装方面的渗透率仍然较低，约在30%左右（零售端和批发端仍然使用塑料包装较多），同时以批发价格来看，一个纸浆模塑蛋盒包装的价格为0.3元左右。综合来看，2020年中国纸浆模塑蛋盒包装的市场需求约为55亿元人民币。

表3 2020 年中国禽蛋包装用纸浆模塑需求量测算

序号	指标	单位	数值
1	禽蛋产量 [A]	万吨	3467.76
2	一颗禽蛋重量 [B]	克	50
3	禽蛋数量 [C=A/B×100]	亿颗	6935.52
4	平均一个盒子装鸡蛋数量 [D]	颗	15
5	盒子需求量 [E=C/D]	亿个	462.368
6	纸浆模塑渗透率 [F]	%	30
7	纸浆模塑盒需求数 [G=E×F]	亿个	138.71
8	一个盒子价钱 [H]	元	0.3
9	中国禽蛋对纸浆模塑盒市场需求 [I=G×H]	亿元	42
10	禽蛋需求占总需求占比 [J]	%	75
11	中国纸浆模塑盒市场需求 [K=I/J]	亿元	55

（资料来源：前瞻产业研究院整理）

根据市场规模大数据分析，目前我国旅游业、外卖打包、家庭和餐厅打包用纸浆模塑制品市场规模总量为483.72亿元；农产品蛋托、水果托、食品、蛋糕、生鲜超市肉类纸浆模塑托盘市场需求量为372.36亿元。工业产品包装用纸浆模塑制品用量将超过食品和农产品包装用量的总和。

二、植物纤维模塑行业企业发展现状

植物纤维模塑行业在中国仅有几十年的历史，近年来发展却非常迅速，原因有二。其一，纸浆模塑制品本身在环保、使用性能等方面比其他替代品有着显著优势。其二，政府的大力扶持和世界大环境的影响。目前，我国的纸浆模塑工业在生产工艺、产品性能、机械设备、生产规模等方面都处于世界前列。国内纸浆模塑设备制造技术已日臻成熟，设备性能、生产工艺等均能与进口设备媲美。而且国产设备投资成本小、机动灵活、产品生产成本低，特别适合于产品规格多样化的工业包装制品的生产。

在纸浆模塑工业包装制品板块，主要有广东省汇林包装科技集团有限公司、永发印务有限公司、上海界龙集团有限公司、金箭印刷科技（昆山）有限公司、东莞市植本环保科技有限公司、斯道拉恩索正元包装有限公司、重庆凯成科技有限公司、佛山市昆保达模塑科技有限公司、东莞市美盈森环保科技有限公司、绿赛可新材料（云南）有限公司、廊坊茂乾纸制品有限公司、中山市创汇环保包装材料有限公司、山鹰国际控股股份公司、深圳光大同创新材料有限公司、贵州格林杜尔环保新材料有限公司等企业。其中一些企业的产品已经达到行业的国际水平，出口到世界各地，并在国际国内获得了一系列大奖。

在纸浆模塑食品包装制品和餐具板块，主要有浙江众鑫环保科技有限公司、吉特利环保科技（厦门）有限公司、江苏澄阳旭禾包装科技有限公司、沙伯特（中山）有限公司、韶能集团绿洲生态（新丰）科技有限公司、浙江万得福智能科技股份有限公司、深圳市裕同包装科技股份有限公司、广西侨旺纸模制品股份有限公司、浙江金晟环保股份有限公司、龙岩市青橄榄环保科技有限公司、山东辛诚生态科技有限公司、温州科艺环保餐具有限公司、深圳爱美达环保科技有限公司、浙江家得宝科技股份有限公司、杭州西红柿环保科技有限公司、山东辰骐环保新材料科技有限公司、广西华萱环保科技有限公司、山东蓝沃环保餐具有限公司、济南圣泉集团股份有限公司、湖北麦秆环保科技有限公司、山东泉林秸秆高科环保股份有限公司、大连松通创成环保科技有限公司等企业。其中大部分企业的产品都出口到世界各地，部分企业的产品出口量甚至达到了90%以上。

在纸浆模塑制造装备与器材板块，吉特利环保科技（厦门）有限公司、广州华工环源绿色包装技术股份有限公司、广州市南亚纸浆模塑设备有限公司、浙江欧亚轻工装备制造有限公司、佛山市必硕机电科技有限公司、湖南双环纤维成型设备有限公司凭借其在行业内多年的专业技术积累，技术与产品日臻成熟，已经成为国内外纸浆模塑行业重要的设备与器材供应商；迪乐科技集团·佛山市美万邦科技有限公司、佛山美石机械有限公司、广东瀚迪科技有限公司、深圳市山峰智动科技有限公司、汕头市凹凸包装机械有限公司等新锐企业在纸浆模塑自动化智能化设备的开发方面也有一定的竞争力；河北海川纸浆模塑有限公司、河北省蟠桃机械设备有限公司制造的转鼓式成型机、蛋托生产设备等在业界已享有一定的声誉。中小企业佛山市顺德区致远纸塑设备有限公司、广东旻洁纸塑智能设备有限公司、佛山市浩洋包装机械有限公司、清远科定机电设备有限公司、青岛新宏鑫机械有限公司也在纸浆模塑行业市场上占有一定的份额。

在纸浆模塑后道加工设备板块，主要有专注纸浆模塑切边设备的苏州艾思泰自动化设备有限公司；专注纸浆模塑覆膜工艺与设备的佛山市南海区双志包装机械有限公司；专注纸浆模塑制品彩印的深圳威图数码科技有限公司等，为纸浆模塑行业的设备配套和产品后加工提供了重要保障。

在纸浆模塑辅助设备与器材板块，主要有提供纸浆处理系统的山东汉通奥特机械有限公司；提供纸浆模塑成型设备配套真空泵、空压机的格兰斯特机械设备（广东）有限公司、浙江珂勒曦动力设备股份有限公司、东莞市基富真空设备有限公司、深圳市昆宝流体技术有限公司、广东思贝乐能源装备科技有限公司等；专业提供纸浆模塑制作模具的佛山市顺德区富特力模具有限公司、佛山市南海区凯登宝模具厂、佛山市南海区旭和盛纸塑科技有限公司、深圳市超思思科技有限公司等；提供高效隔热保温材料的焦作市天益科技有限公司；提供纸浆原料和产品检测仪器设备的杭州品享科技有限公司、东莞市勤达仪器有限公司等，以及提供纸浆模塑可生物降解项目测试的莱茵技术监督服务（广东）有限公司，都在为纸浆模塑行业的发展发挥着重要的作用。

在纸浆模塑用化学品板块，主要有专注纸浆模塑化学品添加剂的索理思（上海）化工有限公司、邢台市顺德染料化工有限公司、开翊新材料科技（上海）有限公司、星悦精细化工商贸（上海）有限公司、上海镁云科技有限公司、沧州市恒瑞防水材料有限公司等，以及有专注模具洗模水、纸塑脱模剂的深圳市龙威清洁剂有限公司等。

纵观上述纸浆模塑相关企业的发展，我国纸浆模塑行业已经进入了快速发展期，在纸浆模塑的各个细分领域已涌现出一大批新锐企业。

三、植物纤维模塑行业发展前景

利用植物纤维模塑技术生产的餐具制品及工业包装制品是真正的环保产品，它以天然植物纤维或废纸为原料，生产过程和使用过程无任何污染。纸浆模塑制品除了在替代一次性塑料餐具方面有积极作用外，也广泛用于工业产品尤其是电子产品的包装。从纸浆模塑行业的发展趋势看，纸浆模塑制品正逐步进入商品包装的主流，它是目前泡沫塑料制品的较佳替代产品之一，纸浆模塑行业正步入蓬勃发展期。

1. 食品包装与餐饮具发展空间广阔

一次性纸浆模塑环保餐具是利用甘蔗渣、竹子及农作物秸秆作为原材料，制成纤维原料后，再加工成纸浆模塑餐饮具，可以被应用于餐饮、外卖打包盒、旅游等行业。随着我国及其他国家对白色污染的重视，也出台了相关禁塑限塑的法律法规，促进了纸浆模塑环保餐具的发展。据资料显示，2011 年全球一次性降解餐具总消费量约为 635 亿只；2012 年全球一次性降解餐具总消费量约为 688.9 亿只；2013 年全球一次性降解餐具总消费量约为 747.5 亿只，到了 2020 年全球需求量超过了 2500 亿只。据我国交通部门统计，每天有几千万人在流动，仅铁路交通使用快餐盒每年达 5 亿多只，各城市快餐业年用量达 100 多亿只，方便面、超市用各种托盘、杯子，航空业、其他行业用各种一次性包装制品总量超过 1000 亿只，且每年仍以 15% 的速度增长。

可以看出，纸浆模塑餐饮具这类被普遍使用的环保易耗品的需求量在不断地增长，并且还具有很大的发展空间，因此我们要坚持做好纸浆模塑环保餐具的市场拓展，提升其无害化防水防油的功能，扩大市场份额，提高纸浆模塑环保餐具的市场占有率。

利用植物纤维原料，通过模塑成型制作的食品包装托盘（盒）用于超市生鲜托盘、预制菜托盘（盒）、精致烘焙包装盒、蛋糕盘和蛋糕底座等，具有硬度好、档次高、外观漂亮、形状多样等特点，可以代替传统的纸板裱糊盒、金属盒、塑料内托等。随着烘焙食品档次的不断提高，纸浆模塑食品包装符合了当前烘焙糕点行业的发展趋势，另外烘焙行业利润较高，包装附加值也要高于普通餐具类产品，在产品附加值上具有更大的优势和发展空间。

2. 工业包装制品市场潜力巨大

随着我国经济与国际市场深度的融合，推进"一带一路"建设，加强与世界各国的互利合作。商品进出口交易量越来越大，商品防震包装制品的需求量也越来越大。而环保型的纸浆模塑包装制品取代泡沫塑料制品用作防震包装是必然的趋势，未来纸浆模塑工业包装制品的市场潜力是相当巨大的。

据资料介绍，欧美、日本等国家和地区已经严格禁止采用 EPS 泡沫塑料作为商品的内衬包装。近几年，国内市场对泡沫塑料包装制品的环保型替代品也有着十分迫切的需求。随着纸浆模塑制品工艺技术的不断成熟，以及其性能、价格等方面均已具备了取代泡沫塑料制品的优势，纸浆模塑制品以其优良的缓冲防震性能、价格低廉，尤其是可降解的环保优势，在我国珠江三角洲地区、长江三角洲地区、环渤海地区得到了较为广泛的应用，众多国内名牌家电、电子产品及外资企业的产品都已开始采用纸浆模塑制品作为其内衬防震包装材料。纸浆模塑包装制品已广泛应用于家电、通信材料、电脑配件、陶瓷、玻璃、仪表仪器、玩具、灯饰工艺品等产品的内衬防震包装。

在国际及国内环保趋势的影响下，预计在 5 ～ 10 年内，纸浆模塑制品对泡沫塑料制品的替代量将达 50% 或更多，形成数以千亿元计的市场份额。目前我国纸浆模塑工业包装制品年产量还不高，基本上都是配套出口机电、家电产品，远远不能满足日益增长的代塑包装市场需求。所以迫切要求国内纸浆模塑包装行业尽快扩大纸浆模塑包装制品的生产，提升其应用功能，拓展其应用范围，以满足国内外市场的需求。

3. 高端医疗用品、化妆品包装正在开发

以植物纤维纸浆为原料做成的医用领域使用的模塑产品，主要应用于医院、战地前线的一次性医用产品，如纸尿壶、纸便盆、护手托以及各类药物、保健品的模塑内外盒包装等。这类产品使用后可一次性碎解成纸纤维并排入医院排污系统，可绝对避免病菌交叉污染。随着医疗水平的大幅提高，以及防治疫情的需要，国家对社会医疗保障的投入增加，卫生程度更高、使用更便捷的一次性医疗用品会越来越广泛，这就为可再生的纸浆模塑制品的发展创造和拓展了便利条件。

另外，在禁塑限塑全球化的潮流下，越来越多的美妆企业呼吁采用天然原料取代塑料，用于生产化妆品的包装。2018年欧莱雅就制定了"2020年实现产品包装100%环保"的可持续发展承诺，推广应用纸质款包装是其中重要一环；宝洁承诺到2030年包装用新塑料减少50%；联合利华承诺到2025年，集团将减少超过10万吨的塑料包装绝对使用量，并加速可再生塑料的使用，从而将新塑料的使用量减半。目前，欧莱雅、雅诗兰黛、联合利华、香奈儿、宝洁等消费品公司纷纷开启包装换新模式，纸制包装、纸浆模塑包装成为这些品牌实现环保、可持续发展目标的"热门选项"。纸浆模塑包装在化妆品行业的应用为纸浆模塑行业的发展提供了新的发展空间，前景广阔。

4. 纸浆模塑瓶成为研发新热点

全球禁塑限塑的浪潮带动了包括纸瓶在内的纸包装制品需求大幅增长，据全球市场研究及咨询公司Fact.MR的最新研究报告显示，2020年纸瓶包装市场价值2520万美元，未来10年将以超过6%的复合年增长率扩大。欧莱雅、可口可乐、嘉士伯、百事可乐等市场巨头与领先的纸瓶制造商合作，为他们提供创新的解决方案，以减少塑料瓶生产的消耗。这种建设性合作已促使纸瓶生产和供应激增，推动了全球的纸瓶需求。2021年纸瓶全球需求同比增长5.2%，达到3180万瓶。

我国的纸浆模塑瓶尚处于研发阶段，斯道拉恩索凭借在纸浆模塑领域的领先技术携手包装技术公司Pulpex，推出以木浆为原料的环保纸瓶并将投入工业化生产。这一可再生纸瓶产品将成为PET塑料和玻璃瓶外的又一选择，这项技术有望在国内投入生产并推向市场应用。

对比塑料瓶和纸瓶市场规模，纸瓶市场目前仅为塑料瓶市场的0.02%。因此，研发和推广应用环保可降解的纸浆模塑瓶，其市场的增长空间非常巨大。

5. 纸浆模塑工艺品引领新时尚

纸浆模塑工艺品主要是儿童脸谱、动物工艺品玩具、节日庆典用品等，这类产品为新型产品，市场普及面还不是很广泛，但是正在逐渐取代传统的塑料产品，具有很大的发展空间。特别是国外经常开一些面具舞会，这类一次性的面具携带方便、价格低廉，再加之各种节日的使用，这类产品备受国外消费者喜爱。纸浆模塑工艺品将引领新时尚。

6. 纸浆模塑装饰材料优势明显

纸浆模塑装饰材料主要包括装饰墙板、装饰天花板等，是以秸秆纤维、纸浆为原料经打浆、加入适当的助剂（如增强剂、阻燃剂、防潮剂等），再经吸滤、高温定型、切边修饰等20道工序制成的一种新型室内装饰墙板材料，图形图案可自由搭配，均有阻燃、防潮等特点。由于其具有按图制作、便捷安装等特点，广泛应用于各种建筑场馆、厂房仓库、宾馆饭店、商场写字楼等，具有可塑性强、立体效果好和环保可降解等特点。

结语

科学技术的进步和政府禁塑政策的支持，为纸浆模塑行业的发展提供了良好的条件。纸浆模塑产品具有环保可降解、应用空间广阔、产品性能优越等优点，使产品有较强的市场竞争力和拓展空间。未来十年，纸浆模塑行业的发展将随着双控、禁塑限塑等国家政策的要求迎来一个崭新的发展机遇。

（黄俊彦）

2020—2022年部分投资建设的植物纤维模塑项目

Part of Invested and Constructed Plant Fiber Molding Projects from 2020 to 2022

一、2020 年部分投资建设的植物纤维模塑项目

1. 远东吉特利与山鹰国际共同合作投资建设竹浆模塑餐具及包装产品生产项目

2020 年 12 月，由远东吉特利与山鹰国际共同合作投资建设的四川省兴文县竹浆模塑餐具及包装产品生产项目(宜宾祥泰环保科技有限公司)正式签约。该项目总投资约 8.5 亿元，用地约 150 亩，首期新建标准化厂房 3 万平方米，建设竹纸浆环保餐具生产线及相关附属设施。项目建成后，预计年生产竹纸浆环保餐具约 8 万吨，实现年销售收入约 10 亿元。

自项目签约合作以来，远东吉特利以高度的责任心、超强的专业度、高效的执行力以及双方的共同努力，仅用一年时间即完成项目建设、设备安装调试，于 2022 年 4 月正式投产，纸浆环保餐具产品合格率达到 98% 以上，已通过 FDA、SGS、BPI 国际认证，公司通过 ISO9000、ISO14000 等认证，产品开始出口欧美市场。

2. 深圳市裕同科技集团积极布局植物纤维模塑行业

自 2016 年以来，深圳市裕同科技集团积极布局植物纤维模塑行业，目前已规划有 1 个原材料生产基地和 8 个制品生产基地，产品基于纯天然植物纤维（甘蔗渣、竹浆）制成，特点为可降解、不渗油、不渗水、耐高温，符合欧美 AP、FDA 食品接触材料监测标准，可与食物直接接触。

2018 年已建成投产的大岭山裕同环保包装项目拥有环保纸浆模塑产品年产能约 3 亿个。2018 年投资建设的宜宾市裕同环保科技有限公司，主要生产可降解甘蔗渣和竹浆为原料的纸浆模塑包装产品，产品主要销往美国、澳大利亚等欧美国家。年产能约 5.7 万吨，产值约 12 亿元。

2020 年 3 月，裕同科技与广西湘桂集团合资建设年产 6.8 万吨蔗渣浆板项目，项目设计占地 33 亩，计划投资 9600 万元，投产后年产值可达 3.3 亿元以上。该项目主打的蔗渣浆板，将主要被用于纸浆模塑工业包装制品及一次性环保餐具。

2020 年 4 月，裕同科技在海口国家高新技术产业开发区投资 4 亿元，建设裕同科技·海南环保产业示范基地，研发、生产及销售纸浆模塑制品和高端纸质包装。该项目将于 2023 年实现全部达产，达产后可实现年产值约 6.4 亿元，为海南省提供可降解的餐盒、餐托、餐碗、杯盖等纸和纸浆模塑产品，并充分利用海南省自贸区的区位优势，以及海南禁塑带来的行

业机会，同时发展海外出口市场。

3. 广东省汇林包装科技集团投资可降解生物材料生产建设项目

2020 年 10 月，广东省汇林包装科技集团有限公司可降解生物材料生产建设项目举行开工仪式，该项目投资 6.1 亿元，占地面积约 50 亩，建筑面积约 9.9 万平方米。预计 2022 年建成后，年产值约 10 亿元，年税收约 5000 万元。该项目主要从事研发和生产可降解生物基包装材料产品，其产品可根据需求定制个性化的降解时间，并适用于日常生活的包装产品，替代传统塑胶类包装制品。

广东省汇林包装科技集团有限公司是国内较早涉足环保纸浆模塑的生产企业。公司位于广东省东莞市桥头镇大洲第一工业区，占地 9 万平方米，总投资 4.3 亿元人民币，是集纸浆模塑的机械设备制造、产品设计、实验（包括 ROHS 检测）、模具制造、产品生产、销售为一体的大型企业，并通过 ISO9001—2000、ISO14001—2004 认证。公司先后研究开发出多种技术改进、创新成果，是包装行业标准《纸浆模塑制品工业包装》国标 BB/T0045—2007 主要起草编制单位成员之一，被国家信息产业部包装办公室认定为"电子信息产品包装纸浆模塑（广东）研发基地"。

4. 丹麦 Thornico——全球最大的模塑纤维包装产品生产商布局中国市场

国内市场如火如荼，国外的纸浆模塑巨头也看在眼里。丹麦 Thornico 公司也在布局中国市场，2019 年底，丹麦 Thornico 集团的全资子公司滁州森沃纸质包装有限公司开工建设，该项目总投资约 1.2 亿元人民币，计划建设年产 2 亿片模塑鸡蛋包装产品项目。该项目生产技术来源于 Thornico 集团旗下的 Hartmann 公司，采用 100% 可回收和生物降解材料生产纸质蛋品包装产品，并全程致力于环境友好与可持续发展的商业模式。该项目于 2020 年 12 月 31 日前竣工投产。项目将主要对应华东地区市场，协助提高鸡蛋企业的鸡蛋品牌效应。

丹麦 Thornico 是全球最大的模塑纤维包装产品及生产模塑包装的机械设备的生产厂商，依靠在模塑纤维生产方面几十年的市场经验以及深厚的技术底蕴获得并持续保持在模塑包装领域内强大的市场地位。该公司包装解决方案致力于环境保护，专注于 100% 可回收和生物降解的产品，打造可持续发展的商业模式。

5. 哈特曼（Hartmann）收购印度 Mohan Fiber Products

2020 年 11 月 4 日，Hartmann 以 1.19 亿丹麦克朗的价格完成了对印度 Mohan Fiber Products 的收购，Mohan Fiber Products 公司主要向印度的鸡蛋和苹果生产商销售纸浆模塑纤维包装。这起收购的背景，是东南亚纸浆模塑鸡蛋包装市场的巨大的增长需求。根据 FMI 报告预测，东南亚在世界鸡蛋包装市场上所占份额将近 50%。在 2019—2029 年鸡蛋包装市场中，使用纸浆材料的复合年均增长率为 6%。东南亚市场水果纸托包装需求也会有巨大的想象空间。

Hartmann 是全球领先的纸浆模塑纤维鸡蛋包装制造商，是南美和印度水果包装市场领先的制造商，也是全球最大的纸浆模塑纤维包装生产和设备技术制造商。Hartmann 公司成立于 1917 年，其市场地位建立在其强大的技术诀窍和始于 1936 年的可持续成型纤维生产的丰富经验之上。Hartmann 的主要领域在向制造商、分销商和零售连锁店销售鸡蛋及水果包装与可持续包装解决方案。

二、2021 年部分投资建设的植物纤维模塑项目

1. 斯道拉恩索新一代食品级植物纤维模塑项目开机投产

2021 年 5 月，斯道拉恩索中国包装集团位于河北迁安的新一代食品级植物纤维模塑（以下简称纸浆模塑）项目（一期）正式开机投产，将规模化生产新一代环保型的优质纸塑餐盒及杯盖等产品。此举标志着斯道拉恩索的纸浆模塑业务正式进入食品包装领域，将助力食品餐饮行业加速向更加绿色环保的循环经济模式转型。

斯道拉恩索是全球领先的可再生材料企业，从 2020 年起便开始在中国布局新一代食品级纸浆模塑项目，为市场提供更具环保、安全与实用性能的食品包装产品。斯道拉恩索新一代食品级纸浆模塑项目共分三期：一期工程投产后，年产能将超过 5500 万件，后续随着二、三期项目投资的不断加大，未来斯道拉恩索迁安工厂的年产能将一举突破 6.3 亿件。

早在 2019 年，斯道拉恩索率先研发的新型纸浆模塑产品便已成功入选美团外卖"青山计划首批绿色包装推荐名录"，并跻身"纸质外卖包装创新产品孵化项目"榜首。如今，这一创新产品正式实现规模化量产，无疑将极大推动整个食品餐饮行业在包装上进一步实现环保"替塑"，从而加速行业整体向绿色、可持续的循环经济模式转型。

2. 斯道拉恩索与 Pulpex 合作开发纸浆模塑纸瓶量产生产线

2021 年，斯道拉恩索持续在纸浆模塑领域加大投资。最大一笔投资是与 Pulpex 合作，量产纸浆模塑纸瓶，该项目将于 2022 年投产，投产后年生产纸瓶有望达到 7.5 亿个。

斯道拉恩索与 Pulpex 合作开发纸浆模塑纸瓶量产生产线，其目标是大规模工业生产可再生和可回收的、在自然环境中容易降解的瓶子和容器。与玻璃或 PET 相比，采用可持续来源的成型纤维纸浆生产的瓶子和容器将显著降低碳足迹。目前，双方合作的重点是发展一条高速生产线，实现以木浆为原料的环保纸瓶投入工业化生产。

3. 大胜达与吉特利环保共同投资建设海南纸浆模塑环保餐具智能研发生产基地项目

2021 年 11 月，浙江大胜达包装股份有限公司与吉特利环保科技（厦门）有限公司签订《战略合作协议》，共同投资设立海南大胜达环保科技有限公司（暂定名称），在海口国家高新区投资建设"纸浆模塑环保餐具智能研发生产基地项目"，项目总投资 5 亿元。主要以甘蔗浆、竹浆等为原料，生产纸塑餐具，前期产品主要面向海外市场，国内市场等待需求释放，项目全部建成后将具备年产 3 万吨纸浆模塑环保餐具的生产能力，预计可实现年销售收入 6.26

亿元。大胜达在海南项目中持股 90%，吉特利环保持股 10%。

吉特利环保是国内纸浆模塑行业的龙头企业，深耕纸浆模塑行业已有 30 多年，既做纸浆模塑设备，也做纸浆模塑产品。由远东环保科技与香港外商合作投资建成，专业从事低碳新材料的开发利用，以及低碳环保食品包装、低碳环保工业包装、低碳环保生活日用品、低碳环保新型建筑装饰材料等低碳环保系列产品的技术、工艺研发及产品生产。吉特利环保装备具有国际先进水平的绿色环保包装产品生产线 36 条，拥有国家发明专利、实用型专利 95 项，被称为目前亚洲实力最强大的纸浆环保食品包装生产基地。

三、2022 年部分投资建设的植物纤维模塑项目

1. 缘福生物质科技有限公司纤维综合利用及纸制品制造加工项目投入建设

2022 年 1 月，福建省三明市缘福生物质科技有限公司纤维综合利用及纸制品制造加工项目投入建设，该项目投资 8.5 亿元，项目占地 10 万平方米，建筑物面积 7.21 万平方米，其中包含：三座生产车间占地 2.52 万平方米、三座成品仓库占地 1.31 万平方米、一座薄页纸车间占地 5880 平方米，新增 10 条生产线，用竹子深加工年产 6 万吨纸浆模塑制品及年产 4 万吨薄页纸。

2. 斯普威纸浆模塑项目签约湖北云梦

2022 年 1 月，张家港斯普威环保科技有限公司纸浆模塑项目签约湖北云梦，总投资 6 亿元，占地 280 亩，项目分三期建设，其中一期投资 1.2 亿元，预计 2023 年 2 月可建成达产，年产值 3 亿元，可实现税收 1000 万元。

3. 家联科技出资认购家得宝科技

2022 年 5 月 4 日，宁波家联科技股份有限公司发布公告称，公司拟出资 0.45 亿元受让浙江家得宝科技股份有限公司（以下简称家得宝）45% 股权，同时，拟出资 1.20 亿元认购家得宝增发的股份。受让加上认购增发股份，公司将合计耗资 1.65 亿元获得目标公司 75% 股权。

家联科技是一家从事高端塑料制品及生物全降解制品的研发、生产与销售的企业，经营的一般项目有生物基材料技术研发、机械设备研发、厨具卫具及日用杂品研发、塑料制品制造等。家得宝科技在环保餐具等纸制品领域深耕多年，主营业务为一次性环保纸浆餐具的研发、生产和销售，包括盘、碗、快餐盒等植物纤维一次性环保餐具，拥有现代化纸浆餐具生产线 14 条，年产量可达 8 亿件，主要应用于餐饮业，产品出口多个国家和地区。

4. 家联科技投资建设年产 10 万吨甘蔗渣可降解环保材料制品项目

2022 年 8 月 14 日家联科技公告，公司拟于来宾市工业园区投资建设"年产 10 万吨甘蔗渣可降解环保材料制品项目"，项目计划分两期建设现代化、智能化的生产厂房，投资总

额约 10 亿元，其中固定资产投资约 5 亿元，流动资金 5 亿元。

一期项目建成达产后，预计可实现年主营业务收入 9 亿～12 亿元，年纳税总额 3000 万～5000 万元。整个项目全部建成达产后，预计可实现年产 10 万吨甘蔗渣可降解环保材料制品的生产能力，年主营业务收入 15 亿～20 亿元，年纳税总额 0.6 亿～1 亿元。

5. 宁夏和瑞包装有限公司投资建设纸浆模塑和高端礼盒项目

2022 年 3 月，宁夏和瑞包装有限公司年产 1.2 亿平方米智能环保包装（包含纸浆模塑和高端礼盒）项目全面启动，项目占地 118 亩，总投资 3.06 亿元，以绿色纸品包装、植物纤维模塑包装、高端精品包装等系列产品为主导，立足于包装制造智能化，包装产品智能化，通过 5G、人工智能、视觉检测、工业互联网等技术，打造包装行业智能化示范企业。同时，通过包装设计减碳化、包装制作低碳化、包装材料绿色化，积极推进碳中和，实现绿色生产。引进纸浆模塑和高端礼盒等项目，将助力宁夏红酒、枸杞等特色产品包装升级。

6. 斯道拉恩索投资 800 万欧元扩充欧洲纸浆模塑产能翻倍

据外媒报道，斯道拉恩索将投资 800 万欧元，以实现其在欧洲的纸浆模塑产能翻倍。借助其位于瑞典 Hylte 工厂的新设备，斯道拉恩索将满足不断增长的纸浆模塑产品需求。该投资巩固了斯道拉恩索作为替代化石基材料的可再生材料领军供应商的地位。

斯道拉恩索纸浆模塑产品目前用于食品外包装，如碗、餐盘和杯盖，该技术还被应用于纸纤维瓶的开发。投资完成后，Hylte 工厂的纸浆模塑年产能将从 5000 万件提升至约 1.15 亿件，这将使斯道拉恩索成为欧洲领先的纸浆模塑供应商之一。

（黄俊彦　根据网络或公开资料整理）

国外植物纤维模塑行业发展情况综述

Summary of the Development of the Plant Fiber Molding Industry Abroad

一、全球进入禁塑限塑新时代

自 20 世纪 40 年代以来，塑料以其轻便、低廉和可塑性强等优点，成为继钢铁、木材和水泥之后的第四大类新型基础材料。全球每年生产大量的塑料用于工业与生活，这种方便的一次性制品使用完毕后被大量废弃，难以降解的特点给全球环境带来大量的"白色污染"，给生态环境造成了巨大压力。

联合国环境大会多次召开会议专程讨论与制定细则，来解决这个全球共有的"白色癌症"，2022 年 3 月 2 日，在第五届联合国环境大会上，来自 175 个国家的领导人、环境部部长及其他与会代表通过了一项历史性决议——《终止塑料污染决议（草案）》。该决议的目的是终止塑料污染，并在 2024 年前达成一项具有法律约束力的国际协议。该决议涉及塑料的整个生命周期，包括其生产、设计、回收和处理等。

联合国环境规划署执行主任英格·安德森（Inger Andersen）表示，这是继 2015 年《巴黎协定》签订以来，全球环境治理领域最重要的协议。联合国环境大会主席、挪威气候与环境部长埃斯彭·巴特·艾德（Espen Barth Eide）称："塑料污染已经成为一种流行病。通过今天的决议，我们正式走上了治愈之路。"联合国首次运用国际法律去约束，将会给全球塑料污染的治理进程，带来新的变量和发展空间。

第五届联合国环境大会上《终止塑料污染决议（草案）》通过，是自《巴黎协定》以来最重要的环境多边协议的进展，也是对未来世代的保险共识的约定。全球限塑令从此有了法律约束，多个国家必须共同承担面对。

据国际能源署（IEA）统计数据，过去五年，有 60 多个国家对一次性塑料实施禁令或征税，欧盟、美国和中国等主要经济体甚至开始将"限塑令"升级成"禁塑令"。此次国际立法"限塑令"颁布的背后，是对全球塑料污染全面拉响的警报。（根据网络资料整理）

图 1 所示为全球主要国际和地区的禁限塑政策简介。

二、全球植物纤维模塑市场规模与趋势

在全球广泛实施限塑禁塑的新形势下，植物纤维模塑制品已成为一次性塑料制品的理想代替品。根据全球知名市场分析机构对纸浆模塑行业市场规模的研究（见表 1），全球市场洞察公司（Global Market Insights）分析 2020 年全球纸浆模塑市场规模为 32 亿美元，

未来 7 年将保持 5.1％的增速；大观研究有限公司（Grand View Research）分析 2020 年全球纸浆模塑市场规模为 40 亿美元，未来 8 年将保持 6.1％的增速；市场研究公司（Verified Market Research）分析 2020 年全球纸浆模塑市场规模为 38 亿美元，未来 8 年将保持 5.3％的增速；而法国知名市场调研公司（ReportLinker）则分析 2020 年全球纸浆模塑市场规模为 43 亿美元，未来 7 年将保持 4.7％的增速[①]；Smithers 最新分析数据显示，到 2020 年，全球对模塑纤维包装的需求量为 1035 万吨。这一数字正以 4.3% 的复合年均增长率增长，到 2022 年将达到 1126 万吨。同期，市场价值将从 2020 年的 42.8 亿美元上升到 2022 年预计的 46.6 亿美元[②]。

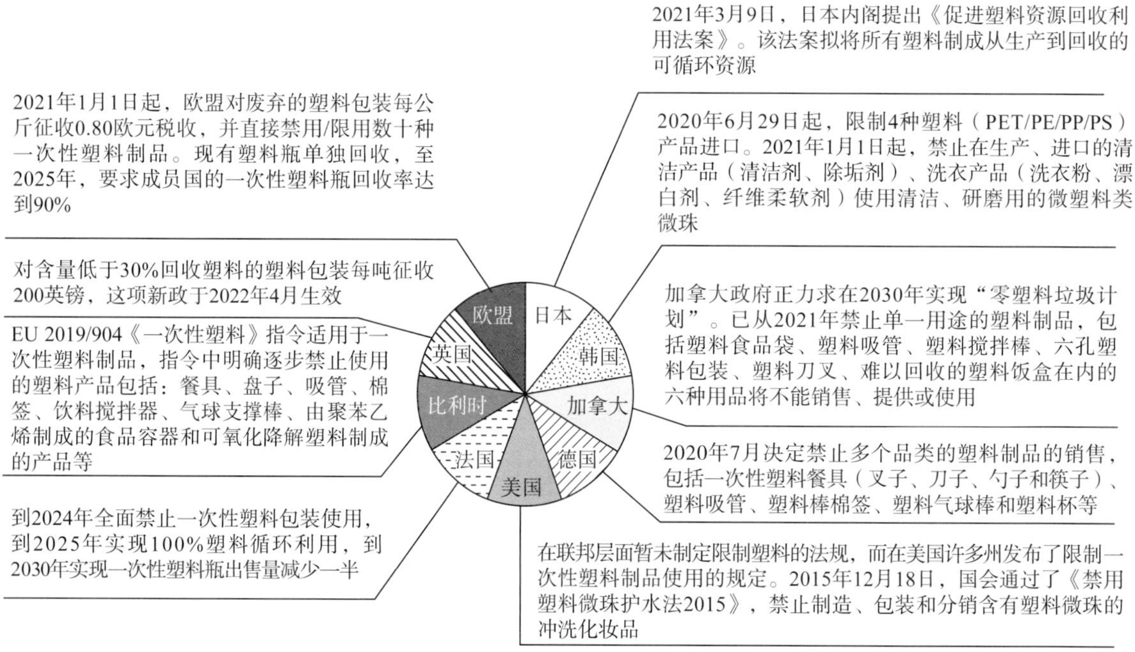

2021年3月9日，日本内阁提出《促进塑料资源回收利用法案》。该法案拟将所有塑料制品从生产到回收的可循环资源

2021年1月1日起，欧盟对废弃的塑料包装每公斤征收0.80欧元税收，并直接禁用/限用数十种一次性塑料制品。现有塑料瓶单独回收，至2025年，要求成员国的一次性塑料瓶回收率达到90%

2020年6月29日起，限制4种塑料（PET/PE/PP/PS）产品进口。2021年1月1日起，禁止在生产、进口的清洁产品（清洁剂、除垢剂）、洗涤产品（洗衣粉、漂白剂、纤维柔软剂）使用清洁、研磨用的微塑料类微珠

对含量低于30%回收塑料的塑料包装每吨征收200英镑，这项新政于2022年4月生效

EU 2019/904《一次性塑料》指令适用于一次性塑料制品，指令中明确逐步禁止使用的塑料产品包括：餐具、盘子、吸管、棉签、饮料搅拌器、气球支撑棒、由聚苯乙烯制成的食品容器和可氧化降解塑料制成的产品等

加拿大政府正力求在2030年实现"零塑料垃圾计划"。已从2021年禁止单一用途的塑料制品，包括塑料食品袋、塑料吸管、塑料搅拌棒、六孔塑料包装、塑料刀叉、难以回收的塑料饭盒在内的六种用品将不能销售、提供或使用

2020年7月决定禁止多个品类的塑料制品的销售，包括一次性塑料餐具（叉子、刀子、勺子和筷子）、塑料吸管、塑料棒棉签、塑料气球棒和塑料杯等

到2024年全面禁止一次性塑料包装使用，到2025年实现100%塑料循环利用，到2030年实现一次性塑料瓶出售量减少一半

在联邦层面暂未制定限制塑料的法规，而在美国许多州发布了限制一次性塑料制品使用的规定。2015年12月18日，国会通过了《禁用塑料微珠护水法2015》，禁止制造、包装和分销含有塑料微珠的冲洗化妆品

图 1　全球主要国家和地区的禁限塑政策简介

表 1　2020—2028 年全球纸浆模塑行业市场规模分析与预测

规模数据来源	2020 年市场规模 / 亿美元	2021—2028 年复合增长率 CAGR / %
Global Market Insights	32	2021—2027 年 CAGR 5.1
Grand View Research	40	2021—2028 年 CAGR 6.1
Verified Market Research	38	2021—2028 年 CAGR 5.3
ReportLinker	43	2021—2027 年 CAGR 4.7
Smithers	42.8	2021—2022 年 CAGR 4.3

（资料来源：www.paperinsight.net、Smithers）

---

① 资料来源：www.paperinsight.net。

② 资料来源：Smithers。

　　2020 年全球主要地区纸浆模塑市场规模及占比见图 2。由图 2 可知，亚太地区纸浆模塑市场规模最大，为 14 亿～ 16 亿美元，占比 41%～ 43%，主要生产国集中在中国、印度、日本、澳大利亚、印度尼西亚、马来西亚等国。其次是北美地区，为 8 亿～ 9 亿美元，占比 24%～ 26%，主要是美国、加拿大。欧洲地区略低于北美，为 7 亿～ 9 亿美元，占比 18%～ 22%，主要是德国、英国、法国、西班牙、意大利、俄罗斯等。拉美地区为 2 亿～ 3 亿美元，占比 7%～ 8%，主要是巴西、墨西哥、哥伦比亚等。中东和非洲约为 2 亿美元，占比 5%～ 6%，主要是沙特、南非、阿联酋等[①]。

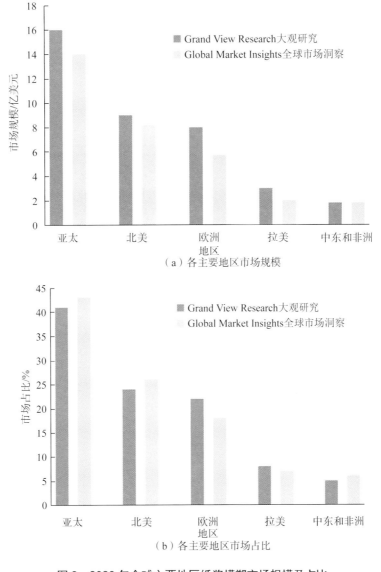

（a）各主要地区市场规模

（b）各主要地区市场占比

图 2　2020 年全球主要地区纸浆模塑市场规模及占比

[①]　资料来源：中国造纸杂志社产业研究中心. 纸浆模塑行业发展现状及趋势（二）[J]. 中国造纸，2022，41(6): 80-88.

　　我国是纸浆模塑市场需求发展较快的国家，据 Smithers 分析，预计 2020 年中国纸浆模塑包装需求将达到 85.1 万吨，价值 3.376 亿美元。到 2022 年，这一数字将增加到 95.4 万吨和 3.786 亿美元。根据中国海关总署数据显示，2017—2020 年，我国纸浆模塑制品出口数量和出口额均呈现上升的态势。2020 年，中国纸浆模塑制品出口数量为 7.8 万吨，出口额达到 2.74 亿美元。2021 年 1—7 月，中国纸浆模塑制品出口数量为 5.12 万吨，出口额达到 1.75 亿美元。如图 3 所示。

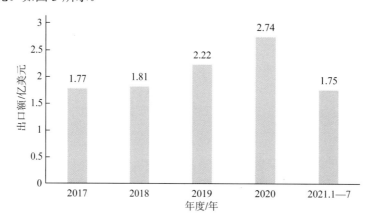

图 3　2017—2021 年我国纸浆模塑制品出口金额情况

（资料来源：中国海关总署 前瞻产业研究院）

　　从我国纸浆模塑制品出口国别来看，2021 年 1—7 月，我国纸浆模塑制品主要出口至美国，出口美国的纸浆模塑制品总计 4537.64 万美元；其次是越南和澳大利亚，分别出口 1451.03 万美元和 1228.64 万美元。美国是我国纸浆模塑的主要出口国。如图 4 所示。

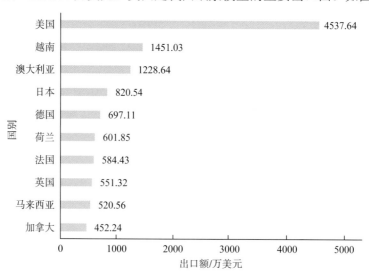

图 4　2021 年 1—7 月我国纸浆模塑制品出口国别 TOP10 情况（按出口额）

（资料来源：中国海关总署 前瞻产业研究院）

随着全球禁塑政策的不断落实，在今后几年，纸浆模塑必然会成为包装行业发展的新趋势，纸浆模塑行业将会迎来连续多年的高速发展期。到 2025 年，全球纸浆模塑行业有望形成数百亿美元的市场规模。

三、海外植物纤维模塑市场的发展动向

传统意义上的植物纤维模塑产品由类似于造纸过程原材料的植物纤维制备而成。第一个植物纤维纸浆模塑专利是 1903 年在美国被发表出来的，不久，经加拿大发明家约瑟夫·科伊尔的设计制作，植物纤维纸浆模塑被率先用于生产鸡蛋托产品，并在第一次世界大战后成功开发出植物纤维纸浆模塑设备生产线。其后，纸浆模塑作为一种新颖的包装行业新材料被快速推广应用，包括各种托具类、食品包装、电子电器包装、易碎品类包装等运输缓冲材料方面的应用，其性能在实际生产应用中也得到了进一步的发展和提升。

国际纸浆模塑协会分类法按纸浆模塑制品生产工艺、产品性能特征以及所使用原材料植物纤维的差异，将纸浆模塑制品划分为 4 种不同的类别。

第一种称为"厚壁"纸浆模塑产品，该类型的纸浆模塑产品厚度通常在 5 ～ 10mm，主要采用废纸和硫酸盐化学浆为原料制成。

第二种纸浆模塑产品的厚度相对薄一点，一般在 3 ～ 5mm，主要以废报纸、废书刊杂志纸为原料制作。

第三种称之为热成型或"薄壁"纸浆模塑产品，也就是我们常说的模内干燥工艺生产的纸浆模塑产品。这是当前最新的纸浆模塑生产工艺制作出来的模塑制品，主要采用原生植物纤维纸浆为原料。该工艺生产的纸浆模塑产品具有较高的品质，厚度一般在 2 ～ 4mm，具有良好的尺寸稳定性和光滑的表面性能，主要用于生产高端、高附加值的纸浆模塑产品。例如，餐具制品、高精工业品包装制品等。

第四种即所谓的"加工后"的纸浆模塑产品，这一类纸浆模塑产品往往要经过进一步的深加工或特殊处理来达到最终产品性能的需求，如额外的印刷、涂布等后加工处理，以提高制品的外观性能。

自 20 世纪 80 年代以来，人们开始对身边购买产品的可持续性以及对周边环境的一系列影响产生了越来越多的关注和兴趣。可生物降解的、采用废纸或其他天然植物纤维为原料制成的纸浆模塑产品，凭借其较高的机械强度性能以及低廉的成本价格优势，在取代塑料制品的应用方面也越来越得到人们的青睐。近些年来，国外各大小公司纷纷走上创造环保、可持续发展的道路，许多致力于制造纸浆模塑产品的企业不断进入人们的视野。

（1）Footprint 公司于 2014 年创立，总部位于美国亚利桑那州，该公司主要生产纸浆模塑餐具和工包，拥有干压生产线和湿压生产线。Footprint 公司 2014 年第一家北美工厂设在

墨西哥，2015 年在南卡罗来纳设立第二家工厂，在亚利桑那设第三家工厂；2017 年在中国香港及上海设立了海外办事处。Footprint 公司有 30 多项美国专利，90 多位工程师，2021年还在欧洲成立欧洲研发中心。

（2）斯道拉恩索欧洲工厂一期投资 500 万欧元，位于瑞典的海尔特，主要采用木浆生产纸浆模塑餐具。2022 年 2 月，斯道拉恩索宣布投资 800 万欧元，以实现其在欧洲的纸浆模塑产能翻倍。斯道拉恩索纸浆模塑产品目前除了用于食品外包装，如碗、餐盘和杯盖，还进行纸纤维瓶的开发。投资完成后，Hylte 工厂的纸浆模塑年产能将从 5000 万件提升至约 1.15 亿件，这将使斯道拉恩索成为欧洲领先的纸浆模塑供应商之一。

斯道拉恩索主要用木浆制成的 PureFiber ™是不含全氟和多氟化合物（PFAS）的纸浆模塑产品，与塑料或蔗渣等制成的传统包材相比，最高可降低 75% 的二氧化碳排放量。

斯道拉恩索还与欧洲的外卖沙拉公司 Picadeli 联手，共同推出可再生纸浆模塑餐盒盖，用以取代外卖包装中非常常见的一次性塑料盖。餐盒盖由斯道拉恩索 PureFiber ™纸浆模塑制成。

（3）Hartmann 成立于 1917 年，在纳斯达克上市，总部位于丹麦 Gentofte，有 2800 名员工。主要生产蛋托、果托，也加工制造、销售纸浆模塑设备。2021 年营收 27.44 亿丹麦克朗（约 25.66 亿元人民币），营业利润 2.34 亿元人民币。2021 年公司投入达 5.42 亿丹麦克朗（约 5 亿元人民币），主要是机器人和自动化设备的应用，以及欧洲、美国新增产能顺利投产。

（4）普乐（Huhtamaki）有 100 年的历史，拥有纸浆模塑设备制造公司 Huhtamaki Molded Fiber Technology（HMFT）BV。在 38 个国家和地区有 114 个营业点。普乐在中国有 4 家工厂，位于广州、上海、天津和徐州。主要生产纸浆模塑蛋托、餐具、医疗用品等。

2022 年 3 月，普乐宣布将其在德国阿尔夫的工厂从生产塑料转向模塑纤维食品包装托盘和盖子，转换完成后，该工厂每年将能够生产 35 亿个模塑纤维包装制品。2022 年 6 月，普乐宣布将投资近 1 亿美元，在其位于印第安纳州哈蒙德的工厂增加一个新的 2100 平方米的模塑纤维工厂。

（5）潘丽雅（Pangea Organics）公司利用植物纤维纸浆模塑产品来包装他们的肥皂，而在植物纸浆模塑产品制作过程中，植物种子被添加到纸浆中。当消费者使用完肥皂后，可以把用过的纸浆模塑包装盒直接埋在后院，随着包装盒的分解，种子将会生根发芽生长出植物或是花朵来。

（6）七世代（Seventh Generation ™）公司推出了一款内部采用塑料衬里的植物纸浆模塑新型容器来盛装洗涤用品，相对于正常洗涤品用的塑料瓶，塑料的使用量减少了超过一半。

（7）PaperWater Bottle® 公司已经顺利通过完成具有内部抗水性能的植物纸浆模塑瓶替代塑料瓶装水 / 饮料瓶的原型设计，相对于普通瓶装塑料水瓶，PaperWater Bottle® 植物纸浆模塑瓶原型设计对塑料的需求更少。

（8）嘉士伯（Carlsberg）与其他合作伙伴共同开发了可 100% 生物降解的啤酒瓶。这些啤酒瓶由可持续来源的木纤维制成，瓶子没有内衬，但内部有等离子涂层，可提供允许碳酸饮料包装所要求达到的性能。

（9）牛顿跑鞋（Newton Running）设计使用植物纸浆模塑鞋盒，这种新颖鞋盒围绕鞋子的弯曲形状设计，比标准方形盒子具有更高强度，同时鞋子和鞋盒之间的间隙得到有效的控制，减少并节省了薄纸等填充材料。

（10）英国的可持续包装公司 Transcend Packaging 正在战略性地联手与可堆肥包装解决方案的全球供应商 Zume 合作，将模塑纤维产品大规模带到欧洲。他们将在 2023 年 9 月之前在欧洲开设一家价值 9000 万欧元的模塑纤维新工厂。目标是到 2023 年中全面投入使用。推出用于热饮杯的模塑纤维"按扣盖"推向市场，目标是到 9 月初创造 5 亿单位的产能，使大型全球食品和饮料公司和领先的 QSR 品牌能够立即获得解决方案。

（11）芬林集团和维美德合作的 3D 纤维（纸浆模塑）产品示范工厂已于 2022 年 5 月开始在芬兰试生产创新的 3D 模塑纤维产品。2020 年底，芬林集团旗下的创新公司芬林之春和维美德共同宣布，将投资约 2000 万欧元建造这间示范工厂。示范工厂位于芬林集团艾内科斯基的一体化工厂区域，将湿浆直接生产为 3D 纤维包装（纸浆模塑）成品，无须中间环节。

该项目有可能会将产品的湿胚含水率降低到 45% 左右，未来可能将单线产能提升到每天 300 吨，年产 10 万吨。这项技术如果研发成功，可能会对浅碟类、超大批量的一次性纸浆模塑餐具产品、一次性塑料餐具，以及铝制一次性餐具，产生极大的冲击，并且湿胚含水率降低到 45% 左右，将会对行业能耗产生革命性的影响。

以上这些纸浆模塑的生产工艺都是采用传统的湿法成型生产工艺。

（12）近年来，瑞典 PulPac 公司成功研发出干法模塑纤维技术，并于 2020 年建成世界首条干法模塑纤维中试生产线。PulPac 干法模塑纤维技术的诞生，是对传统湿法成型纸浆模塑行业的一个伟大创新，目前，PulPac 正在建设性地迈出全球干法模塑纤维技术商业化的步伐。

该公司研发的干法模塑纤维生产线持续受到市场关注，能用来生产浅盘、餐勺等餐具，生产速度可高达 300 吨 / 天。PulPac、Nordic Barrier Coating 和 OrganoClick 三家合作的干法模塑纤维防水耐油技术项目，继续得到了瑞典创新机构 Vinnova 的资金支持，以开发 100% 生物基、无塑料和无 PFAS 的阻隔材料，来满足苛刻的食品包装要求。

PulPac 和 HSMG 合作推出干法模塑纤维咖啡杯盖，使用了 HSMG 的添加剂和阻隔涂层 PROTĒAN® 之后，可防水防油，可替代一次性塑料，可装热饮。这种咖啡盖将首先用于瑞典麦喜堡（MAX Burgers）快餐连锁店。

Hébert Group 成为被许可人，可以使用 PulPac 干法模塑纤维技术生产餐具。Hébert Group 与 PulPac 联手建的干法模塑纤维生产线，2022 年将安装在位于法国东部 Orgelet 的工厂中。

BIO-LUTIONS 与 PulPac 合作开发了一条干法模塑纤维生产线，将于 2022 年在德国 BIO-LUTIONS 工厂投产。

四、纸瓶的研发及市场应用成为热点

自从世界各国提出减塑行动目标以来，各种不可降解塑料的替代材料不断被推出并得到小规模试水应用，其中就包括基于纸纤维的纸瓶。在海外，纸瓶在饮料、葡萄酒和烈酒、橄榄油、家庭护理产品等市场的使用量将不断增加。

据全球市场研究及咨询公司 Fact.MR 报告显示，全球纸瓶需求旺盛，2020 年全球市场收入总计为 2500 万美元；预计从 2021 年到 2031 年纸瓶市场将增长 80%，2031 年达到近 4800 万美元。Transparency Market Research（TMR）报告认为，2021 年全球纸瓶总量达到 9100 万个，预计 2029 年纸瓶市场将超过 12686.4 万个，市场规模将达到 9390 万美元。Research Nester 报告显示，2022—2030 年全球纸瓶市场的复合年增长率将达到约 7%。综合国际报告数据，2021 年全球纸瓶市场规模为 3000 万～ 4000 万美元。对比塑料瓶和纸瓶市场规模，纸瓶市场目前仅为塑料瓶市场的 0.02%，纸瓶增长的市场空间巨大[①]。

纸浆模塑纸瓶生产可分为分部组合式纸瓶和一体成型式纸瓶两种工艺。分部组合式纸瓶是通过传统的纸浆模塑工艺生产出两片完全相同或相互啮合的半瓶身结构，再装入内胆，最后通过黏合剂黏合，组装成整体纸塑瓶。一体成型式纸瓶的制作过程采用一种新型的模具结构，即上下模具组成的具有中部空心腔体的外模和由耐高温气袋组成的内模。利用真空吸附和内模气袋充气挤压的原理制作出一体成型式纸瓶。纸瓶的内胆可以采用更薄的 PET 制成瓶坯，再在纸瓶身内吹塑成型；也可以采用直接瓶内喷涂可降解的防水涂层的方式，制作出用于盛装液体的纸瓶。纸瓶生产工艺方法对比情况如表 2 所示。

表 2　纸瓶生产工艺方法对比情况

工艺方法	分部组合式纸瓶	一体成型式纸瓶
纸瓶生产工艺	国内目前的工艺是：外壳是纸浆，内胆是塑料软包装。在一定程度上减少塑料的使用，目前还不能 100% 完全替代	欧洲目前小批量纸瓶的应用，已经不用内胆了。但内部涂层和液体接触如何符合食品级，包括纸瓶盖的密封性还需要进一步攻克
设备	普通纸瓶，使用普通工包机即可制作；用于生产化工、洗涤用品瓶和农药瓶	精品纸瓶，使用餐具机制作；两者结合起来用白乳胶黏合
应用	国内有少量应用	美国有客户已在生产洗涤用品瓶、酒瓶
优缺点	透明性差，耐磨耐撞等方面有缺陷，需要添加助剂	与玻璃瓶相比纸瓶更轻

① 资料来源：中国造纸杂志社产业研究中心 . 纸浆模塑行业发展现状及趋势（二）[J]. 中国造纸，2022，41(6): 80-88.

在海外市场上，纸瓶的开发、生产和市场应用正在研发和试用阶段。2022 年 2 月初惠普官宣收购了英国纸瓶公司 Choose Packaging；捷普（Jabil）在 2021 年收购了美国纸瓶公司 Ecologic Brands；斯道拉恩索与英国的 Pulpex 合作，预计 2025 年可年产 7.5 亿个纸瓶。英国 Frugalpac、丹麦 Paboco、德国 Papack 等纸瓶公司都在加快研发进度。

（1）英国的 Pulpex（与斯道拉恩索、Pilot Lite、索理思、巴斯夫等公司合作），其客户有：帝亚吉欧（Diageo）、联合利华（Unilever）、百事可乐（PepsiCo）、雅诗兰黛（Estée Lauder）、葛兰素史克 GSK Consumer Healthcare（GSKCH）等品牌。世界著名番茄酱和调味品制造商卡夫亨氏，目前正在与 Pulpex 合作开发基于纸张、可再生和可回收的包装瓶，它将由 100% 可再生的木浆制成。Pulpex 目前正在从试生产转向商业规模生产。它的目标是在未来三年内为其各种客户生产 7.5 亿个纸瓶。

（2）英国 Frugalpac 纸瓶公司，为意大利酿酒厂 Cantina Goccia 出品的 3Q Umbria Rosso 葡萄酒提供纸瓶，目前已在加拿大安大略省 285 家 LCBO 超市上架出售。Cantina Goccia 酒厂打算用纸瓶包装其 80% 的葡萄酒。其实，Frugalpac 的葡萄酒纸瓶，里层有一个食品级塑料袋，里面装着酒，纸瓶外层是由 94% 的可回收材料制成。纸瓶重量只有玻璃瓶的五分之一。

（3）德国 Papack 的纸浆模塑产品有托盘、内托、餐具、精品工包、纸瓶等。Papack 与北美领先的饮料公司 Keurig Dr Pepper Inc. 合作开发的纸瓶原型预计将于 2022 年底完成，包括瓶子、标签、盖子和封口都 100% 使用有机材料或植物纤维。生产工厂是 Papack 新投资 1300 万欧元新建的 PAPACKS® GIGAFACTORY 2。

（4）2022 年 4 月，Paboco 宣布了其下一代纸瓶将采用与 Blue Ocean Closures 合作开发的螺旋纸质瓶盖，该瓶盖可以直接拧在纸瓶上，预计将于 2023 年推出包括化妆品、家庭护理和无汽饮料在内的品牌应用产品。Blue Ocean Closures 是较早开发工业化纤维基螺旋盖解决方案的公司之一，声称其螺旋式纸质瓶盖解决方案是完全基于生物基，顶部密封阻隔层可以生物降解。

Paboco 目前的合作伙伴有：宝洁（P&G）（试点品牌 Lenor）、可口可乐（Coca-Cola）、嘉士伯（Carlsberg）、绝对伏特加（The Absolut Company）、欧莱雅（L'Oréal）。

2021 年夏，可口可乐在匈牙利市场投放了 2000 瓶植物性饮料 AdeZ，瓶子来自 Paboco。可口可乐欧洲研发包装创新经理 Stijn Franssen 分享，突破性技术仍在开发中。Franssen 的团队一直在进行广泛的实验室测试，以评估纸瓶在冷藏及其他情况下的性能。

宝洁全球织物与家居护理部将于 2022 年在西欧市场为 Lenor 品牌推出 Paboco 原型瓶试用装。在设计和技术上，这款瓶子使用由森林管理委员会（FSC）认证的可再生纸张，并把阻隔膜整合到纸衬中，进而实现规模化生产一款无缝的、采用生物材料制成的瓶子。

① 产品及优势：Paboco 的第一代纸瓶于 2019 年 10 月推出，应用于嘉士伯啤酒，2019 年 10 月在哥本哈根举行的 C40 活动中面世。它由 57% 的再生纸（纸浆有特殊配方）和

43% 的可回收 PET 再生塑料膜组合而成，可保证整个瓶子的强度，其薄膜阻隔层还可防水和阻氧。标准瓶目前有 500ml 和 330ml 可供选择，适合标准封盖系统。第二代纸瓶，Paboco 正在与技术伙伴 Avantium 和泰克诺斯（Teknos）合作开发由生物基 PEF 制成的阻隔层。他们希望在 2023 年推向市场。第三代纸瓶将是 100% 生物基、可回收的包装解决方案；纸瓶颈带螺纹结构，适合开合；在适当的情况下也可以生物降解。

② 生产设备：Paboco 目前有 1 套原型瓶生产设备，计划再建一个匹配的瓶盖生产系统，生产由生物复合材料或纯纸制成的瓶盖，同时保持经济性。Paboco 在为 2023 年的大规模生产做准备，主要服务于化妆品、家庭护理品和无汽饮料等行业。

③ 生产成本：Paboco 纸瓶还处于试用阶段，大规模生产还需等待时间。生产成本未有确切数据。

④ 应用领域：其纸瓶适用于容纳和保护液体商品，比如饮料、洗发水、洗涤剂等。

⑤ 技术壁垒：纸瓶的结构除了要能承受可乐、啤酒等含气泡饮料的压力，还必须满足产品在物流和搬运过程中不可避免的碰撞与挤压。

包装内层的防水膜和瓶盖（目前采用的材质为可回收生物质材料），之后也需要研发出以可回收纸纤维为原料的技术和工艺，整个瓶子才算是 100% 的纸质包装。

结语

在可持续的绿色发展共识下，人类命运共同体再次被联结，随着世界各国禁塑限塑令的逐步落地实施，以及我国要实现"碳达峰"和"碳中和"目标，包括纸浆模塑在内的绿色环保可降解材料的关注度会持续走高，以绿色环保可降解为主要特点的纸浆模塑行业也将迎来巨大的发展空间。

（查全磐 张合欢 黄俊彦 Stephen Harrod）

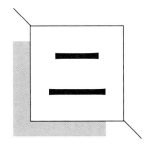

产品与应用市场

Product and Application Market

★ 2020—2022 年我国植物纤维模塑行业生产情况概述

★ 植物纤维模塑产品应用市场及前景展望

★ 植物纤维模塑行业发展机遇与挑战

2020—2022年我国植物纤维模塑行业生产情况概述

Overview of the Production of the Plant Fiber Molding Industry in China from 2020 to 2022

自从2020年1月国家发展改革委、生态环境部发布新版"限塑禁塑令"以来,我国工业品、食品餐饮行业对于环保型绿色包装的需求持续攀升。植物纤维模塑制品凭借其生产制造过程对环境友好、应用范围广泛、相对于其他绿色环保材料更加成熟等优势,成为一次性塑料主要的替代品之一。我国植物纤维模塑行业的项目建设、生产和市场规模总体呈现快速发展的态势,工业品包装、食品餐饮包装及其相关行业纷纷推广和应用植物纤维模塑制品。

一、禁塑和双碳形势促使行业快速发展

2020年,我国再次开展新一轮限塑禁塑工作,2020年1月16日国家发展改革委、生态环境部发布《关于进一步加强塑料污染治理的意见》,对加强塑料污染治理作出总体部署,明确提出2020年、2022年和2025年关于限塑禁塑的具体目标,拉开了我国新一轮限塑禁塑工作的序幕。

2020年7月10日,国家发展改革委等九部门发布《关于扎实推进塑料污染治理工作的通知》,提出自2021年1月1日起,部分城市率先禁止使用不可降解塑料购物袋等措施,"禁塑令"进一步升级,并颁布"相关塑料制品禁限管理细化标准(2020年版)"。2020年11月30日,国家发展改革委等八部门发布《关于加快推进快递包装绿色转型的意见》,要求加强快递领域塑料污染治理,推动重点地区逐步停止使用不可降解的塑料包装袋、一次性塑料编织袋,减少使用不可降解塑料胶带。相关部委也发布相关文件,对限塑禁塑和绿色包装提出相关要求。2020年8月28日,《商务部办公厅关于进一步加强商务领域塑料污染治理工作的通知》发布,对不可降解塑料袋、一次性塑料餐具、宾馆、酒店一次性塑料用品的限塑禁塑工作提出时间表。

为贯彻落实党中央、国务院关于加强塑料污染治理的决策部署,进一步加强塑料污染全链条治理,推动"十四五"白色污染治理取得更大成效,2021年9月8日,国家发展改革委、生态环境部印发《"十四五"塑料污染治理行动方案》。强调进一步完善塑料污染全链条治理体系,压实地方、部门和企业责任,聚焦重点环节、重点领域、重点区域,积极推动塑料生产和使用源头减量、科学稳妥推广塑料替代产品,加快推进塑料废弃物规范回

收利用，着力提升塑料垃圾末端安全处置水平，大力开展塑料垃圾专项清理整治，大幅减少塑料垃圾填埋量和环境泄漏量，推动白色污染治理取得明显成效。到2025年，达到塑料污染治理机制运行更加有效，塑料制品生产、流通、消费、回收利用、末端处置全链条治理成效更加显著，白色污染得到有效遏制。

随着我国对塑料污染治理工作的不断深入，全国已有31个省市区先后发布了加强塑料污染治理的实施方案、实施办法、实施意见等具体文件，相关行业企业也在积极行动，执行和落实限塑禁塑政策和方案。

2020年9月，我国明确提出2030年碳达峰与2060年碳中和目标。2021年10月24日，中共中央、国务院发布了《关于完整准确全面贯彻新发展理念做好碳达峰碳中和工作的意见》（以下简称《意见》）。《意见》指出中国提高国家自主贡献力度，采取更加有力的政策和措施，二氧化碳排放力争于2030年前达到峰值，努力争取2060年前实现碳中和。这是中央经过深思熟虑作出的重大战略决策，事关中华民族永续发展和构建人类命运共同体。

在全球植物纤维模塑市场整体发展向好的情况下，我国新版"限塑禁塑令"的落地实施，"双碳"目标的确立，以及近年来消费者环保意识的不断加强，都使各行各业对于环保型绿色包装的需求持续攀升，市场应用不断扩大，促使植物纤维模塑行业得到了前所未有的快速发展。

二、植物纤维模塑行业生产情况概述

根据不完全统计，2021年我国植物纤维模塑产品中，工业包装产能约为60万吨，餐饮包装约为50万吨，食品包装及其他类包装为40万～50万吨，估算全国纸浆模塑产能150万～160万吨，最近5年市场增速为8%～10%。随着我国禁塑政策正在全国逐步铺开，纸浆模塑市场需求大幅提升，也带动更多企业加快扩产或者新建项目投产。根据市场预测，未来5年我国纸浆模塑市场增速为20%左右。预计到2026年我国纸浆模塑市场规模约为260万吨，产量达到190万吨。对于主要产品类别，餐饮包装类产品增长最快，预计2026年产能将达到90万吨，与工业包装类相当，食品包装及其他类产能预计为60万～70万吨①。根据测算，到2030年，我国纸浆模塑市场规模约为500万吨，纸浆模塑制品对塑料的替代率将由目前的5%提升到30%，50%以上的一次性塑料餐具将被纸浆模塑餐具替代。未来10年是我国纸浆模塑高速发展的黄金时期。

纵观我国纸浆模塑行业企业生产经营情况，在纸浆模塑工业包装制品细分领域，代表性的主要企业有：广东省汇林包装科技集团有限公司拥有专业的技术团队及雄厚的生产、

---

① 资料来源：中国造纸杂志社产业研究中心.纸浆模塑行业发展现状及趋势（二）[J].中国造纸，2022，41(6): 80-88.

技术实力，在国内同行业中属生产规模最大、工艺先进的领先企业。该公司是以纸浆模塑机械设备设计、制造；纸浆模塑模具设计、制造；纸浆模塑产品设计、生产、销售以及工艺创新、新技术开发应用为一体的行业领先企业。永发印务有限公司在做好传统包装的同时，近年来转型高端纸浆模塑业务，为世界知名电子消费品提供包装服务，并积极探索智能医药包装领域。该公司设计制作的中国共产党成立100周年银质纪念币包装采用100%可降解环保纸浆模塑材料，端庄大方彰显大国气象，向"绿水青山就是金山银山"致敬；设计制作的第24届冬季奥林匹克运动会金银纪念币纸浆模塑精品盒包装生动地诠释冬奥运动的力与美，植根于自然，升华于工艺。深圳市裕同包装科技股份有限公司是一家高端品牌包装整体方案提供商。裕同集团围绕全球可持续发展政策导向以及行业和客户的迫切需求，重点依托现有纸包装产品及工业环保纸塑的生产和运营管理方面的优势，专注绿色环保包装材料领域前沿技术和未来发展趋势，同时推出一系列植物纤维和环保新材料产品。

在纸浆模塑食品包装制品和餐具细分领域，代表性的主要企业有：浙江众鑫环保科技有限公司是中国领先的纸浆模塑制品解决方案提供商之一，多年来一直致力于高品质的绿色环保可降解制品的研发与制造。产品覆盖纸浆餐具、水杯、刀叉勺、精品包装、医疗用品等多个领域，广泛应用于餐厅堂食、外卖打包、高档日用品包装及医疗用具等领域。吉特利环保科技（厦门）有限公司是专业从事纸浆环保食品包装餐饮用具设备设计制造、工艺技术研发、产品生产、市场营销的闭环型集团公司，拥有30多年纸浆模塑环保食品包装餐具专业技术经验，是引领和推动纸浆环保食品包装餐饮用具行业发展的综合性企业。江苏澄阳旭禾包装科技有限公司是一家以甘蔗浆植物纤维生产技术为核心，集研发、设计、生产、销售为一体的综合发展型企业，其新工厂按照劳氏BRC-AA级要求设计和建设，致力于打造纸浆模塑行业全球首家全自动化、数字化、智能化无尘车间。主要生产餐饮用具、生鲜托盘、电子产品内衬、化妆品盒、食品包装礼盒等。沙伯特（中山）有限公司是全国重要的优质食品级纸浆模塑产品的大型生产基地之一。拥有丰富的设计经验和创新实力，专注于新材料和新工艺流程的创新研发，可以为食品餐饮行业提供最合适的包装材料，适用于餐饮堂食和外卖打包、新零售超市轻食、冷冻食品及烘焙食品包装等。韶能集团绿洲生态（新丰）科技有限公司是全国重要的优质植物纤维餐具的大型生产基地之一。专业生产可全降解的纸盘、碗、托盘、餐盒和饭盒等，产品远销美国、欧洲、中东和日本等国家和地区。浙江万得福智能科技股份有限公司是一家集纸浆模塑产品研发、生产、加工及销售为一体的现代化大型生产企业，其产品适用于食品包装、工业精品包装等多个领域，在国际市场细分领域具有较强的优势地位。绿赛可新材料（云南）有限公司纸浆模塑项目系上海对口帮扶云南的沪滇产业合作示范项目，公司发挥云南地区特有的资源优势，利用当地的甘蔗渣、竹子等植物原材料，通过先进的植物纤维改性技术加工生产可降解的纸浆模塑制品。山东辛诚生态科技有限公司是一家致力于打造国内外领先的高端一次性全降解植物纤维环保餐具供应商,专注于为顾客提供环保的、健康的有市场竞争力的产品和卓越的服务。温州科艺环保餐具有限公司是全国最早专业从事一次性环保纸浆餐具生产的企业之一,主要产品有一次性纸浆餐具、无氟全降解纸浆餐具与一次性纸吸管等。深圳爱美达环保科技有限公司潜心研发纸浆模塑礼品盒的"公模",从而降低或者去除模具成本费用,以此吸引大部分行业或品牌商使用纸浆模塑包装,大大促进了纸浆模塑包装礼盒的推广应用。

根据本发展报告调研组已搜集到的数据,2021年我国食品包装和餐具类纸浆模塑主要企业产量占比情况如图1所示。

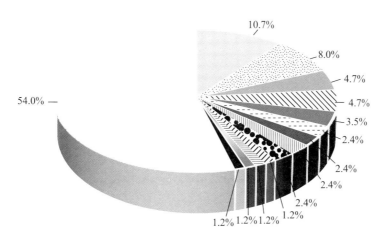

- ▨ 浙江众鑫环保科技有限公司 10.7%
- ▦ 深圳市裕同包装科技股份有限公司 4.7%
- ▤ 广西福斯派环保科技有限公司 3.5%
- ■ 浙江家得宝科技有限公司 2.4%
- ▨ 温州科艺环保餐具有限公司 2.4%
- ≡ 龙岩市青橄榄环保科技有限公司 1.2%
- ■ 绿赛可新材料(云南)有限公司 1.2%
- ⠿ 广东韶能集团绿洲科技发展有限公司 8.0%
- ⟍ 浙江金晟环保股份有限公司 4.7%
- ⠒ 吉特利环保科技(厦门)有限公司 2.4%
- Ⅲ 广东省汇林包装科技集团有限公司 2.4%
- ⟋ 江苏澄阳旭禾包装科技有限公司 1.2%
- ▪ 沙伯特(中山)有限公司 1.2%
- ▦ 其他 54.0%

图1 2021年我国食品包装和餐具类纸浆模塑主要企业产量占比情况

在纸浆模塑用化学品细分领域,代表性的主要企业有:邢台市顺德染料化工有限公司是一家专注于研发、生产及销售染色原料、助剂产品的高科技企业,可为纸浆模塑行业客户提供工包类染料及助剂和餐盘类染料及助剂等产品,以及产品所用辅助助剂的销售和技术支持。开翊新材料科技(上海)有限公司是一家专注于先进材料和高性能化学品的科技公司。利用自身在氟化学、水性涂料、生物与纳米材料等领域的技术专长致力于防水、防油、防潮、防氧气传递、脱模、耐磨、防滑等阻隔、防护及表面改性解决方案的开发。星悦精细化工商贸(上海)有限公司为日本星光PMC株式会社设在中国的全资子公司，专门从事造纸功能性助剂、水性树脂等环保高性能化学品的研发、生产和销售。上海镁云科技有限公司是一家专业提供纸浆模塑化学品整体解决方案的生产贸易型企业。专注于研发和生产纸浆纤维产品用功能性助剂，包括高效能无氟防油剂、防水剂和节能降耗等增效产品。沧州市恒瑞防水材料有限公司主要生产和销售纸浆模塑用防水剂、防油剂和消泡剂等。深圳市龙威清洁剂有限公司专注于纸浆模塑模具洗模水、纸塑脱模剂等产品的生产和销售服务。

综观纸浆模塑行业企业的生产经营和市场情况，近几年我国纸浆模塑行业已经进入了快速发展的黄金期，纸浆模塑的生产和市场出现产需两旺，保持高速增长的态势。

三、植物纤维模塑行业发展的几个特点

1. 餐饮具产品发展势头强劲

据资料显示，全球一次性降解餐具年总消费量已经超过了 2500 亿只。我国仅铁路交通使用快餐盒每年达 5 亿多只，各城市快餐业年用量达 100 多亿只，方便面、超市用各种托盘、杯子，航空业及其他行业用各种一次性包装制品总量超过 1000 亿只，且每年仍以 15% 的速度增长。餐饮市场对于植物纤维模塑餐饮具产品的强劲需求，引发了植物纤维模塑餐饮具项目的投资热潮，近年来投资植物纤维模塑餐饮具产品新建项目主要有以下几项。

① 2020 年 12 月，由远东吉特利与山鹰国际共同合作投资 8.5 亿元建设四川省兴文县竹浆模塑餐具及包装产品生产项目，项目建成后，预计年生产竹纸浆环保餐具约 8 万吨，实现年销售收入约 10 亿元。

② 2021 年 11 月，浙江大胜达包装股份有限公司与吉特利环保科技（厦门）有限公司共同投资 5 亿元在海南建设"纸浆模塑环保餐具智能研发生产基地项目"，项目全部建成后将具备年产 3 万吨纸浆模塑环保餐具的生产能力，预计一年可实现销售收入 6.26 亿元。

③ 2020 年 4 月，深圳裕同科技投资 4 亿元建设裕同科技·海南环保产业示范基地，研发、生产及销售纸浆模塑制品及高端纸质包装。该项目规划达产后可实现年产值约 6.4 亿元，为海南省提供可降解的餐盒、餐托、餐碗、杯盖等纸和纸浆模塑产品，并充分利用海南省自贸区的区位优势，以及海南禁塑带来的行业机会，同时发展国外出口市场。

④ 2021 年 5 月，斯道拉恩索中国包装集团位于河北迁安的新一代食品级纸浆模塑项目（一期）正式开机投产，将规模化生产新一代环保型的优质纸塑餐盒及杯盖等产品。斯道拉恩索新一代食品级纸浆模塑项目共分三期：一期工程投产后，年产能将超过 5500 万件，后续随着二、三期项目投资的不断加大，未来斯道拉恩索迁安工厂的年产能将一举突破 6.3 亿件。

⑤ 2022 年 5 月，宁波家联科技股份有限公司拟耗资 1.65 亿元获得"家得宝科技"75%股权。家得宝科技在环保餐具等纸制品领域深耕多年，主营业务为一次性环保纸浆餐具的研发、生产和销售，包括盘、碗、快餐盒等植物纤维一次性环保餐具，拥有现代化纸浆餐具生产线 14 条，年产量可达 8 亿件，主要应用于餐饮业，产品出口多个国家和地区。

2. 高端工业包装制品是未来趋势

近几年，在全球禁塑浪潮下，纸浆模塑生产新工艺新技术新设备也在持续研发和应用，国际大牌公司不约而同地都选用纸浆模塑包装成为一种趋势，纸浆模塑制品在电子科技产品、化妆品、日化用品、医疗用品等包装的应用场景在迅速扩展。

在电子科技产品包装方面，代表性的产品包装有：微软海洋塑料鼠标的全纸浆模塑包装由可回收的木材和天然甘蔗纤维制成；索尼 1000XM4 耳机的全纸浆模塑包装采用竹纤维、甘蔗纤维和回收再生纸纤维混合的纤维原料，采用纸浆模塑工艺制成；三星 Galaxy S21 系列手机内托继续选用染色的纸浆模塑材料，是由甘蔗渣加竹纤维制成的环保包装，三星高分辨率显示器包装则选用了本色的纸浆模塑制品；27 英寸的 iMAC pro 2017 苹果电脑的纸浆模塑内托，以简单、紧凑的内衬结构达到缓冲保护效果；2019 年 IDEA 包装设计金奖作品——BENQ 投影仪的纸浆模塑包装，其包装结构并未施加黏结剂或额外保护垫，却成功通过了跌落和撞击测试，而且开箱体验俱佳，兼顾了运输包装和销售包装的要求；戴森吹风机的精品纸浆模塑包装考虑将以前用甘蔗浆为原料的纸浆模塑内托变成以秸秆纤维为主要原料的纸浆模塑内托；化石手表（Fossil）使用可回收再生的植物纤维材料模塑成型制成包装，透过日趋成熟的工艺仍然可以制造出与昔日其他材料相同的高质感；罗技鼠标（Logitech MX Master）的纸浆模塑包装旨在展示产品的同时增强包装可持续性；酷冷至尊冰神 240M 电脑主机散热器包装采用纸浆模塑内衬将产品固定住，可达到泡沫类内衬的防护效果，而且环保可回收；戴尔采用竹浆模塑内托和麦秸浆纸箱来包装笔记本电脑；惠普笔记本电脑在多年以前已改用纸浆模塑制品作为内衬缓冲材料。

3. 蛋品包装朝着中高档方向发展

在全球蛋品包装市场中，纸浆模塑蛋品包装制品主要作为缓冲材料应用于鸡蛋包装和运输中，在 2020 年鸡蛋纸浆模塑包装需求市场占比约为 76%。根据 FMI 报告预测，东南亚在全球鸡蛋包装市场上所占份额将近 50%。2019—2029 年鸡蛋包装市场中，使用纸浆材料的复合年均增长率为 6%。Coherent Market Insights 预测 2020 年全球鸡蛋包装市场规模 49.238 亿美元，预计在 2028 年，全球鸡蛋包装市场规模将超过 76 亿美元。

我国是全球最大的蛋鸡养殖、鸡蛋生产和鸡蛋消费国家，2020 年我国鸡蛋产量约为 1900 万吨，同比上年增长了 1.5%。但是，我国的鸡蛋包装业务却处于起步阶段，纸浆模塑应用需求较低，市场渗透率约为 28%，2020 年鸡蛋用纸浆模塑市场规模约为 56 亿元。鸡蛋包装产品质量有着非常大的提升空间。随着我国鸡蛋产量大幅提升，对蛋品运输及包装业务会有更多的需求，因此高质量的蛋托包装产品需求会不断增加。而今，我国的鸡蛋生产已经大部分实现了自动化，这也意味着对高质量的鸡蛋包装有着更大的需求。因为，鸡蛋的生产量越大，就越需要自动化；自动化程度越大，也就越需要高质量的鸡蛋包装。再者，从环保角度来讲，年轻一代非常重视环境保护，也更倾向于使用环境友好型的产品。而采用再生纸加工而成的蛋托和蛋盒，将对鸡蛋形成有效的保护，适合长途运输。随着中国鸡蛋产量大幅提升，对蛋品运输及包装业务会产生更多的需求，因此高质量的蛋托包装产品需求会不断增加。

近年来专注纸浆模塑蛋品包装产品主要企业有以下几家。

① 2019 年底，丹麦 Thornico 集团的全资子公司滁州森沃纸质包装有限公司开工建设，该项目总投资约 1.2 亿元，计划建设年产 2 亿片模塑鸡蛋包装产品项目。该项目采用 100% 可回收和生物降解材料生产纸质蛋品包装产品，并全程致力于环境友好与可持续发展的商业模式。项目拟于 2020 年 12 月 31 日前竣工投产，将主要对应华东地区市场，协助提高蛋鸡企业的鸡蛋品牌效应。

②由广州华工环源绿色包装技术股份有限公司研发的高速对辊式纸浆模塑蛋托生产线已推向市场，该生产线具有超大的产能，单条生产线能够日产 20 吨的鸡蛋托，生产 30 枚鸡蛋的鸡蛋托时，单机产能可达 8000 ～ 12000 片 / 时。该生产线主要适用于生产鸡蛋托盘、水果托盘、饮料杯托、瓶托等形状较规则的低矮产品。该机采用世界领先的对辊式连续旋转成型技术，特别适用于大量生产标准产品；生产效率高（最短成型时间为 1 秒）；匹配大型 10 层烘干线，高效节能；采用全机械式传动设计，运行时间长久可靠；可选配堆叠后自动压紧、打包和码垛，实现生产过程全面自动化。

③河北海川纸浆模塑制造有限公司 30 多年来专注研发纸浆模塑蛋托机、咖啡托机、育苗机等系列干压成型设备，是一家集纸浆模塑研发、生产、学习、培训于一体的技术型企业。其现代化的生产设备和雄厚的研发能力处于行业重要地位，生产的转鼓成型机在国内已处于领先水平。可以为客户提供十几款纸浆模塑蛋托生产设备，按产量大小可以分为 800 ～ 1200 片 / 时，2000 ～ 3000 片 / 时，3000 ～ 4000 片 / 时，4000 ～ 6000 片 / 时，以及 7000 片 / 时，满足各种客户的不同需求。

结语

近年来我国纸浆模塑呈现快速发展的良好势头，但也应当看到，纸浆模塑行业虽然市场需求巨大，前景看好，但也面临着一些严峻的挑战。诸如行业设备、技术等发展速度缓慢，自动化程度较低，导致人员需求量大，生产效率低；生产过程热能和电能的能耗高，成本高，市场竞争力低下；产品单一，多数局限于常规产品的生产加工，同质化严重，且内耗较大；

行业缺乏优秀的人才，缺乏尖端的技术，没有核心竞争力的产品；企业分布零散，没有形成规模化和集群化，在配套设施、前端原料供应等产业环节上还存在成本高、能耗大等问题。这些因素导致我国纸浆模塑行业要健康稳步地向前发展还有很长的路要走，这需要我国纸浆模塑行业人员和关注行业发展的人士不懈努力，砥砺前行，携手开创纸浆模塑行业的美好明天！

（黄俊彦　部分内容根据网络或公开资料整理）

植物纤维模塑产品应用市场及前景展望

Application Market and Prospect of Plant Fiber Molding Products

植物纤维模塑是以蔗渣、竹子、麦草、芦苇等草本植物纤维浆或废弃纸品回收浆为原料，使用特定的模具将其加工成拟定结构形状，并加以整饰处理制成的具有保护作用、展示内装物的包装制品或者一次性餐饮用具。其原料来源于自然，使用后废弃物可回收再利用，可自然降解，是一种典型的环保型绿色包装产品，它在日益高涨的"人与自然和谐相处"的呼声中被人们逐步认识和接受，其产业与市场的发展顺应了世界性的保护自然与生态环境的绿色浪潮。

近年来，在全球各国实施限塑禁塑的背景之下，随着植物纤维模塑生产工艺技术的突飞猛进，许多行业高新技术的研发和应用，创新的产品不断推向市场，植物纤维模塑行业以每年 30% 以上的速度增长。目前，苹果、微软、三星、索尼、惠普、戴尔等一批国际品牌企业以及华为、小米、联想、小鹏等国内品牌企业都已将植物纤维模塑材料用作产品内包装衬垫，极大地促进了我国植物纤维模塑行业技术进步和应用市场的发展。据预测，今后几年，我国植物纤维模塑行业将迎来连续多年的高速发展期，到 2025 年，我国植物纤维模塑行业有望形成千亿美元的市场规模。

一、植物纤维模塑产品的特点

（1）原材料来源广泛，绿色环保。制作植物纤维模塑制品的主要原料大多采用一年生草本植物纤维浆，如蔗渣、芦苇、麦草、稻草、棉秸等。此类原料来源广泛、自然洁净也不易受到限制，不会像使用木材造成新的环境破坏。目前我国纸浆模塑行业以蔗渣、竹子、芦苇、麦草等草类纤维商品浆为主导原料，由造纸和纸浆企业提供，在原料方面完全可以实现"集中制浆，分散生产"，不仅自身没有化学制浆过程需要解决的废水处理问题，而且还能获得较为可靠的原料保证。而采用废纸作原料的纸浆模塑企业，其生产过程也不存在制浆产生的环境污染问题。

（2）生产工艺技术与装备不断创新。近年来，随着我国国民经济健康快速地发展，我国纸浆模塑行业也发生了日新月异的变化，生产规模不断扩大，技术水平不断提高，装备技术也不断提升。生产工艺从早期的干压生产工艺为主发展为干压、湿压工艺并举；生产设备从简单的单机单工位和双工位生产，发展为连续化、自动化的湿压工艺生产高精纸浆模塑制品，更有智能化、无人化生产设备已经开发并应用于生产；更加环保节能的直压工艺和干法模塑工艺与设备已成为纸浆模塑技术研发的新方向。

（3）应用领域广，市场容量大。纸浆模塑制品可以在餐饮用具、蛋托果托、食品药品包装、电器衬垫、农用器具、医用器具、军品包装、儿童玩具、器具道具、工艺品、人体模特、家居装饰、纸塑（机械）零部件等多个领域应用，并且一条兼容性的纸浆模塑生产线只要在模具上稍加改进就能生产出不同用途的产品，其多元化功能和循环再生的特点令许多同用途产品望尘莫及。我国作为人口和消费大国，纸浆模塑制品大规模应用的前景非常广阔。

（4）可回收再利用，可自然降解。纸浆模塑制品较之一次性塑料制品在有利于环境保护上具有诸多优点：使用后废弃物容易回收、可再生利用、可自然降解，源于自然归于自然，是比较典型的无污染型绿色环保产品，符合绿色环保要求和市场需要。在目前国家极为重视的限塑禁塑工作中将其列为一次性塑料的重要替代用品，纸浆模塑制品当之无愧。

（5）创新和发展空间广阔。纸浆模塑在我国是一个正在蓬勃发展中的行业，它涉及机械设备、模具设计与制造、制品设计与制造、纸浆原料选用与处理、功能性助剂的选用与添加、印刷油墨与印刷方式、纸浆模塑缓冲包装制品、纸浆模塑餐具与食品药品包装制品、精品工业包装制品等多个领域与行业，随着各种高新技术与装备在纸浆模塑行业的应用，纸浆模塑技术在每个行业领域都有着无限的创新和发展空间。

二、植物纤维模塑产品的分类

经过产品结构设计、工艺技术加工和制作的植物纤维模塑制品具有良好的防震动、防冲击、防静电、防油防水等性能，并且纸浆模塑制品和废弃物对环境无污染，有利于厂家产品进入国际国内市场，可以广泛应用于餐饮、食品、电子、电器、电脑、机械零部件、工业仪表、工艺品、玻璃、陶瓷、玩具、医药、装饰等各个行业。根据纸浆模塑生产工艺、生产设备、使用场景等进行区分，纸浆模塑制品可分为以下四大类别。

1. 纸浆模塑食品包装制品

主要包括纸浆模塑餐具类制品，如餐盒、方便碗、快餐托盘、盘碟、刀叉勺、纸杯、自热食品容器、快餐外卖包装容器等。还包括食用半成品、熟食品、方便食品的托盘，以及净菜托盘、鲜肉托盘、海鲜托盘、酒类包装、药品包装、国际餐饮业用容器等。图1所示为纸浆模塑食品包装制品和餐具。

2. 纸浆模塑农副产品包装制品

主要包括纸浆模塑水果托、禽蛋托、粮食、蔬菜的包装，还包括农用器具，如用于秧苗或其他农作物的营养钵、水稻秧苗育秧用纸托、花卉苗木护翼以及蚕用纸质方格簇等。图2所示为纸浆模塑果托、蛋盒。

图 1　纸浆模塑食品包装制品和餐具

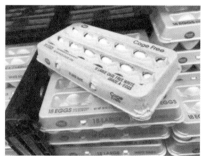

图 2　纸浆模塑果托、蛋盒

3. 纸浆模塑工业包装制品

主要包括电子产品衬垫、家用电器衬垫、易碎品隔垫、五金器具衬垫、日化用品包装，以及大型机电产品、重型包装托盘等。图 3 所示为纸浆模塑工业包装制品。

图 3　纸浆模塑工业包装制品

4. 纸浆模塑其他类制品

主要包括医用器具、文创用品、礼品、儿童玩具、戏剧道具、人体模特、工艺品底坯、家居装饰材料、纸塑（机械）零部件、销售展示用品、婚礼庆典会场道具等。图 4 所示为纸浆模塑文创用品。

图 4　纸浆模塑文创用品

三、植物纤维模塑产品的应用

植物纤维模塑制品在我国是一种新兴的绿色环保产品，其广泛的应用范围得到了越来越充分的展现。纸浆模塑制品不但广泛应用于餐饮食品包装、农产品包装、礼品包装、文化创意产品等领域。也广泛应用于工业领域，如汽车行业、电子产品、五金器具、医疗器具、家庭用品、办公产品等的缓冲包装。其细分的市场应用已涉及以下领域。

1. 餐饮用具

纸浆模塑餐具主要包括：餐盒、方便碗、快餐托盘、盘碟、刀叉勺、纸杯、自热食品容器、快餐外卖包装容器等。其制品外观大方实用，强度和塑性好，抗压耐折，材质轻，易于保存和运输；能防水、防油，又可适应冷冻保存及微波炉加热，适应现代人的饮食习惯和食品结构，也能满足快餐加工的需要。纸浆模塑餐具是一次性塑料餐具的主要替代产品。国家有关部门已组织有关企业制定出了 T/CTAPI 001—2022《绿色纸质外卖包装制品通用要求》、GB/T 36787—2018《纸浆模塑餐具》，供生产企业和消费者参照使用。图 5 所示为纸浆模塑餐饮用具。

图 5　纸浆模塑餐饮用具

2. 禽蛋托

纸浆模塑蛋托因其具有疏松的材质和独特的蛋形曲面结构，并具有更好的透气性、保鲜性和优良的缓冲性和定位作用，尤其适用于鸡蛋、鸭蛋、鹅蛋等禽蛋的大批量运输包装。使用纸浆模塑蛋托包装鲜蛋，在长途运输过程中，蛋品的破损率可以由传统包装的8%～10%降低到2%以下。国家有关部门已组织有关企业制定出了 BB/T 0015—2021《纸浆模塑蛋托》，供生产企业和消费者参照使用。禽蛋托又分为蛋托和蛋盒两种。蛋托主要有20枚装、24枚装、30枚装、36枚装等规格，蛋盒主要有4枚装、6枚装、8枚装、10枚装、12枚装、15枚装、18枚装、20枚装等规格。一些蛋盒外表面可按用户要求直接印刷或粘贴腰封，以提高柜台展示和销售效果。图6所示为纸浆模塑蛋托、蛋盒。

图6　纸浆模塑蛋托、蛋盒

3. 水果托

纸浆模塑水果托可以模制成有水果曲面结构的托盘，用于桃、梨、柑橘、苹果、菠萝、西红柿等果品特别是出口果品的包装，可以避免水果间的碰撞损伤，散发水果的呼吸热，吸收蒸发水分，抑制乙烯浓度，防止水果腐烂变质，还可以在制作纸浆模塑果托过程中加入适量保鲜剂等助剂，延长包装果品的保鲜期，能够发挥出其他包装材料难以起到的作用。图7所示为纸浆模塑鲜果包装。

图7　纸浆模塑鲜果包装

4. 电器衬垫

随着我国经济的快速发展，对外贸易的进出口量逐年增大，在全球各国实施限塑禁塑的潮流下，许多发达国家已禁止污染环境类包装物进口，我国的工业产品内衬包装也走上了"以纸代塑"的道路，使用纸浆模塑代替发泡塑料做电器产品衬垫，具有可塑性好、缓冲力强的优点，完全可以满足电器产品的内包装要求，其生产过程采用回收废纸等原料，工艺简练又不会污染环境，而且产品适应性强，用途广泛。图8所示为纸浆模塑电器衬垫。

图8　纸浆模塑电器衬垫

5. 易碎品隔垫

玻璃、陶瓷制品以及禽蛋类等易碎品的隔垫以往多用纸屑和草类替代，既不规范又不卫生，减震效果也难如人意。纸浆模塑隔垫制作简单，制品整齐划一，缓冲减震能力强，便于包装操作。这类产品对原料和工艺要求均不高，生产过程简单，成本易于控制，适合大规模生产，各类产品制造厂商和快递行业均可广泛使用。图9所示为纸浆模塑易碎品隔垫。

图9　纸浆模塑易碎品隔垫

6. 农用器具

主要用于秧苗或其他农作物的营养钵，花卉苗木护翼，蚕用方格簇以及粮食、果蔬类的包装等，如园林绿化和庭园种植中使用的纸浆模塑育苗钵。其最大优点是培植幼苗无须二次移植，种子出苗后可连苗带钵一起移栽到田地里（钵体可自行降解），省工省时且成活率高，若在山地沙漠等自然条件较差的地域配合植树造林，其效果将更加突出。又如日本开发的一种水稻秧苗用纸浆模塑托盘，能够大量育秧，用水稻插秧机移植时无缺苗现象，不会损伤根系，成活率极高，粮食增产效果明显，还可抵御秧苗冻伤。而养蚕用的纸浆模塑方格簇，可以提高蚕茧的等级和蚕丝的质量，具有使用方便、使用寿命较长等特点。农用纸浆模塑托盘在农副产品的保鲜，提高农作物的成活率等方面具有独特的优点。图 10 所示为纸浆模塑花盆、育秧托。

图 10　纸浆模塑花盆、育秧托

7. 食（药）品包装

除了餐饮用具，许多烘焙食品、饼干糕点、速冻食品、茶叶、罐头、酒类、食用半成品、熟食品、方便食品以及各类医用药品、针剂、疫苗等均可使用纸浆模塑包装，采用纸浆模塑包装不仅干净卫生而且使用方便，又可回收再生利用，十分符合环境保护和人体卫生健康要求。图 11 所示为纸浆模塑食品、药品包装。

图 11　纸浆模塑食品、药品包装

8. 医用器具

传统医用器具在使用上的最大问题是患者反复使用，消毒不彻底容易造成交叉感染，若改用一次性的各型纸浆模塑托盘、痰盂、便盆、体垫、夹板等，不仅可以避免交叉感染，免去消毒环节，节省人工，而且其废弃物可直接焚烧，无毒等副作用。另外，纸浆模塑器具价格适中，医患双方都易接受，给医疗护理工作带来许多方便，便于推广使用。图 12 所示为纸浆模塑一次性医用器具。

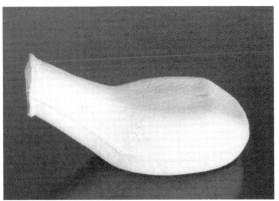

图 12　纸浆模塑一次性医用器具

9. 化妆品包装

化妆品包装是可持续包装发展最快的细分市场，也是纸浆模塑包装进展最快的一个市场。目前已有国际国内品牌的化妆品（如洗面奶、洗发水、沐浴露、化妆水、润肤露、眼影、口红、胭脂等）都已采用了纸浆模塑制品包装。图 13 所示为纸浆模塑化妆品包装。

图 13　纸浆模塑化妆品包装

10. 军品包装

军用物品特别是军火制品怕冲撞、怕静电、怕潮湿、怕锈蚀，包装储运中要求万分谨慎。而纸浆模塑材料可制作成中性物质，且缓冲性能好、可塑性强，可防潮、防锈、防静电，加入专用助剂后其性能还可扩展，使用中安全系数大，用于弹药、炸药、火药及枪械等物品的内衬包装，能够提高军品包装储运水平，大大减少军品储运中的危险和损失。尤其近年来军火弹壳薄壁化、减量化，对包装材料提出了更高的要求，纸浆模塑内衬因其完全符合包装要求，可以防止存储时变形，确保内装物安全等优异性能赢得了更多的应用机会。图 14 所示为纸浆模塑军品包装。

图 14　纸浆模塑军品包装

11. 文创用品、礼品

纸浆模塑可以制作出各种儿童玩具、戏剧道具、人体模特、工艺品底坯、家居用品等，具有特殊的应用或美化功能，可以代替其他材料广泛应用，使用后可以回收再利用，如节日庆典会场、游戏道具、装饰摆件等。图 15 所示为纸浆模塑文创用品。

图 15　纸浆模塑文创用品

12. 纸质浇道管等特种产品

采用一种创新的纸浆模塑生产工艺可以制造一种在铸造作业中用的纸质浇道管，代替传统的陶瓷浇道管，用于铸造行业。这种纸质浇道管具有特殊的耐高温、抗压等性能，纸质浇道管的模塑生产不仅实现了废纸资源再利用，而且在使用过程中其对生产的铸件也无影响，是典型的环保可再利用产品，使用后的废弃物能自然降解。图 16 所示为纸浆模塑浇道管。

图 16　纸浆模塑浇道管

13. 家居装饰材料、一次性家具、旅游、户外用品等

纸浆模塑可以制作出各种家居用品、桌椅、灯具等，也可以在纸浆中添加合成树脂模

塑成硬质纸纤维板，用于制造家具或室内装潢，也可以制成浮雕状用于天花板、隔离墙、背景墙等装饰材料。图 17 所示为纸浆模塑家居装饰材料。

图 17　纸浆模塑家居装饰材料

14. 重型产品包装衬垫、托盘

采用纸浆模塑制作重型产品包装有很大的开发空间，如机械产品零件、汽车零部件、发动机、压缩机等重型产品的缓冲包装以及物流托盘都可采用纸浆模塑来制作，可替代传统的木材包装，是节木代木的优选方案。图 18 所示为纸浆模塑重型产品包装衬垫、托盘。

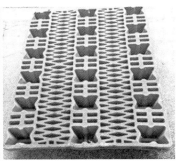

图 18　纸浆模塑重型产品包装衬垫、托盘

15. 一次成型桶、盒

以秸秆纤维或回收废纸板为主要原材料，通过特种工艺技术，可以一次成型制作纸浆模塑桶、盒、箱等制品，广泛用于食品包装、酒类、粮豆、土特产及大型工业包装，如各种规格化工桶等。图 19 所示为一次成型纸浆模塑桶、盒。

16. 纸瓶容器

纸浆模塑瓶替代塑料瓶在日化、饮料、酒类等行业的开发应用空间非常巨大，许多国际品牌已与领先的纸瓶制造商合作，为其产品的包装提供创新的解决方案，以减少塑料瓶的生产和消耗。研发和推广应用环保可降解的纸浆模塑瓶是纸浆模塑行业发展的新热点和新的市场增长点。图 20 所示为纸浆模塑瓶。

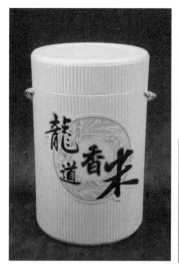

图 19　一次成型纸浆模塑桶、盒

图 20　纸浆模塑瓶

17. 销售展示包装

伴随着纸浆模塑设计、生产制造技术的不断提升，纸浆模塑已经广泛用于奢侈品、化妆品、日用快消品、电子产品的销售展示包装，并且由于其具有环保可降解、可回收的特性，成为品牌商宣传可持续理念的直接载体，提升了产品品牌价值。图 21 所示为纸浆模塑展示产品包装。

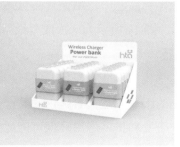

图 21　纸浆模塑展示产品包装

四、植物纤维模塑产品的应用市场前景广阔

植物纤维模塑以天然植物纤维或废纸为原料，生产的餐具制品及工业包装制品等是真正的环保产品，其生产过程和使用过程无任何污染。纸浆模塑制品除了在替代一次性塑料餐具方面有积极作用外，也广泛用于各种工业产品、农业产品和各领域产品的包装。纸浆模塑制品在多个应用领域正逐步进入商品包装的主流，它是目前一次性塑料制品的主要替代产品之一。

随着我国经济与国际市场深度融合，着力构建全方位开放新格局，深度融入世界经济体系，推进"一带一路"建设，加强与世界各国的互利合作。近年来我国纸浆模塑行业呈现快速发展的态势，纸浆模塑制品在国际上的竞争力不断提升，其制品出口数量和出口额均呈现上升的态势，未来纸浆模塑制品的市场潜力是相当巨大的。

在全球限塑禁塑的大潮下，纸浆模塑生产工艺技术突飞猛进，许多高新技术应用于纸浆模塑行业的生产、研发和应用，新兴的产品不断推向市场，许多国际品牌产品相继使用纸浆模塑制品用于其包装，大量新兴的纸浆模塑制品的应用场景不断涌现。据预测，在未来5～10年内，纸浆模塑制品对泡沫塑料制品的替代量将达50％或更多，形成数以千亿元计的市场份额，纸浆模塑制品的应用市场呈现一派向好的前景。

作为一种环保型新兴产品，纸浆模塑制品正逐渐步入产品生命曲线的成熟期，随着人们生活水平的提高和环保意识的增强，也伴随着纸浆模塑产品工艺技术和装备技术的不断改进和提升，纸浆模塑制品应用场景一定会越来越广泛，其市场应用前景非常广阔。

（黄俊彦）

植物纤维模塑行业发展机遇与挑战

Development Opportunities and Challenges of the Plant Fiber Molding Industry

在全球各国限塑禁塑政策日趋收紧的新形势下，作为一次性塑料替代品之一的植物纤维模塑行业市场迅速扩大、需求猛增，这为植物纤维模塑行业带来了快速发展的机遇，许多业内外厂商纷纷关注甚至投入这一绿色环保包装行业当中，希望搭上环境保护与可持续发展的快车，得到更好的发展机会。同时，新冠疫情对社会经济造成的影响，原材料成本上涨，生产过程能源成本居高，加之其他可降解材料的市场竞争，又使植物纤维模塑行业发展充满了许多不确定的因素和严峻的挑战。

本文重点分析了国际国内植物纤维模塑行业发展面临的机遇及挑战，阐述了促进植物纤维模塑行业发展的积极因素，分析了植物纤维模塑行业发展面临的不利因素的影响，旨在为业内相关企业和关注植物纤维模塑行业发展的相关机构和人士提供一些指导性的参考。

一、植物纤维模塑行业发展面临的机遇及挑战

1. 国际环境对植物纤维模塑行业发展的影响

从国际环境看，植物纤维模塑行业的发展受诸多因素影响，分析全球发展环境，归纳以下积极影响因素。

（1）限塑禁塑推动行业需求增长。随着消费者对环境保护和可持续发展的认识日益增强，"限塑禁塑"已成全球共识，多个国家和地区都已在限塑禁塑方面展开行动，推动了塑料替代品市场需求的强势增长，对于纸浆模塑产品市场需求也大幅度增加。例如，纸浆模塑餐具市场，随着塑料制品的受限和快节奏的城市生活需要，市场对纸浆模塑餐具的需求不断增长，全球对纸浆模塑餐具的需求每年以不低于 500 亿只的速度增长，达到了前所未有的需求量。

（2）生活品质的提升带动纸浆模塑需求增加。随着经济发展和人们生活水平提高，消费者越来越注重生活品质的提升，禽蛋、果蔬已成为人们健康饮食的重要组成部分。蛋托、蛋盒、果蔬托盘和包装盒是纸浆模塑产品的重要细分领域，国际市场对禽蛋和果蔬消费量的上升加速了纸浆模塑包装产品的需求量。根据 FMI 报告预测，2019—2029 年鸡蛋包装市场中，使用纸浆材料的复合年均增长率为 6%。Coherent Market Insights 预测 2028 年全球鸡

蛋包装市场规模将超过 76 亿美元。未来几年，国际市场对高质量禽蛋和果蔬的纸浆模塑包装产品的需求将会不断增加。

（3）外卖餐饮市场发展促进纸浆模塑餐饮包装需求增长。伴随着全球新冠疫情持续蔓延，多种生活服务业态发生着颠覆性的变化，餐饮外卖在众多的竞争者中脱颖而出，市场规模不断扩大，餐饮包装需求快速上升。特别是随着电子商务和网络消费的升级，网络餐饮外卖市场的扩大为餐饮包装用纸浆模塑制品带来了广阔的市场。

（4）Z 世代年轻消费群体更青睐绿色环保包装。1995 年至 2009 年出生的一代年轻消费者是食品、化妆品和个人护理消费品等行业的主要消费群体。这些领域的产品已逐渐推广应用了绿色环保的纸浆模塑包装，随着年轻一代对绿色环保消费理念的关注，更容易接受采用纸浆模塑作为这些产品包装的新设计新理念。

（5）新兴技术发展提升纸浆模塑工业包装的需求。随着 5G、物联网、人工智能、虚拟现实、新型显示等新兴技术的应用，加速电子科技产品更新换代，催生出许多新的产品形态，电子科技行业呈现持续稳定的发展态势，而电子产品是纸浆模塑工业包装制品的主要使用者之一，从而带动工业品包装对纸浆模塑需求量的上升。

（6）纸浆模塑在包装领域的应用前景远超想象。近年来，随着新兴装备技术的不断进步，纸浆模塑新工艺新技术新设备也在持续研发和应用，纸浆模塑制品在电子科技产品、化妆品、日化用品、医疗用品等包装的应用场景在迅速扩展。例如，纸浆模塑瓶的研发和推广成为纸浆模塑行业发展的新亮点，可以应用于日化、饮料、酒类、医疗等多个领域。

与此同时，国际纸浆模塑行业发展也面临着一些不利的影响因素。

（1）全球新冠疫情持续蔓延制约行业的发展。新冠肺炎疫情给世界各国都带来了巨大冲击，给全球经济和贸易带来了前所未有的挑战。部分企业关闭或暂停生产，国际物流运输运转不畅、运力紧张、运价上涨，对供应链产生不利影响，制约了国内外纸浆模塑产业的发展和国际贸易正常运转。

（2）国际市场原料价格攀升带来不利影响。由于供应链问题，以及地缘政治问题等，国际市场纸浆的可流通货源十分受限，纸浆价格表现坚挺，在甘蔗浆成本高位的多重支撑下，价格顺势上扬，这给使用进口甘蔗浆的纸浆模塑企业生产成本带来了不利影响。

（3）国际能源短缺和价格飙升增加生产成本。2022 年以来，由于俄乌冲突等因素导致国际能源短缺严重，欧洲等地出现了严重的能源危机，导致个别欧洲企业部分生产线关停，也影响了纸浆模塑相关企业的生产运行。随之而来的是能源价格的上涨，大幅增加了纸浆模塑的生产成本，纸浆模塑产品价格上调在一定程度上减少了消费需求。

（4）其他可降解替代品的竞争。纸浆模塑原料源于自然，使用后可再生利用、可自然降解，是典型的无污染型绿色环保产品，是一次性塑料的重要替代用品，但同时它也面临着可降解塑料等材料的严峻挑战，因为可降解塑料制品与纸浆模塑制品相比，在某些性能上具有一定优势，在成本上也具有一定竞争力，对纸浆模塑产品形成一定的市场竞争。

2. 我国发展环境对植物纤维模塑行业发展的影响

纵观我国植物纤维模塑行业发展形势和环境，从积极影响因素看，主要体现在以下方面。

（1）限塑禁塑政策逐步落地实施。2020年初，随着国家发展改革委、生态环境部"新版限塑令"的发布，我国限塑禁塑期限有了明确的规划。我国已有31个省市自治区相继发布了限塑禁塑政策，随着国家和地方政策的推进，将会陆续把限塑禁塑政策扩大到更多更广的领域，这也意味着，与其密切相关、对一次性塑料具有重要替代作用的纸制品将在未来得到大力推广，包括纸浆模塑制品在内的替代品将会有更多的发展空间。

（2）国民环保意识增强。随着科技和时代的发展，人们对绿水青山、蓝天白云、新鲜空气进一步向往，树立绿色环保的理念，追求绿色低碳生活，提高生存环境质量将成为一种习惯。据资料显示，Z世代年轻消费者更容易接受绿色环保的纸浆模塑制品，这一部分人在成长过程中在更多的场合面对和使用纸浆模塑制品，将是未来消费和使用纸浆模塑制品的主力军。

（3）居民消费水平提高。纸浆模塑制品大多属于一次性消费的产品，如一次性的餐具、家用电器包装衬垫等，因此纸浆模塑产品的消费需求与经济发展程度密切相关。根据调研，国外经济发展水平较高的国家和地区，纸浆模塑的消费市场发展较好，消费价格和消费量均较高。随着我国经济持续健康的发展，居民消费水平逐年提高，也将带动纸浆模塑消费需求进一步提升。

（4）新冠疫情蔓延刺激市场需求。新冠疫情持续蔓延对社会、经济、生活造成巨大影响，限制了人们的社交和饮食活动，让更多消费者选择了网购和外卖，我国近年的餐饮外卖增长速度在10%以上，超过了传统餐饮行业的增速。随着电商平台和市场的发展，全场景策略覆盖等原因，更多的用户养成了在外卖平台上多样化消费的习惯，预计互联网餐饮外卖市场在未来几年仍将继续保持增长，这也带动了纸浆模塑包装和餐具的需求增加。

（5）纸浆模塑生产技术不断进步。纸浆模塑在我国是一个正在蓬勃发展中的行业，它涉及机械、模具、制品设计、纸浆原料、助剂，以及餐具与食品包装、工业品包装等多个领域和行业，随着各种高新技术、创新工艺与装备在纸浆模塑行业的应用，纸浆模塑的生产规模不断扩大，设备自动化和智能化水平不断提升，生产效率不断提高，生产成本将在一定程度上下降，增加了纸浆模塑制品在代塑产品市场上的竞争力。

同时，也应该看到，我国纸浆模塑行业发展也面临着诸多不利因素的影响。

（1）纸浆原料价格上涨。纸浆模塑制品的核心原料是纸浆。我国纸浆生产受上游原料影响，特别是纸浆模塑行业使用的蔗渣浆、竹浆的产量有限，短期内原生浆产量提升困难，原生木浆比较依赖进口纸浆。随着各地纸浆模塑新增产能陆续释放，对纸浆原料的需求将增加，纸浆价格上涨将会大幅提升原料采购成本，挤压纸浆模塑企业的利润空间[①]。

（2）生产过程能耗较高。纸浆模塑自发展以来热能和电能的消耗一直是生产成本中两项主要的成本大项，占生产总成本的 20%～25% 左右；特别是双控和碳中和形势下对燃煤、生物颗粒，甚至天然气加热方式的限制，造成了一些地区的纸浆模塑工厂只能依靠使用电加热方式，成本极高、耗能极大，使产品在市场竞争中失去了价格竞争优势。

（3）科研投入少，技术更新慢。纸浆模塑是一个小众的行业，我国纸浆模塑行业虽然经过了 30 多年的发展，但是整体发展速度较慢，究其原因是在行业发展初期整个市场低迷、产品价格较高，社会接受度较低，从而导致了企业、高校、研究机构等缺乏研发的动力和资金，工艺技术研发、设备更新换代等十分缓慢，因此行业急需更先进的工艺技术和设备，为行业长期稳定的发展奠定基础。

（4）人才匮乏制约行业可持续发展。我国纸浆模塑行业在 30 多年的发展历程中，经历了漫长的低迷期，其中由于政策落实不到位，市场发展不好等多重因素，许多人选择退出，人才缺失严重。同时高校对纸浆模塑行业专业人才培养和科学研究较少，技术基础薄弱，精通行业的专业人才远远跟不上当今纸浆模塑行业快速发展的需求，行业企业可用好用的专业人才较少，制约了行业的健康快速发展。

（5）一线生产人员需求量大。纸浆模塑行业属于劳动密集型产业，其根本原因是行业设备与工艺技术等发展速度缓慢，自动化程度较低，造成了人员需求量大。我国纸浆模塑产业主要分布在广东、江苏、浙江、山东、安徽、广西、四川等省市，多数属于工业或商业较为发达的地区，因此劳动力严重不足限制了行业持续发展与规模的再扩大，成为纸浆模塑产业发展的一大瓶颈！同时，近年来我国企业劳动力成本上升显著，难以招到合适的工人，这些因素影响了企业生产的稳定发展。

（6）可降解塑料制品的竞争。纸浆模塑制品与可降解塑料制品在替代一次性不可降解塑料制品方面各有优势，从成本优势比较，可降解塑料的替代作用将更为明显，这就增加了纸浆模塑制品替代的难度；而在非一次性塑料包装制品方面，尤其是诸如食品以及其他高附加值的相关产品上，纸浆模塑包装的替代作用将得以增强。

二、植物纤维模塑行业如何转型发展

1. 植物纤维模塑产业要走国际化路线

笔者最近走访了国内一些植物纤维模塑企业，了解到发展较好的纸浆模塑企业都是外向型的企业，企业在建立之初就瞄准国际市场，在全球范围建立了较完备的营销网络，有

[①] 资料来源：中国造纸杂志社产业研究中心. 纸浆模塑行业发展现状及趋势分析（一）[J]. 中国造纸，2022, 41(5): 108-116.

固定的海外合作伙伴，产品在海外市场享有一定的美誉度。生产的纸浆模塑装备或产品除供应国内市场外，还远销到世界各地。有些企业甚至以国际市场为主发展，产品出口率达到产量的 90% 以上，国外庞大的市场需求对我国纸浆模塑行业企业的发展起到了重要的推动作用。

2. 纸浆模塑制品要适应市场发展趋势

在禁塑限塑政策引导与市场需求两大推力的作用下，很多业内外厂商纷纷投入纸浆模塑行业当中，想从中获得更大的发展空间，形成了一定规模的投资热潮。因此，要经营好纸浆模塑企业，首先需要多做市场调研，弄清市场上需要什么样的纸浆模塑制品，纸浆模塑包装的发展趋势是什么。要做好提前预判，选择生产具有时代特色的纸浆模塑制品，迎接全面禁塑落地后，需求爆发式增长市场的到来。可以预料，未来几年，纸浆模塑行业有望不断提高产量，扩大市场使用范围和使用量，进入工业化大批量生产阶段。相关企业只有不断提高纸浆模塑设备、模具、工艺技术的总体水平才能不误发展的好时机。

3. 开拓纸浆模塑创新产品新领域

纸浆模塑制品在我国是一种新兴的绿色环保产品，但其广泛的应用范围得到了越来越充分的展现，其产品可以应用于餐饮、食品药品包装、电器包装、农用器具、易碎品衬垫包装等多个行业和领域，随着各种高新技术在纸浆模塑行业的应用，纸浆模塑在各个行业领域都不断有新产品新应用涌现。例如，将纸浆模塑工艺技术与艺术创作结合，开发各种类型的文创用品，使消费者从纸浆模塑文创用品中收获的不仅是视觉上的享受，也感受到创意有趣的纸浆模塑文创用品的实用性。又如，开发娱乐玩具，主要是以儿童脸谱、动物工艺品玩具为主，这类产品正在逐渐取代传统的塑料产品，产品价格低廉、携带方便，使用废弃后可回收利用，备受国外消费者喜爱。再如，开发纸浆模塑新型建筑材料，在纸浆中添加合成树脂模塑制成浮雕装饰墙板、装饰天花板、隔离墙、背景墙、轻型保温材料等。

4. 节能降本是纸浆模塑行业发展的重要课题

目前纸浆模塑生产工艺，无论是干压和湿压工艺，都包含纸浆模塑湿胚的干燥过程，干燥设备的加热源可以是蒸汽、导热油、电、远红外线等。这些干燥过程都需要消耗大量的能源，使能源费用支出成为纸浆模塑制品生产的主要成本。如何降低干燥过程的能耗是纸浆模塑生产过程亟须突破的热点技术课题，目前，业内人士在这方面进行了一系列研究和探索，以期寻求高效节能的干燥方法。例如，研究人员试验将热泵热风干燥／微波干燥技术用于纸浆模塑湿胚干燥过程，利用热泵的节能特性和微波穿透性的干燥特性，以期大大降低纸模制品干燥过程的能耗。又据资料显示，业内人士将湿纸模胚冷压榨技术用于纸浆模塑生产，该技术是在成型湿纸模胚的基础上增加了冷模挤压工序，将真空抽吸后的湿纸模胚再次进行挤压脱水，将含水量降低至 40%～45%，大大节省了后续烘干工序对热能和电能的消耗。研究表明，冷压榨技术的应用可节约 70% 热能，从而大大降低产品生产成本 ①。

纸浆模塑生产过程所使用的真空设备也是能源消耗的一大部分，近年来行业内推广使用的无油节能真空泵，在相同工况下对比传统的水环真空泵节能 30% ～ 50%，并且搭载的伺服永磁电机能更精准地恒定真空压力及流量，有效地降低耗电量，大大提高生产效率，更进一步降低能耗。

模具制造成本高、周期长也是制约纸浆模塑行业发展的一大痛点。近年来，3D 打印技术的发展和其在纸浆模塑行业的应用，为传统的纸浆模塑模具制造技术提供了重大的改革和突破的可能。未来可以用 3D 打印技术快速打印出纸浆模塑生产用模具或者产品样品，这样无论是时间成本还是开模设计费用都将大大降低。也有业内厂家提出了纸浆模塑"公模"的概念，由纸浆模塑制品厂家自主承担模具费用，研发出各种尺寸与结构的公模制品供不同客户选择。免去了以往由用户支付的模具费用，也解决了产品起订量要求高的痛点问题，降低了纸浆模塑制品的使用门槛，更有利于在更多领域推广使用纸浆模塑制品。

5. 要建设好纸浆模塑产业化集群

我国纸浆模塑行业起步于 30 多年前，先期投入纸浆模塑行业并能坚守行业到现在的企业家都是坚信这一环保产业的未来前景和发展趋势，但纸浆模塑市场的发展是一个漫长的过程，因此在前期的发展过程中行业企业数量较少、分布零散，没有形成规模化和集群化的企业群体，在先进技术应用、配套设备、前端原料供应等产业环节上存在着技术落后、成本高、能耗大等许多痛点。同时产品单一，同质化非常严重，多数局限于常规产品的生产加工，产品缺乏市场竞争力，且内耗较大。因此产业的健康发展应发挥各自优势、强强联合、协同创新，形成在国内外市场有强大竞争能力的企业集团，打造纸浆模塑技术创新、产品创新、市场开拓、国际合作的新高地。中小企业应专心做细做好细分领域，开发有创新特点、有核心竞争力的产品，以低成本轻资产的投入发展无限广阔的应用市场。

6. 相关行业如何转型发展纸浆模塑行业

在全社会广泛实施限塑禁塑和纸浆模塑行业蓬勃发展的新形势下，纸浆模塑的上下游行业，造纸、包装、印刷、塑料等行业如何充分利用已有的资源优势、技术优势、市场优势，转型纸浆模塑行业发展呢？

（1）造纸与纸浆行业转型发展。纸浆模塑是在传统造纸工艺基础上发展起来的一种立体造纸技术，造纸与纸浆生产企业可以利用自身资源、原料优势和技术优势进行多元化发展，转型纸浆模塑包装制品、餐具行业的发展。利用自身已有的浆料制备和处理系统以及成熟的浆料制备工艺技术，甚至使用自制的湿浆料直接通向成型机，只需配置后续成型机、干燥机及后加工系统就可以满足纸浆模塑制品的生产要求，免去了使用浆板再碎解加工的

---

① 资料来源：裴继诚，王亚南. 冷压榨技术在纸浆模塑制品生产中的应用 [J]. 包装工程，2002(2): 51-53.

能源消耗，从而降低生产成本，增加产品在市场上的竞争力。

（2）包装与印刷行业转型发展。纸浆模塑制品的应用场景大部分属于产品防护与包装领域，许多场景和包装与印刷行业的产品应用场景完全相同，或者与其相互搭配使用，共同完成包装的功能。因此，包装与印刷企业与纸浆模塑企业有时是共享同一个客户，拥有共同的市场和客户资源。另外，包装与印刷企业可以利用自身的技术优势，在纸浆模塑制品的后加工方面，如 UV 打印、丝印、烫金、起凸凹、贴纸等工艺做好文章，提高纸浆模塑制品的附加值。目前已有多家包装与印刷行业头部企业进入纸浆模塑行业，并且获得了较好的发展前景，如裕同科技、永发印务、山鹰集团、大胜达、界龙等。

（3）塑料制品行业转型发展。随着限塑禁塑政策的升级和人们环保意识的逐步增强，未来生物降解、绿色环保将成为塑料制品行业发展的方向，塑料制品行业转型纸浆模塑行业发展是一个可以选择的方向。例如，一次性塑料餐具和一次性塑料包装衬垫生产企业可以根据客户要求和市场需求转型纸浆模塑行业，业内已有塑料制品企业兼顾生产两个领域的产品，并随着应用市场的拓展，逐步扩大纸浆模塑制品的产能。

（4）餐饮食品行业转型发展。餐饮食品行业近年来也在向绿色环保、可持续的方向发展。这一行业的最大优势就是拥有庞大的市场和客户资源，如连锁餐饮、外卖快餐、航空食品行业等，可以采用投资和合作的方式，涉足发展纸浆模塑产业，可以将自产的大部分纸浆模塑产品自身消化掉，从而降低餐饮用具和包装制品的采购成本，取得更好的经济效益和社会效益。

结语

综上所述，在全球各国广泛实施限塑禁塑政策的新形势下，环保可降解、可回收利用的纸浆模塑作为一次性塑料的重要代替品迎来了快速发展的良好机遇。同时，纸浆模塑行业发展也面临着原材料成本上涨、能源成本居高和其他可降解材料市场竞争等许许多多非常严峻的挑战。我们作为关心和关注纸浆模塑行业发展的人士和业内专业人员应当仔细地思考，探索纸浆模塑行业可持续发展的思路和方法，为纸浆模塑行业的未来发展提出建设性的建议，助推我国纸浆模塑行业走向成熟、走向辉煌。

（黄俊彦）

生产工艺与技术

Production Process and Technology

★ 植物纤维模塑工艺技术与发展趋势

★ 植物纤维模塑研究进展及应用情况

★ 植物纤维模塑创新技术与发展趋势

★ 3D 打印技术在植物纤维模塑行业的应用

★ 免切边植物纤维模塑制品的生产过程及成本影响因素分析

★ 环保包装"万能公式"让植物纤维模塑更精彩

植物纤维模塑工艺技术与发展趋势

Technology and Development Trend of Plant Fiber Molding Products

植物纤维模塑制品是以芦苇、蔗渣、麦草、竹子等天然植物纤维为原料，以特定的生产工艺制作出的绿色环保产品。随着科学技术的发展，植物纤维模塑的资源可循环性、产业链可拓展性、产品多元化以及广阔的应用市场等内在优势愈加突出地显现出来，已成为生物质加工和各种植物纤维利用的工业典范。在全球各国对环保政策的日趋收紧和我国新版"禁塑令"逐步在全国各地落地实施的新形势下，一次性塑料替代品之一的植物纤维模塑制品凭借其生产制造过程对环境友好、应用范围广泛、相对于其他绿色环保材料更加成熟等优势，成为禁塑限塑风口下包装及其相关行业的翘楚。

在全球性的禁塑限塑的新形势下，近年来我国植物纤维模塑行业呈快速发展的趋势，生产规模不断扩大，工艺技术水平不断进步，装备制造技术也不断提高，各种新技术新工艺也在植物纤维模塑生产中逐步得到推广和应用。

一、现代植物纤维模塑工艺技术的发展过程

植物纤维模塑制品作为纸包装制品家族中的一员，近年来随着其市场应用范围和需求量的快速增长，投资和生产规模不断扩大，对产品的性能要求越来越高，推动其生产工艺技术也在不断进步和提高。

纸浆模塑的基本生产工艺是在传统造纸工艺基础上发展起来的新型纸制品制造技术，纸浆模塑工艺技术的发展历程大体上可以分为：早期的干压生产工艺；近年快速发展的湿压生产工艺；改进型的半干压生产工艺；节能降本高效的直压式生产工艺和干法模塑生产工艺等。如图1所示。

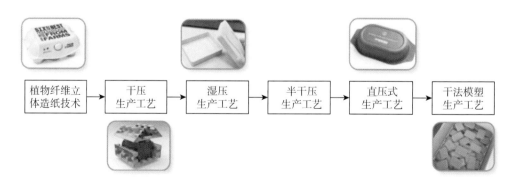

图1　纸浆模塑工艺技术的发展过程

二、植物纤维模塑生产工艺是在传统造纸工艺基础上发展起来的

追溯植物纤维模塑生产工艺技术的源头，其生产工艺是在纸和纸板生产工艺的基础上发展起来的一种新型造纸技术，纸浆模塑制品生产过程所采用的原料、工艺过程和设备与造纸生产工艺过程有着紧密的联系。

（1）生产原料基本相同。纸浆模塑生产与纸和纸板生产都可以使用造纸的基本原料，如芦苇、蔗渣、麦草、竹子等草本植物纤维浆料或废弃纸品回收浆料。在生产过程中使用的化学助剂也基本相同，如助留剂、助滤剂、湿强剂、干强剂、防水剂、防油剂、染料、增白剂等。但是纸浆模塑对于原材料性能要求与造纸又有所不同，比如要求原料成型后有挺度，不容易变形等，如用甘蔗渣浆抄出的纸张有脆性，所以甘蔗渣浆不是很好的造纸原料，但是将其用于纸浆模塑就非常适合。还有秸秆类的原料也是同样的情况，伴随着纸浆模塑行业的快速发展和市场需求量的不断扩大，秸秆类、竹类、甘蔗渣等造纸行业应用比较少的原料，将会在纸浆模塑行业中大放光彩。

（2）原料处理工艺与设备基本相同。如采用废纸原料生产纸板，要经过废纸分选、水力碎浆机碎解、打浆机或磨浆机磨浆、纸浆施胶、调浆等工序，再泵送到抄纸机经过纸页成型、压榨脱水、烘缸干燥等工序成为纸张成品。纸浆模塑生产采用草类浆料或废纸原料，也要经过水力碎浆机碎解、打浆机或磨浆机磨浆、纸浆施胶、调浆等工序，再输送到纸浆模塑成型机上进行成型、挤压脱水、干燥整型等过程，成为合格的纸浆模塑成品。两种生产工艺中的原料处理设备甚至可以通用，只是在成型、干燥工艺和设备方面有所不同。

（3）成型原理相似，但成型的形式和装备完全不同。传统的纸浆模塑生产与纸和纸板生产都是采用湿法成型的方法进行成型，然后脱水、干燥成为成品。纸浆模塑的生产过程与传统的造纸生产过程的不同点在于：纸或纸板是在抄纸机湿部将纸浆"喷到"（长网造纸机）或"捞到"（圆网造纸机）成型网（金属网或塑料网）上脱水成型，湿纸页及干燥成品都是连续平带状的，并卷成卷筒状的形式，如图2所示；而纸浆模塑制品是在成型机中"捞到"成型网模（模具上附有金属网）上脱水成型，湿纸模胚大多是间歇单件输出，其成品是一个立体材料或容器，如图3所示。

图2　纸张成品

图3　植物纤维模塑成品

（4）成型干燥设备不同。纸或纸板的抄纸机一般是比较大型的、成型和干燥连成一体的设备，如图4所示为长网造纸机结构示意；而纸浆模塑成型机和干燥机可以分开设置，单独或组合进行生产，如图5所示。

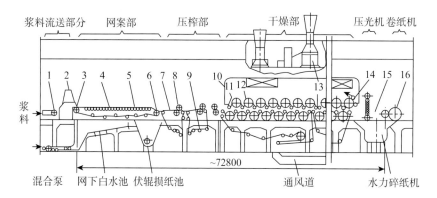

图4　长网造纸机结构示意

1- 浆流分布器；2- 流浆箱；3- 胸辊；4- 案辊；5- 真空吸水箱；6- 伏辊；7- 压榨毛毯；8- 压榨辊；9- 毛毯洗涤；10- 通风罩；11- 干燥帆布；12- 烘缸；13- 通风系统；14- 冷缸；15- 纸幅；16- 纸卷

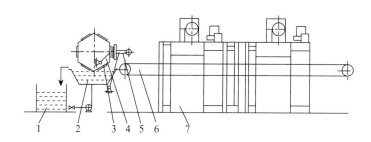

图5　转鼓式纸浆模塑生产线示意

1- 贮浆池；2- 浆槽；3- 成型模具；4- 六面回转式成型鼓；5- 转移模；6- 传送带；7- 烘道

综上所述，可以认为纸浆模塑是在传统造纸工艺基础上发展起来的一种立体造纸技术。随着科学技术的进步和各种高新技术在纸浆模塑行业的应用，这种立体造纸技术也在不断地发展和提高之中。

三、现代植物纤维模塑工艺技术的主要类型与发展

随着我国植物纤维模塑生产技术和工艺以及生产设备的不断进步与发展，业内人士将纸浆模塑生产工艺做了进一步的细分，主要类型分为以下类别。

（1）干压工艺。纸浆模塑干压生产工艺是传统的生产工艺，它将纸浆模塑成型与干燥、整型和切边等工序分开设置。先将制备好的纸浆液料在成型机上制成湿纸模胚，再转移到成型机外部的干燥机上进行干燥（属于模外干燥），最后进行整型和切边，完成整个生产过程。

其生产工艺简单，能耗相对较低，主要用于蛋托、果托和一般工业包装制品的制作。

纸浆模塑生产工艺流程主要包括：碎解打浆、纸浆施胶、调配浆料、纸模成型、挤压脱水、纸模干燥、整型与切边等工序，其中干压生产工艺主要流程如图6所示。

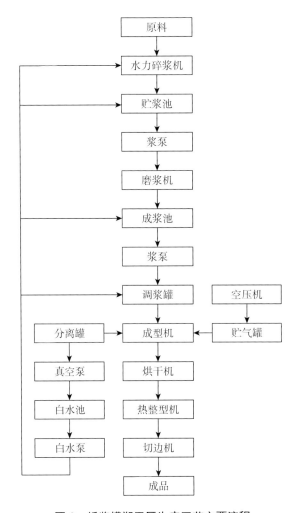

图6　纸浆模塑干压生产工艺主要流程

图7所示为干压工艺全自动蛋托/果托生产线主要流程示意。该生产线适合大批量生产单一或多样化蛋托果托产品，操作灵活方便。通过更换模具可生产蛋托、蛋盒、水果托、咖啡杯托、医用托盘、工业品、工业产品内衬包装等。该生产线以废纸箱、纸板等为原材料，经水力碎浆机碎解、振框平筛除去杂质、磨浆机磨浆、调浆等工艺过程调配成一定浓度的浆料，然后输送到转鼓式成型机上，浆料经吸浆成型、成型模与转移模挤压后形成湿纸模胚，然后通过转移机械手上的转移模吸持湿纸模胚，转移至烘干生产线的传送带上进行热风干燥。干燥完成后，需要整型的产品送至热压整型机整型，然后堆叠打包为成品；不需要整型的产品可以直接堆叠打包装箱。

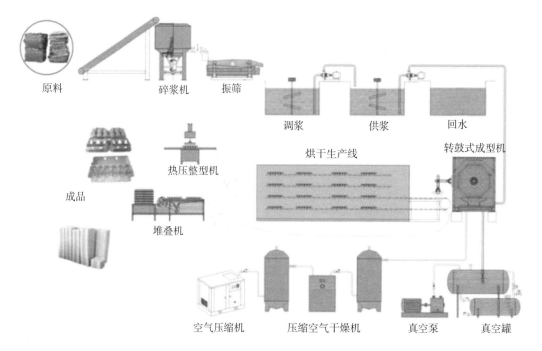

原料　　碎浆机　　振筛

调浆　　供浆　　回水

热压整型机

烘干生产线

转鼓式成型机

成品

堆叠机

空气压缩机　　　压缩空气干燥机　　真空泵　　真空罐

图7　全自动蛋托/果托生产线主要流程示意

（图片来源：广州市南亚纸浆模塑设备有限公司）

（2）湿压工艺。纸浆模塑湿压生产工艺是近几年发展比较快的生产工艺，其生产工艺技术日臻成熟，并广泛应用。它是将成型、干燥、整型甚至切边等工艺过程全部在一台全自动机器上连续完成（属于模内干燥），其工作效率高，产品质量精致，但生产过程能耗较高。主要用于精度要求较高的食品餐具和精品工业包装制品的生产。

纸浆模塑湿压生产工艺流程中的制浆工段与传统纸浆模塑生产工艺相同，包括碎解打浆、纸浆施胶、调配浆料等过程，所不同的是湿压生产工艺是将纸模成型、挤压脱水、纸模干燥、定型与切边等工序在同一台全自动机器上完成。图8所示为纸浆模塑湿压生产工艺主要流程。

图9所示为湿压工艺纸浆模塑餐具生产线主要流程示意。该生产线以甘蔗浆、竹浆、木浆、芦苇浆、草浆等浆板为原材料，经碎解、磨浆、添加化学助剂等工艺调配成一定浓度的浆料，然后泵送至全自动成型干燥定型一体机，通过成型工位真空吸附使纸浆均匀地附着在特制的模具上形成湿纸模胚，再将湿纸模胚送入湿压干燥定型工位进行干燥定型，生产出的纸模餐具制品，由转移机器人送入切边机，切边后的制品由堆叠机器人堆叠，送入消毒机消毒后，将产品打包装箱。还可以根据产品质量要求，选择覆膜、印刷等工序进一步加工，制作出整齐美观的纸模餐具制品。

（3）半干压工艺。为了改善干压工艺生产的产品外观、密度、强度等指标，纸浆模塑半干压生产工艺是在纸模制品整型前通过晾、晒、烘、喷、淋、洒等工艺，使其水分保持在 35% 左右，再进行模内干燥或整型，获得介于湿压工艺及干压工艺之间的精品纸模产品，其能源消耗要大大低于湿压工艺，效率比干压工艺提升很多。图 10 所示为纸浆模塑半干压生产工艺主要流程。

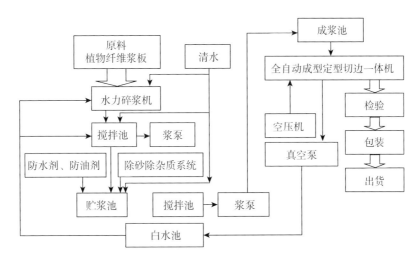

图 8　纸浆模塑湿压生产工艺主要流程

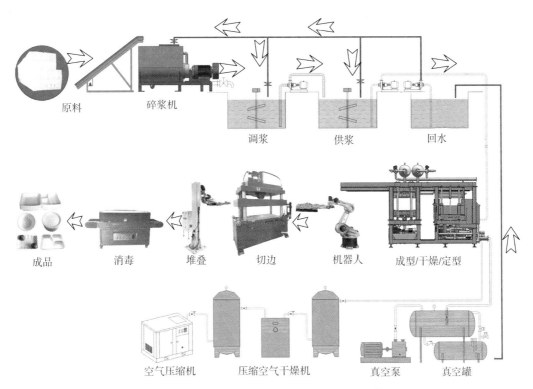

图 9　纸浆模塑餐具生产线主要工艺流程示意

（图片来源：广州市南亚纸浆模塑设备有限公司）

图 10   纸浆模塑半干压生产工艺主要流程

上述三种纸浆模塑成型工艺都属于湿法成型工艺，即在湿纸模成型过程中以水作为分散介质，把原料中的植物纤维均匀地分散到水中，再用成型网模过滤形成湿纸模胚，再经过干燥、整型和切边成为产品。

（4）直压工艺。直压式生产工艺是将卷筒状或平板状的植物纤维原料浆板或纸板不经碎解和打浆，不加入水介质，直接经过开卷或裁切，根据产品性能要求在输送过程中喷涂防水剂、防油剂等适当的助剂，再通过热压模切设备加工成纸浆模塑制品。其主要生产工艺流程如图 11 所示。

图 11   纸浆模塑直压生产工艺主要流程

直压式生产工艺是将植物纤维原料浆板或纸板采用连续模压成型的方式生产纸浆模塑制品，它是纸浆模塑生产工艺方法的一个重大变革，直压式生产工艺与传统湿法成型方法相比，大大减少了传统工艺中原料浆板再湿、碎解、成型、干燥过程中的大量能源消耗。

国内某企业自主研发出直压式纸浆模塑刀叉勺生产工艺和设备，其主要生产工艺流程如图 12 所示。该纸浆模塑刀叉勺生产工艺主要包括多层原料卷筒纸复合、模切、成型、封层等工艺过程。该纸浆模塑直压式生产线采用纯天然可自然降解的植物纤维原料，生产过程中经过高温消毒，并且不产生任何废液、有害气体及废渣。产品符合环保卫生要求，耐温、耐水、耐油，适合微波炉烘烤和冰箱冷冻保鲜使用，产品可替代所有餐饮业使用的一次性塑料餐具（烘焙餐具、航空餐具、餐饮餐具等）。

图 12   纸浆模塑刀叉勺生产工艺主要流程

这种新型的纸浆模塑直压生产线不仅设备投资少，而且生产能耗非常低。在生产过程中，不产生大量的废水，环境保护贡献高，占地面积小，生产环境更舒适，生产自动化程度更高，产品强度不低于湿压工艺的产品。但其目前的技术还无法全面替代湿法吸滤成型工艺，其原因是目前的直压生产线，只能做浅盘式产品或刀叉勺产品，而生产较深的、拔模角度小的产品的生产良品率较低。业内厂家也在积极投入直压生产工艺和设备的研发，期望能把直压工艺大量应用在更多的纸浆模塑制品生产上，达到生产高效低成本，节能减排的目标。

（5）干法模塑工艺。干法模塑生产工艺是将卷筒状或平板状原料浆板或纸板直接经过开卷、干法疏解和粉碎，利用空气流作为介质，通过气流成型方法形成疏松的纤维网后，根据产品性能要求在输送过程中喷涂防水剂、防油剂等适当的助剂，并复合上下面纸，再通过热压模切设备加工成纸浆模塑制品。其主要生产工艺流程如图13所示。

瑞典 PulPac 公司的干法模塑纤维技术是一项在美国、日本、中国和欧洲获得专利认可的制造技术，它采用可再生纸浆和纤维素资源，生产低成本、高性能、基于植物纤维的包装和一次性产品。干法模塑纤维以与塑料相同或更低的成本，同时降低了80%～90%的二氧化碳排放量。它能够实现高速制造，并且可以取代目前由塑料制成的大多数包装和一次性产品。

干法模塑纤维是一种独特的纸浆模塑生产技术，其制造产品在替代一次性塑料产品方面起着显著的影响作用。干法模塑纤维技术是引领可持续包装竞赛的有力竞争者之一。

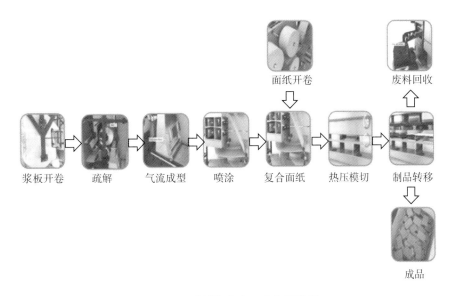

图 13 干法模塑生产工艺主要流程

上述直压式工艺和干法模塑工艺高效、节能、环保，引起了纸浆模塑业内人士的广泛关注，国内外一些厂家已致力于纸浆模塑直压式和干法模塑式生产工艺与设备的研发。

结语

综上所述，随着国际国内限塑禁塑政策的进一步落地实施，纸浆模塑这一新兴的绿色环保产业显示出强大的生命力和广阔的市场前景，其生产工艺技术水平也在行业发展中不断进步和提高。应当看到，纸浆模塑及其加工技术是一项涉及多种学科包括化工、造纸、机电、测试、包装、印刷等的系统工程，其新型的节能降本工艺技术的开发和研究任重道远，大有可为。可以相信，经过纸浆模塑行业人士不断总结经验，拓宽思路，瞄准方向，一定会在纸浆模塑新工艺新技术新设备等方面有所创造，有所前进，为促进我国纸浆模塑行业健康快速地向前发展奠定坚实的基础。

（黄俊彦　邢浩）

植物纤维模塑研究进展及应用情况

Research Progress and Application of Plant Fiber Molding Products

植物纤维模塑以其原料来源广泛、可再生的资源优势，可完全降解的环境优势，以及良好的防震、抗冲击、防静电、防腐蚀效果，使各个行业都在发掘植物纤维模塑应用的可能性。然而在不同行业的应用中，对植物纤维模塑的外观以及强度、卫生性、成型性、防水性、耐油性等性能会有不同的要求。例如，植物纤维模塑餐具需要具备良好的卫生性和耐油性；植物纤维模塑医疗产品对于卫生性的要求更高；植物纤维模塑作为包装内的缓冲结构则需要其具备良好的缓冲性能，作为外包装则会需要其具备良好的抗冲击、抗弯强度等。

为了能够更准确地实现行业对植物纤维模塑产品的性能要求，更好地控制植物纤维模塑产品的品质，拓宽植物纤维模塑的适用范围，已有各领域的科研人员投入植物纤维模塑领域的研究中，并持之以恒地深耕于此，将实验室研究与生产实际结合，寻找着最佳的解决方案。

一、植物纤维模塑机械性能研究

机械性能是影响产品应用范围大小和生命周期长短的关键，也是植物纤维模塑生产加工的重要指标。为了提升纸浆模塑产品的机械性能，提高产品品质，许多科研人员探究了制浆工艺、助剂、木素含量、打浆程度、模压参数、干燥方式等因素对纸浆模塑产品机械性能的影响，并基于不同的因素提出了提高纸浆模塑产品机械强度的方法。

陆新宗等人研究发现在适宜的条件下，用漆酶介体体系对浆料进行处理，能够有效改善纸浆模塑包装材料的强度和疏水性。通过正交试验综合平衡法确定了漆酶介体体系处理浆料的最佳实验条件组合为漆酶用量 1.68g，介体用量 0.2%，pH 值 6.0，温度 60℃，处理时间 60min，通空气。在此条件下，纸浆模塑包装材料的强度为 84.12MPa，疏水性能达到了疏水材料的标准。在漆酶介体体系处理杨木浆的过程中，纸浆模塑材料纤维表面木素官能团结构发生了变化。羟基的含量增多，而羟基在分子间发生缔合，形成以氢键相连的多聚体，从而使纤维之间的黏结作用加强，而在宏观上表现为拉伸强度的提高，同时，羧基吸收峰相对强度的增加，使纸浆模塑材料的疏水性有所提高。经漆酶介体体系处理后的纸浆模塑包装材料，其纤维层间断面的纤维与纤维之间更加紧密，在宏观上表现为纸浆模塑材料更加密实；在纤维表面形态上，纤维与纤维的连接处有黏性物质产生，使纤维之间的连接加强，从而使模塑包装材料的强度提高。

田章等人研究温度、湿度和紫外线老化对脱木素和未脱木素纸浆模塑材料性能的影响，定量地对比不同因素作用下两种材料的力学性能差异。以废纸浆为原料，经打浆、脱木素、湿成型、热压等工艺制得脱木素和未脱木素两种纸浆模塑材料；模拟不同的温湿度和紫外老化环境，测试两种纸浆模塑材料物理力学性能的变化。研究表明，在同等条件下，脱木素材料的拉伸强度与弯曲强度均高于未脱木素材料；两种材料的拉伸强度、弹性模量和弯曲强度随着含水率升高而大幅降低；当含水率低于 20% 时，脱木素材料的拉伸性能和弯曲性能更易受到温度影响；虽然两种材料的拉伸性能和弯曲性能均随着紫外老化时间的延长而不断降低，但其影响程度远小于温湿度。其中湿度对材料的力学性能影响最大，其次是温度和紫外老化；脱去木素有利于提高纸浆模塑材料的力学性能和抗紫外老化性能。

程芸等人基于改善食品包装纸浆模塑材料的机械性能开展了研究，较系统地探讨了针叶木浆、阔叶木浆、蔗渣浆、竹浆四种纤维原料的特性、打浆适应性、外添助剂及模压参数等对纸浆模塑材料机械性能的影响。通过纤维分析仪分析得到四种纤维的长度、宽度和长宽比。对四种纤维原料制成的纸浆模塑的抗张指数、耐破指数、挺度等机械强度进行了测量，针叶木浆的长宽比较大，热压成型时纤维间的交织能力较强，机械强度较高；由于阔叶木浆中含有较高比例的木素成分，虽然这不利于单根纤维间的氢键结合，但在高温热压时，木素会发生一定程度的自缩合，或与碳水化合物降解产物间发生酚醛缩合，促进纸浆模塑"自我黏合"强度增加，强度仅次于针叶木浆。而蔗渣浆的纤维宽度较大、长度较短，当其用于制备模塑材料时无法提供较高的机械强度，另外蔗渣浆细小组分中大多是杂细胞，不仅存在一定的滤水困难，而且这些杂细胞具有更大的比表面积，能够优先吸附所添加的不同阻隔助剂，在真空抽吸成型时，细小组分的流失不仅会对真空系统不利，还会影响材料的阻隔性能。因此，在研究中发现与 100% 蔗渣浆相比，添加一定量的漂白化学竹浆、漂白化学针叶木浆、漂白化学阔叶木浆均能提升纸浆模塑材料的机械强度，其中阔叶木浆与蔗渣浆之间存在协同增效作用，阔叶木浆与蔗渣浆以 1:1 复配时使纸浆模塑材料的抗张指数、耐破指数和挺度分别提高了 22.0%、65.8%、12.4%。

外添助剂也能在一定程度上增加制品的强度，改性淀粉的增强效果最好，相较于未添加助剂的蔗渣浆模塑材料，抗张指数、耐破指数、挺度分别增长了 15.3%、28.3%、9.8%。因为阳离子改性淀粉是在天然淀粉骨架上引入叔胺基或季胺基后制备的具有阳离子特性的一种淀粉衍生物，淀粉的羟基与纤维游离羟基之间形成氢键结合从而提升纸浆模塑材料的机械强度。但当阳离子淀粉添加量不断增大时，纤维体系的 Zeta 电位绝对值会降低，这会造成模塑材料成型时匀度变差从而影响机械强度，另外当阳离子淀粉添加量过高时，纤维体系滤水时间延长，生产效率降低。因此，研究确定阳离子淀粉的较佳添加量为 1.5%。模压参数对于改善蔗渣浆模塑材料的机械强度也有一定影响，其中模压压力的影响最大。该研究条件下最佳的模压参数为 0.5 MPa、温度 170℃、时间 60s。

岑蕾等人以原生纸浆为材料，浆内添加各类助剂制备纸浆模塑试样，分别测试耐破度、撕裂度及抗张强度，以分析助剂对纸模制品强度性能的影响。试验分析表明，浆内添加一定比例的 CS、PVA、CPAM 及 CMC 均可增强试样的强度，且较优的助剂配方为：CS 1.4%、PVA 0.6%、CPAM 0.05%、CMC 0.8%，此时试样耐破度为 5.38kgf/cm²、撕裂度为 1405mN、抗张强度为 5.51N/mm。

姚培培等人研究了在不同打浆度、温度和压力条件下，热压干燥与真空干燥方式对纸浆模塑材料强度性能的影响。分别利用热压干燥方式与真空干燥方式对纸浆模塑材料进行干燥成型，检测不同打浆度、温度和压力下模塑材料的抗张指数、耐破指数、戳穿强度和挺度，最后用扫描电镜对两种干燥方式下的纤维结构进行观察。结果显示，热压干燥制得的模塑材料的抗张指数、耐破指数、戳穿强度和挺度均比真空干燥的性能高；材料的抗张指数、耐破指数和戳穿强度均随打浆度的提高呈现先升高后降低的趋势；耐破指数、戳穿强度和挺度随热压温度的升高而增强；热压压力增大，材料的戳穿强度增强，而挺度减小。通过扫描电镜观察，采用热压干燥方式的纤维间的结合比真空干燥方式的更紧密。研究表明，在热压干燥方式下，打浆度为 65°SR，温度为 110℃时，材料的抗张指数、耐破指数和戳穿强度值最高，分别为 26.235 N·m/g、1.234 kPa·m²/g 和 3.42 J。在生产实践中，可根据制备不同需求的纸浆模塑材料，选取合适的干燥方式。

二、植物纤维模塑疏水化研究

植物纤维模塑的疏水化研究是增强制品防潮性能的关键，同时对制品强度的提高也起到一定的作用，对纸浆模塑在各个领域中的应用十分重要，尤其是在食品包装餐具餐盒中的应用。餐具的特殊使用场景，需要制品具有良好的卫生性、防水性、韧性、强度和外观平滑度等。而未经特殊处理的纸浆模塑产品结构疏松多孔，较易吸潮，在潮湿的环境中极易霉变，其卫生性不能得以保证。而且吸潮后，纸浆模塑产品的跌落强度、黏合强度、外观平滑度都会有不同程度的下降。

张海艳等人以竹化学浆和针叶木化学浆为原料制备纸浆模塑材料，通过辊涂或浸涂方式将改性的无氟丙烯酸酯共聚物应用于纸浆模塑材料表面，并评价处理前后纸浆模塑材料的机械性能和防水防油性能。结果表明，与不添加助剂的纸浆模塑包装材料相比，利用三种丙烯酸酯共聚物均导致其机械性能略有降低，防水和防油性能显著提高；其中，Cobb 值由无助剂添加时的 508 g/m² 降低至 15～18g/m²，5min 后水接触角仍保持在较高水平，防油等级（Kit 值）可达到 8 以上，但其耐热水热油性能相对较差。使用淀粉复配改性后的无氟丙烯酸酯共聚物可使纸浆模塑包装材料的 Cobb 值降至 $0.9 \sim 2.1 g/m^2$，水接触角在 5 min 内的变化值仅为 $4.0° \sim 8.2°$，防油等级可达到 10 以上，另外其耐热水热油性能有显著改善。

王飞杰等人进行了植物纤维食品包装疏水化研究，并对近几年的疏水化研究进展做了系统性的总结。植物纤维食品包装疏水性能的提高，目前主要是通过在纤维表面进行物理或化学改性实现的。其中化学改性的方法主要包括接枝改性和化学刻蚀。传统的接枝改性是采用常用助剂如聚乙烯醇（PVA）、烯基琥珀酸酐（ASA）、可溶性淀粉、烷基烯酮二聚体（AKD）和松香等，将其配制成溶液或者乳液进行表面施胶或者浆内施胶。

近年来有研究人员尝试用新方法实现纤维的超疏水化，比如采用气相沉积法将疏水剂均匀附着纤维表面对其进行化学改性，ASA 是常用的施胶剂之一，经分析 ASA 的蒸汽和液体成分一致，所以 ASA 可用于疏水化纤维素气相沉积法研究。AKD 作为目前使用最为广泛的施胶剂，性质不稳定，在成型温度下会发生热水解，蒸气中含有大量脂肪酸导致其疏水效果并不理想。Adenekan 等采用超临界技术，将超临界 CO_2 通入浸有纤维素的正庚烷和 AKD 的混合液中，AKD 的溶解度得到了提高，同时提高了疏水效果。经超临界 CO_2 处理的 AKD 与纤维素之间的结合方式，既有氢键连接，也有与纤维素气凝胶间的共价键连接，剩下则由碳酸酯低聚物连接，从而达到良好的均匀疏水效果。

通过酯化从表面或内部的结晶进行官能团取代，将脂肪酸及其衍生物接枝到纤维素本体上形成纤维素酯，是一种常用的纤维素疏水化方法。但过度酯化，会影响纤维素的可降解能力，从而降低制品的环保特性。有研究人员将氟化物用作纤维表面的酯化试剂，三氟乙酸酯的引入可以使纤维获得较强的疏水性和疏油性，但双疏特性只是暂时的，之后改性纤维会快速水解重新变为纤维，便于回收利用；Liu 等将含有氟烷基材料接枝到纳米二氧化硅颗粒上，然后用紫外线固化技术处理涂布后的基材，提升材料的耐久性和强度，形成的食品包装不但具有优良的双疏性，而且呈现出良好的热稳定性。

化学刻蚀是通过涂布化学物质，在纤维表面引入细微粗糙结构，从而提高基材表面的抗润湿能力。Xue 等在氢氧化钠预处理后的纤维表面旋涂聚乙烯，加热漂洗后，纤维表面获得纳米级凹坑。涂布聚二甲基硅氧烷后，涂层不但完美复制了纤维表面形状，而且降低了表面能，使纤维在较长时间内维持良好的抗润湿性和自清洁作用。Hong 等将旋涂一层聚甲基丙烯酸甲酯后的纤维，浸入疏水改性后的单分散聚甲基倍半硅氧烷（PMSQ）微球溶液中，并在固定浓度的溶液中缓慢取出。用等离子体刻蚀后再用化学刻蚀处理形成微尺度图案。PMSQ 中硅原子取代了原有结构中的甲基，提高了疏水性，为了简化工艺规程，将 MTMS 水解后可形成 PMSQ 纳米结构，可通过氢键与纤维间形成共价连接，减弱纤维的亲水特性，而且增强与非极性材料的相容性，更好应用于复合材料中。

Phipps 等尝试将微纤化纤维素（MFC）与单宁酸接枝改性后再吸附烷基胺发生化合反应，使 MFC 原纤维的表面疏水化并增强纤维素基填料与非极性热塑性基质的相容性。在使用冷等离子对基材表面进行疏水化处理的研究中，有研究选用双重等离子体处理纤维表面，先选用氧等离子体对纤维中的无定型区域进行选择性刻蚀，产生纳米刻蚀形态，然后在氟碳化合物气体中通过等离子体增强后，采用化学气相沉积法在纤维表面形成氟碳化合物薄膜，从而实现超疏水表层，与传统接枝改性或者人工构造规律性表面粗糙结构的方法相比，通过在纤维内外刻蚀后再复合疏水表层而获得的纳米粗糙结构非常稳定而且疏水性能优异。

表面涂布含有无机纳米颗粒溶液的方法也是疏水化的一种方法，如纳米 ZnO、纳米蒙脱土和纳米 TiO_2 等，不但可以提高涂层的疏水性，还可以赋予一定的抗菌性能。Zhou 等将乙烯基硅化合物和含有氟化官能团的丙烯酸酯单体通过乳液共聚制备新型水性氟硅聚丙烯酸酯（WFSiPA）分散体，为了增强均匀性，引入水基异氰酸酯，旨在成膜期间固化 WFSiPA 分散体，由此产生疏水性氟硅聚丙烯酸酯聚氨酯。涂布到纤维上后，Si-O-Si 键结构和氟化官能团既提高了表面粗糙度又降低了表面能，纤维表现出优异的疏水性和热稳定性。Qi 等对 TiO_2 进行接枝改性后，在 TiO_2 分子上引入 C=C 键，借助引发剂，将氟化物通过双键接枝到 TiO_2 上，然后分散到溶液。纤维表面覆盖大量处理后的纳米粒子后，相比于未改性的 TiO_2，水接触角大幅提升，而且含氟防水剂用量大幅减少。

关于植物纤维表面疏水化的研究，促进了纸浆模塑制品耐水性能的提高。研究人员通过纤维接枝改性、吸附聚合以及引入表面微观粗糙结构等方法对纤维进行疏水化处理，扩大植物纤维制品的应用范围。但目前仍存在一些不足，如疏水化处理后涉及食品安全问题，制备工艺、材料成本过高以及制备工艺难以实现自动化生产等。

三、植物纤维模塑染色及染料废水处理研究进展

随着植物纤维模塑产品应用领域的扩宽，人们也不再满足于白色或是纸浆原色的纸浆模塑产品，对产品的外观和颜色有了更高的要求。目前纸浆模塑产品的着色以浆内染色为主，将染料以一定比例加入完成打浆的浆料中，使制品产生客户想要的颜色。但是在染色过程中依然存在一些问题，比如染色不均匀，染色后制品强度降低，色牢度不够，以及染料污水处理等问题。

刘旭等人通过探究深色纸浆模塑制品染色过程中出现色差的机理，研究染料与纤维共磨对染色效果和强度性能的影响，提出改善深色纸浆模塑制品染色效果与强度性能的工艺。研究人员在相同磨浆转数下，探究染料的加入方式对纤维形态、染色制品强度、光学性能及染料上染率的影响；将染料与纤维共磨，探究不同磨浆转数对浆料的滤水性能、染色制品的染色效果和强度的影响。实验证实，染料和纤维共磨有利于改善染色制品的抗张强度和耐破强度，能在显著提高染色效果的同时有效降低染色制品的正反面色差。与传统添加方式相比，染色制品的色差由 2.53 缩小到 0.20，上染率从 72.02% 提高到了 77.93%。显微

镜图像分析显示，共磨浆料的纤维起毛现象更明显。此外，随着磨浆转数增加，染色制品的光学性能和强度性能得到提高。因此，染料与纤维共磨可以提高打浆效果，改善深色纸浆模塑制品的染色效果和强度性能。

为了对印染废水进行深度处理，一般以生物法为主，对于难以生物降解印染废水，采用厌氧与好氧联合处理法更加合适；对于容易生物降解印染废水，可利用简单的生物处理法。一般采用物理化学降解法处理印染废水色度。

张世铭等人采用水热法制备了负载 Co 的二氧化锰，进行了锰基催化剂活化过硫酸盐（PMS）降解甲基橙模拟废水实验。实验结果符合二级反应动力学，再考虑实际的经济应用成本以及对甲基橙去除效果和环境的二次污染的条件下，选取最佳的实验工艺方案为：甲基橙的浓度 $C = 30\ mg \cdot L^{-1}$，反应温度 $T = 25℃$，酸碱度 $pH = 6$，PMS 投加量 $c（PMS）= 2mmol \cdot L^{-1}$，催化剂 $C_催 = 1g \cdot L^{-1}$ 时吸附效果最好，最佳降解效率是 81.64%。实验表明 $\alpha-MnO_2$ 是活化 PMS 降解甲基橙的有效催化剂，实验结果可为后续染料废水处理提供参考。

李泽辉等人以氯化聚氯乙烯（CPVC）超滤膜为基膜，采用单宁酸（TA）和哌嗪（PIP）在 CPVC 膜表面共沉积后与交联剂均苯三甲酰氯（TMC）进行界面聚合得到 PA/TA/CPVC 复合纳滤膜，对染料废水进行处理，并探讨了干燥时间、TA/PIP 浓度比、TA+PIP 总浓度、TMC 浓度对 PA/TA/CPVC 复合纳滤膜微观结构与性能的影响。结果表明，TA/PIP 浓度比最佳为 7：3，TA/PIP 层的最佳干燥时间为 20min，PA/TA/CPVC 复合纳滤膜的纯水通量随着 TA+PIP 总浓度的增加和 TMC 浓度的增加而减少，对 PEG1000 的截留率均在 90% 以上。PA/TA/CPVC 复合纳滤膜纯水通量最大值为 $4.5L/(m^2 \cdot h \cdot bar)$，此时 PEG1000 的截留率达到 95.8%。对模拟 RB5 染料废水的最大通量为 $4.3L/(m^2 \cdot h \cdot bar)$，此时 RB5 的截留率为 95.4%，在处理模拟 RB5 染料废水时，运行时间范围内，纳滤膜稳定性良好。

梁丽春等人尝试用低成本农业废弃物衍生的碳基吸附剂来改善废水中的染料污染。采用农业废弃物核桃青皮（WP）作为原材料，通过磷酸活化，一步低温热解的方法制备低成本、高性能吸附剂用生物炭（WPBC）。该生物炭多孔，平均孔径为 4.1nm、比表面积为 $808.21m^2/g$，且表面含有丰富的含氧官能团。以亚甲基蓝（MB）作为模型吸附剂，结果指出，吸附在 60min 时，MB 去除率可达 99.88%，由 Langmuir 所得到的最大吸附量为 228.75mg/g。

付嘉琦等人对 $g-C_3N_4$ 进行改性和优化处理，通过增加光催化有效反应位点、延长光生电子 - 空穴生命周期、提高催化剂对可见光的响应能力等多个方面对材料进行一系列的改性，提升 $g-C_3N_4$ 光催化剂的光降解性能。指出为了将 $g-C_3N_4$ 光催化剂最终应用于实际染料废水的处理中，研究还需要综合考虑合成方法的简便性及环境安全性、原料成本、催化剂的回收循环利用、目标染料光降解机理等因素，并选择更多种类的不同性质的染料进行光催化实验，投加量、溶液初始浓度等对光降解效率的影响也不可忽视。

四、植物纤维模塑工艺研究进展

开展植物纤维模塑加工工艺的研究是生产出优质植物纤维模产品的关键。而纸浆模塑加工工艺的研究所包含的内容非常丰富，包括参数控制算法研究、湿压工艺常见问题及解决方案研究、表观改善工艺研究、脱墨工艺及技术研究等。除去一些纸浆模塑原料前处理以及整型等后处理工艺外，纸浆模塑加工工艺，主要包括碎浆、配浆、成型和烘干四大工序。其中真空吸附成型阶段是决定纸浆模塑成型质量的关键阶段，也是决定生产线生产质量和效率的关键阶段。

赵琨等人为了提高纸模成型阶段的生产效率和生产质量，对纸浆模塑工艺参数控制算法进行了研究。建立了真空压力系统的数学模型，考虑到真空系统在工作时有较强的外部扰动，设计了基于模糊扰动观测器的滑模控制器，通过扰动观测器可有效地对真空压力控制系统中总扰动进行补偿。通过仿真实验与其他控制算法比较，验证了所设计控制器的优越性。同时建立纸浆浓度控制系统的数学模型，针对纸浆浓度控制系统受扰动，且具有较大时滞的特点，设计了基于改进型 Smith 估计器的模糊自抗扰控制器，所设计的控制器结合模糊控制器与自抗扰控制器的优点，在有较快的响应速度的同时对外部扰动有很强的鲁棒性，改进型的 Smith 估计器在有效地解决时滞影响的同时，降低了对模型准确度的要求，最后通过与其他控制算法比较，验证所设计控制器的高效性。

随着纸浆模塑应用领域的扩宽，生产中也越来越重视产品的表观改善，张洪波开展了对表观改善的辅助加工工艺，以及关键加工工艺参数对其平滑度、光泽度影响的研究。通过实验对光泽度和平滑度指标的较优工艺参数综合分析，得出较优工艺参数为：纸浆打浆度 25°SR、施胶剂用量 1.5%、热压整型温度 110℃和压力 5 MPa。各工艺参数对精致化纸浆模塑制品平滑度和光泽度影响的主次顺序为：热压压力＞打浆度＞施胶剂用量＞热压温度。在实际生产过程中，提高热压压力，增加施胶剂用量，调节打浆度和热压温度均可提高纸浆模塑制品的平滑度和光泽度。

为顺应纸浆模塑生产中节能减排、节能降耗的发展要求，黄帅等人从纸浆模塑生产工艺流程进行分析，研究各个耗能工艺的能耗特点，对其各个工艺进行节能降耗设计。对碎浆系统，主要采用变频调速技术对碎浆机进行调速，工艺中将原来一直高速运转的碎浆机设计为高速碎浆、中速搅浆、低速放浆三个阶段，并且其中三阶段可由 PLC 控制器根据原料重量自动计算其中各参数，根据实时浓度切换其状态，达到最佳节能效果。调浆过程采用 PID 控制器技术与史密斯预估补偿器相结合，组成复合控制算法，扬长避短，发挥各自的优点并应用于纸浆浓度的控制过程。经仿真分析，该算法能使调浆后纸浆浓度更稳定，进而提高成型设备工作时制成品的合格率，达到节能降耗效果。

对于真空吸附成型过程，设计了成型过程伺服控制系统，保证维持真空系统负压稳定性以达到产品厚度的均匀性，提高伺服系统精度保证成型精度，从而达到提高成品合格率，减少废品率和能源消耗。烘干工艺是纸浆模塑生产过程中最大耗能工艺，对其进行耗能分析及节能降耗设计，其中提出基于湿度动态变化的烘干效能优化系统分别从含湿多空介质的干燥特性和烘干过程中采用三段温度控制对其进行效能优化。实验结果表明，模糊 PID 控制能减少系统响应时间，减少超调量等特点，能够更加快速地对烘道内的温度进行调节，达到节能降耗效果。

另有研究将生物技术与制浆造纸工业相结合，提出降低制浆过程中的能耗与化学污染的一种解决方案。通常，生物制浆技术分为两种，即生物菌法和生物酶法。生物菌法的优点是运行成本低，缺点是发酵时间长，需要数十个小时，而且发酵过程若控制不好，会导致纤维素的生物降解。生物酶法由生物菌法派生而来，优点是它克服了生物菌法发酵时间长（由数十个小时缩短为数十分钟）以及温度和 pH 值波动对纤维素聚合度的破坏性影响，但缺点是需要在系统中连续添加生物酶制剂，生产成本较高。

经过生物菌或生物酶处理后的各种植物原料，用于生产机械浆时，可以明显提高纤维长度及纤维间结合力，还可显著降低磨浆能耗；用于生产化机浆或半化学浆时，除取得机械浆的良好效果外，还可以降低化学处理工段化学药品的消耗量，降低幅度可达 50%，并可降低化学处理工段的处理温度、改善成浆白度、提高成浆率等一系列优点。因此，生物制浆是以生物分解为主，配合各种物理破解与机械破解交叉组合的复合工艺，真正地实现在全世界造纸行业梦寐以求的零排放、无污染、无臭味、无悬浮物、节水、节电、节煤、节省原材料、降低生产成本的愿望。这是一种洁净纸浆生产线，生产用水全部封闭循环使用，它彻底地改变了全世界已应用几百年排出废液的化学制浆法。所以，以生物制浆为主、物理破解为辅的革命性创新制浆技术是一种清洁制浆、环保制浆工艺。

纸浆模塑加工工艺是生产的关键，加工工艺中对质量控制和节能降耗的研究有了一定的进展，但仍需要发挥广大科研人员的智慧和力量继续完善，扩大应用。

结语

综上所述，在广大科研人员的共同努力下，关于纸浆模塑的机械性能、疏水化研究、染色及染料废水处理、加工工艺等方面的研究有了一定的进展。随着我国"双碳"目标的推进，纸浆模塑产业也在朝着低碳环保的方向发展，各个环节中更加注重节能减碳的研究。依据近些年来的研究进展，纸浆模塑产业在生产效率和生产质量上都有一定的提高，从而进一步拓宽了纸浆模塑的应用范围，推动以纸代塑环保愿景的实现。相信在广大研究人员的不懈努力之下，纸浆模塑产业将会迎来更加广阔的发展前景。

参考文献

[1] 陆新宗，肖生苓，王全亮，等．漆酶介体体系对纸模材料强度与疏水性的影响［J］．包装工程，2018，39（11）：81-87．

[2] 田章，肖生苓，王全亮．温湿度和紫外老化对纸浆模塑材料性能的影响［J］．包装工程，2019，40（17）：96-103．

[3] 程芸，张红杰，张雪，等．改善食品包装纸浆模塑材料的机械性能研究［J］．中国造纸，2022，41（8）：1-9．

[4] 岑蕾，张新昌．基于浆内助剂的纸浆模塑制品强度性能研究［J］．当代化工，2020，49（1）：83-86．

[5] 姚培培，肖生苓，岳金权．不同干燥方式对纸浆模塑材料性能的影响［J］．包装工程，2014，35（7）：22-28．

[6] 张海艳，程芸，赵雨萌，等．利用丙烯酸酯共聚物改善纸浆模塑包装材料防水防油性能研究［J］．中国造纸，2022，41（4）：6-14．

[7] 王飞杰，王利强，张新昌．基于植物纤维的食品包装疏水化研究进展［J］．中国食品学报，2022，22（3）：388-396．

[8] 刘旭，张志礼，杨仁党．染料与纤维共磨对纸浆模塑染色和强度性能的影响［J］．包装工程，2018，39（9）：56-61．

[9] 张世铭，戴小凤，徐苏．锰基催化剂制备及其对甲基橙染料废水处理［J］．化学研究与应用，2022，34（5）：979-987．

[10] 李泽辉，崔恒，王军．氯化聚氯乙烯复合纳滤膜的制备及其在模拟 RB5 染料废水处理中的应用［J］．化工进展，2021，40（S1）：456-465．

[11] 梁丽春，李朝霞，庞少峰，等．一步低温热解制备生物炭及其在染料废水处理中的应用［J］．功能材料，2021，52（10）：10212-10220．

[12] 付嘉琦，陈小平，林敏，等．g-C_3N_4 光催化剂在染料废水处理中的应用［J］．能源研究与管理，2021（04）：42-46．

[13] 崔玉民，殷榕灿．染料废水处理方法研究进展［J］．科技导报，2021，39（18）：79-87．

[14] 赵琨．纸浆模塑工艺参数控制算法研究［D］．武汉：华中科技大学，2020．

[15] 黄帅．纸浆模塑生产过程节能降耗关键技术研究［D］．广州：广东工业大学，2014．

[16] 陈嘉川，李风宁，杨桂花．非木材生物制浆技术新进展［J］．中华纸业，2017，38（04）：7-12．

（孙昊）

植物纤维模塑创新技术与发展趋势

Emerging Technologies and Development Trends of Plant Fiber Molding Products

随着我国国民经济健康快速的发展，我国植物纤维模塑行业也发生了日新月异的变化，生产规模不断扩大，技术水平不断提高，装备水平也快速提升。特别是在全国各地广泛实施禁塑限塑的新形势下，植物纤维模塑制品由于其优异的环保和可降解性能，成为"限塑令"后一次性塑料制品的主要替代品之一，植物纤维模塑行业迎来了其快速发展的大好时期。

植物纤维模塑是个多领域综合的行业，它涉及机械设备、模具设计与制造、制品设计与制造、原料选用与处理、化学助剂的选用与添加、印刷油墨与印刷方式、工业品缓冲包装制品、餐饮具与食品药品包装制品、精品工业包装制品等多个领域与行业，其应用范围也涉及餐饮具、蛋托果托、食品药品包装、电器衬垫、农用器具、医用器具、军品包装、儿童玩具、器具道具、工艺品、人体模特、家具、装饰装潢、文创品等多个领域。因此，植物纤维模塑在每个行业领域都有着无限的创新和发展空间。

近年来，我国植物纤维模塑行业专业人员已从多方面开展了植物纤维模塑创新技术的研究与开发，在植物纤维模塑生产工艺技术创新、植物纤维模塑制品结构设计创新、功能性植物纤维模塑制品的开发、高新技术应用于植物纤维模塑行业等方面做了大量的研发工作，并且已经取得了许多可喜的成果。

一、植物纤维模塑生产工艺技术创新

1. 采用双吸法成型制作特殊要求的植物纤维模塑制品

吸滤成型是植物纤维模塑生产过程的重要环节，通常采用单吸成型方法，即通过一个沉浸在浆槽中的吸浆模板抽真空吸附纤维浆料成为湿纸模胚，这种单吸成型方法用于制作一些特殊要求的纸浆模塑制品时就显得力不从心，所以业内专业人士开发出一种双吸法成型方法。采用这种上下双吸法成型方法可制作出缓冲性能更好、承载能力更大的纸浆模塑制品。该工艺技术的原理是在设备吸浆成型工位，设有一个可容纳上下两个独立的吸浆模板的浆槽，每个吸浆模板可以各自或同步进行往复吸浆成型。可以选择上方的吸浆模吸浆、下方的吸浆模吸浆、上吸浆模和下吸浆模同步吸浆等方式，将这三种吸浆工艺装置于同台

设备上，可以满足不同产品的生产要求。使用该设备上下吸浆模同步吸浆方式，将两个吸浆模成型后的湿纸模胚合模结合一起，使制品的厚度增加至两倍厚，突破了通常单模吸浆模板生产纸塑制品厚度的局限性。在纸塑制品密度 $0.7 \sim 0.8g/cm^3$ 情况下，可以将以往生产的湿压纸塑制品最大厚度 1.2mm 左右提高到 $2.4 \sim 2.8mm$。可以应用于高厚实质感的外包装盒，或者具有缓冲性的制品设计上，大大拓宽了纸浆模塑制品的应用范围。

2. 双层纸浆模塑制品的开发与应用

为拓展纸浆模塑制品的用途范围，业内人士开发了双层纸浆模塑制品的制作方法。双层纸浆模塑制品的制作可以采用以下方法：一是采用二次吸滤成型的工艺，先往成型模具中注入一定量的面层浆料，然后进行第一次真空吸滤成型，当面层纸浆已经基本成型后，再继续注入一定量的底层浆料，并进行第二次真空吸滤成型，从而制成双层纸浆模塑制品湿坯，再进行干燥和热压整型；二是制作双层双色纸塑制品，可以采用内外层二次成型干燥后再复合的结构；三是采用分别成型再挤压复合法制作双层双色纸塑制品，这样可以大大简化生产工艺过程，制品内外层牢牢地成为一体，提高了双层双色纸浆模塑制品的强度和耐用性，丰富了纸浆模塑制品的结构和外观。图 1 所示是双层纸浆模塑制品的应用实例。

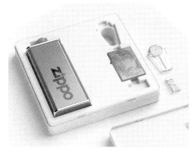

图 1　双层纸浆模塑制品的应用

3. 立体中空蜂格纸浆模塑创新技术

纸浆模塑制品应用于大型机电产品、托盘运输包装等重型包装方面还有很大的开发应用空间。业内研发人员在成功开发纸浆模塑中空成型技术基础上博瓦楞纸板和蜂窝纸板之长，利用现代仿生学原理研究开发出模塑中空蜂格包装制品及其制造方法，并研发出相应的生产设备和制品。

该技术利用纸浆模塑吸滤成型的原理，采用上下两副模具组成双面组合模具，通过上下模具开合、双面立体吸滤一体化成型，形成由纸浆双面吸滤层和若干立体管孔状支撑构成的产品结构，制作成立体中空蜂格状、平凸凹结构相结合的纸浆模塑包装制品。因此制品具有优异的承载强度、缓冲性能和超高（厚）尺寸。该项技术制造方法简单、一体化成型模塑制品质量高、结构稳定、结构变化多样、成本低，弥补了传统纸浆模塑单面吸滤成型、凸凹薄壁结构、不能承载重物的缺陷，也可以避免现有蜂窝板材料制作缓冲包装制品工序复杂、质量难以保证等技术弊病，可以替代蜂窝板材料制成重型包装的缓冲材料。

立体吸滤成型中空蜂格模塑制品是利用双模立体成型，制品的承重是依靠不同形状、不同密度的管孔由立面支撑，形成多层次的模塑制品，上下面的凸凹形状起到对内装物的定位作用。故立体中空蜂格模塑包装制品强度大、刚性大、承载能力强、吸收能量大、缓冲性能好、不易变形。弥补了传统的单层模塑制品的缺陷和不足，拓宽了纸浆模塑制品在重型产品包装领域的应用。如图 2 所示为立体中空蜂格纸浆模塑制品的应用实例。

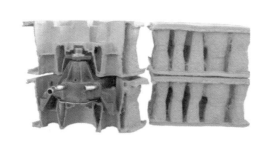

（a）汽车水泵缓冲包装　　　　　　　　　（b）汽车轮毂缓冲包装

图 2　立体中空蜂格纸浆模塑制品的应用

4. 干法模塑生产线的开发和应用

瑞典 PulPac 公司打破传统的纸浆模塑湿法成型工艺，突破性地使用干法模塑工艺制作出各种精致的纸浆模塑产品，这种干法模塑工艺技术利用卷筒状或平板状原料浆板或纸板作为原料，经过碎解分散纤维、干法成型、纸幅预压、喷淋助剂、复合面纸、热压、定型和切边等过程，整个生产过程连续自动化完成，将植物纤维加工成价格非常有竞争力的包装制品，可以大规模取代一次性塑料制品。该生产线可以在线添加具有阻隔性能的助剂以及表面涂布、印刷等装置，可以将所有的制造过程整合在一条生产线，高效生产数十亿件可降解的纸浆模塑产品。在其生产过程不需要额外的纤维再湿和干燥工序，可以大大降低生产过程的能源消耗，节省人力，降低成本，提高效率。

这种干法模塑工艺使高速制造几乎任何形状或用途的植物纤维产品成为可能，并且可以利用各种纤维素纤维原料，不管是未经处理的、残余的还是回收的边角料。这种制造工艺节约能源，减少二氧化碳排放，并显示出许多传统植物纤维成型方法无法满足的设计和技术优势，是未来纸浆模塑生产创新技术的一个发展方向。

二、植物纤维模塑制品结构设计创新

1. 瓶类植物纤维模塑制品设计

植物纤维模塑瓶是一种纸塑设计理念上的创新，它开启了包装的全新世界。纸浆模塑瓶类制品可分为分部组合式纸瓶和一体成型式纸瓶两种类型。

分部组合式纸瓶是通过传统的纸浆模塑生产技术先生产出两片完全相同或相互啮合的半瓶身结构，再装入内胆，最后通过黏合剂黏合，组装成整体纸瓶。如图3所示。这种纸瓶的瓶身外层结构部分采用纸浆模塑成型，而承装内容物的内胆部分则采用更轻薄的塑料制造，这样可以使塑料的使用量减少50%以上。纤维模塑瓶身外部结构可以有效地缓冲外力带来的冲击，使内部的PET瓶无须设计成过厚的结构，便可达到保护产品方便储运的目的。

图3　分部组合式纸浆模塑瓶

一体成型式纸瓶应用了一种新型的纸塑生产技术。其制作过程采用一种新型的模具结构，即上下模具组成的具有中部空心腔体的外模和由耐高温气袋组成的内模。利用真空吸附和内模气袋充气挤压的原理制作出一体成型式纸瓶。纸瓶的内胆可以采用更薄的PET制成瓶坯（壁厚可在0.05mm以下），再在纸瓶身内吹塑成型，也可以采用直接瓶内喷涂可降解的防水涂层的方式，制作出用于盛装液体的纸瓶。

2. 内部缓冲和外部包装一体化设计

传统纸浆模塑工业包装制品一般是用来作为缓冲衬垫材料使用的，外面再裹包一层外层包装。一些新款的纸浆模塑制品将内部缓冲衬垫和外部包装结构设计成一体，在一定应用场合可以代替折叠纸盒纸箱，这种内部缓冲和外部包装一体化纸塑设计，通过组装或黏合成型成为一体化包装，减少了外包纸箱纸盒的使用，大大降低了包装成本。这种包装100%采用纸质材料，符合当下绿色环保的理念，同时可以通过造型或表面纹理来赋予其高级感时尚感，是一种礼盒包装的新思路。

由于纸浆模塑制品具有立体造型的特点，其外包装造型不仅仅局限于普通的长方体，还可以实现包装的异形化，同时也可以在长方形的基础上进行倒角、圆角、凹印等各种加工。另外，其表面图案不仅仅局限于平面印刷，也可以设计一些复杂纹理和有凹凸感的Logo或图案，从而提升产品的档次和品质。如图 4 所示。

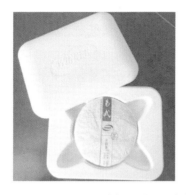

图 4　内部缓冲和外部包装一体化设计纸浆模塑制品

3. 将精品盒制作工艺引入纸浆模塑制品

基于机械力学、缓冲力学、人机工程学原理，业内专业人员对纸浆模塑结构的承载机理和成型特点进行了系统研究，创新性地将精品盒制作过程的模切、折叠、粘贴成型等工艺引入纸浆模塑制品设计生产过程中，开发出折叠型结构、复杂缓冲腔结构、侧壁微倾斜结构、内外复合结构等纸浆模塑制品新结构。大幅提升了纸浆模塑的承载性能、空间利用率、展示性能，复杂缓冲腔纸浆模塑制品的抗压性能提升 3 倍以上。 图 5 所示为创新结构设计的纸浆模塑包装制品。

（a）内外复合结构组合型植物纤维模塑制品

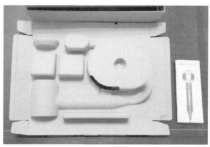

（b）折叠结构植物纤维模塑制品

图 5　创新结构设计的纸浆模塑包装制品

4. 组合式重载纸浆模塑纸品设计

针对纸浆模塑制品结构和功能过于单一的现状，以及纸浆模塑托盘承载能力不足的共性问题，以结构创新、成型工艺创新为着力点，提出模块化纸浆模塑托盘设计思想。业内研发人员发明了分层式和组合可拆卸式重载纸浆模塑托盘，解决了传统一次性成型纸浆模塑托盘承载能力差的问题。以组合创新为着力点，充分发挥蜂窝材料、瓦楞材料与纸浆模塑材料的优点，提出了"纸包纸"的设计思想，创新性地研发了纸浆模塑材料与蜂窝纸板材料/瓦楞纸板材料组合托盘，新型组合托盘的承载能力提升5倍以上，推动了"以纸代木"的技术发展。

三、植物纤维模塑模具设计创新

1. 高精植物纤维模塑模具与工艺创新

随着植物纤维模塑包装在高端电子产品、礼品、奢侈品等领域的应用，对产品的外观和尺寸要求也在朝着高精方向发展，通过纸浆模塑模具与工艺的设计创新，极大地提高了纸浆模塑制品的性能和质量。

①传统的纸浆模塑的拔模角度为 3°～ 5°，通过高端纸浆模塑模具的设计，高端纸浆模塑制品的拔模角度可以做到 2°以下，技术上可以达到 0°。在工艺上多采用多次模压工艺，一些厂家开发出相应的模具，可采用一次模压成型工艺，大大减少了成本，提高了效益。

②通过高端纸浆模塑模具的设计，可以使模塑制品的直线度公差达到≤ 0.5mm，表面粗糙度可以做到≤ 3μm，边缘 R 角极端可以做到 R0.2mm。

③采用创新设计的纸浆模塑模具制作盒型模塑产品，盒型模塑产品厚度由 0.7～ 0.8mm 增加至 1.5mm 以上，甚至更高。其强度可以与工业纸板相媲美，扩大了盒型模塑产品的使用范围，在一定范围内能够代替纸盒包装化妆品、礼品等中小型纸盒。

④将传统的整体模具和整体加热板设计成分体式模具和分体式加热板，用于免切边纸浆模塑餐具制品的制作过程，可以省掉模塑制品后加工的切边工序，而且还可以省去切下的边料和回收处理过程，省工省力，节能降耗。

2. 3D 打印技术应用于研发纸浆模塑模具

纸浆模塑制品的生产主要依赖于模具的设计及其制造技术，可靠的模具制造能够提高模塑制品的生产效率，同时也为产品的快速更新换代创造了条件。模塑模具开发的技术难度大，模塑制品的外观不同，模具制造的难度也不同，结构越复杂的模塑制品，其模具的制造越难实现。因此，模塑模具设计水平的高低、加工设备的好坏、制造力量的强弱、模具质量的优劣，都会影响模塑新产品的开发和产品的更新换代。考虑到市场风险的影响，模塑模具的加工必须保证一定的产品生产量，才能降低模塑制品的生产成本。近年来，3D

打印技术的发展和其在纸浆模塑行业的应用，为传统的纸浆模塑模具制造技术提供了重大改革和突破的可能。

3D 打印通常是采用数字技术材料打印机来实现的，常应用在模具制造、工业设计等领域。对于需要模具生产的纸浆模塑制品，用 3D 打印技术制作其生产模具，无论是时间成本还是开模设计费用都将极大降低。业内研发人员采用 3D 打印技术，使用 PA 材料可以快速打印出纸浆模塑生产用模具。图 6 为利用 3D 打印技术制作的真空吸滤成型模具。

图 6　3D 打印技术制作的真空吸滤成型模具

传统的真空吸滤成型模具的制造工艺是采用 CNC 技术将实心钢材预加工成模具形状，一般传统的 3 轴 CNC 技术只能实现在模具顶面打孔，对于模具侧边的吸滤孔，则需要采用人工打孔的方式来完成，制作模具时间长，且由于 CNC 本身技术的限制，吸滤孔距和孔径过大会造成吸浆不均匀，湿模塑坯表面凹凸不平会导致湿坯厚度不均，从而影响产品外观。3D 打印技术制作的真空吸滤成型模具，是通过 3D 设计软件设计出的中空形状，其中空部分采用支架结构支撑，这样既加快了排气速度也节约了模具制造成本，其加工过程可直接使模具一体化成型，节约了模具制造时间，同时制造精度高，吸浆效率高，湿纸模胚表面均一性好。

四、功能性植物纤维模塑制品的开发

1. 功能性植物纤维模塑创新设计

为了适应各行各业限塑禁塑的发展需求，基于高性能特种浆料配方与制品加工工艺，进行多元化的植物纤维模塑结构功能创新设计已成为纸浆模塑行业的发展趋势。目前开发的医疗针盒、花盆、方便面餐盒、衣架、挂扣等新型功能性纸浆模塑制品突破了传统模塑制品在包装中的应用局限，使纸浆模塑制品成功拓展到医疗、餐饮、服饰、农业、日化等领域，功能性纸浆模塑新产品的开发为塑料制品的替代提供了根本性的解决方案。图 7 所示为基于高性能纸质材料开发的功能性代塑纸浆模塑制品。

（a）衣架　　　　　　　　　　　　（b）口罩

（c）医疗盆　　　　　　　　　　　　（d）花盆

图7　功能性代塑纸浆模塑制品

2.管状纸浆模塑制品的开发与应用

采用一种创新的纸浆模塑生产工艺可以制造一种在铸造作业中用的纸质浇道管，代替传统的陶瓷浇道管，这种纸质浇道管具有特殊的耐高温、抗压等性能，其原料采用不需脱墨的废纸，加入一定量的无机黏结剂、有机黏结剂、增强剂等助剂，通过特制的模具进行成型，再经过干燥、整型等工序制成纸质浇道管。纸质浇道管的模塑生产不仅实现了废纸资源再利用，而且在使用过程中其对生产的铸件也无影响，是典型的环保可再利用产品，使用后的废弃物能自然降解。图8所示为纸浆模塑浇道管制品。

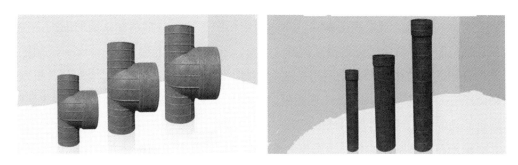

图8　纸浆模塑浇道管制品

也有连续生产的纸浆模塑制管机，其生产工艺是利用特定的模具生产连续状的纸浆模塑管状制品，在模塑管状制品成型脱水的同时进行转移，湿纸管胚在移动的同时利用专用的烘干设备进行烘干，然后按要求规格进行切断和捆包，形成模塑管状制品，其产品在食品、工业产品、农用器具等方面有着广泛的用途。

3. 利用农作物秸秆制作纸浆模塑制品

我国丰富的农作物秸秆也可以作为纸浆模塑的原料，根据纸浆模塑产品使用场景的需要，将稻麦草发泡技术与纸浆模塑生产技术相结合，可以制作出结构疏松的纸浆模塑制品，可用于加热榻榻米、水稻育秧板和草坪育苗移植板材等材料。

以农作物秸秆等废弃物作为生态栽培基质，制作育秧基质板，经过原料混合及预处理、发酵、添加营养剂及防病药剂、成型、烘干、包装等环节开发出的生态育秧基质板产品具有良好的保水、保肥性能，育苗过程操作管理方便。应用育秧基质板育苗，秧苗根系发达，盘根效果极佳；地上部分生长整齐，适于机械作业，插秧后返青快；育秧基质板在成型过程中已加入防病、除草配方，保证了育秧过程中无杂草，可有效防止病虫害；育秧基质板使用操作流程简单，不调酸，不备土，不用壮秧剂和苗床除草剂，使用这种全新育秧技术可减少劳动力、人工费，减轻劳动时间和强度等，可以有效节省育秧成本。图 9 所示为纸浆模塑育秧基质板应用示例。

图 9　纸浆模塑育秧基质板应用示例

4. 其他功能性纸浆模塑制品的研究

①具有保鲜功能的纸浆模塑制品，在模塑浆料中添加一些抑菌和杀菌的助剂，可以延长内包装果蔬的保鲜期，可以使柑橘保鲜 3 个月，荔枝保鲜 30 天。

②可食用的纸浆模塑制品是利用果蔬为基材，添加适当的增塑剂、增稠剂、抗水剂，保留果蔬原有天然色泽，制成浆料，利用纸浆模塑生产工艺制成内包装制品，这种包装制品，既保证包装功能，又可以食用，减少污染，一举多得。

③高精纸浆模塑制品的生产技术也为进一步研发纸浆模塑的机械产品配件提供了可能。比如利用纸浆模塑可以制作机械行业的离合器和制动用的摩擦片、润滑油过滤器、缓冲配

件等。

④利用高精纸浆模塑制品的生产技术还可以制作房屋装饰材料，工艺品、文创产品等。

⑤纸浆模塑复合材料的研发也是业内人士关注的热点。随着纸浆模塑制品市场对产品功能和质量的要求不断复杂化，单纯通过改进生产工艺和添加助剂的方法已经不足以满足市场需求。而通过添加其他材料来改变模塑产品的原料配方和产品性能，如将纳米材料或高强度的纤维材料添加到模塑原料当中，从而生产出具有特殊性能的模塑包装材料，也是未来纸浆模塑的一个重要研究方向。

五、高新技术在植物纤维模塑行业的应用

1. 超疏水抗掉粉技术在植物纤维模塑制品表面的应用

近年来，随着全球限塑的发展，很多电子产品将包装的选择方向投向环保型植物纤维模塑制品，而普通的纸浆模塑制品防水性能达不到电子产品的防水要求，这就需要研发纸浆模塑包装制品新的防水技术以适应相关电子产品对包装的防水要求。此外，大多数纸浆模塑包装制品废弃后将被回收再次进入制造纸浆模塑制品的循环生产中，而纸浆模塑包装制品在使用过程中一旦被污水，或浓稠液体污染后，将会增加循环生产的处理工序、处理难度和处理成本，纸浆模塑包装制品制造企业迫切希望纸浆模塑包装制品具有较强的抗液体黏附和易于清洁的性能，以确保纸浆模塑废弃品再次循环生产的环保性和便利性。为了满足客户对纸浆模塑包装制品提出的高防水性、抗液体污染性、易清洁的需求，业内人士开展了防潮、超疏水纸浆模塑制品的开发。

超疏水纸浆模塑制品具有优异的防水性和抗液体黏附性，并且极易清洁。解决了部分电子产品对纸浆模塑包装制品高防水性的需求，解决了纸浆模塑包装制品循环再利用的环保处理需求。并且，该技术具有成本低、效率高等优点，获得纸浆模塑制品具有较好的耐磨性，能满足中小型产品的包装耐磨需求。

当纸浆模塑制品用于包装电子产品时，从模塑制品表面掉落的粉屑不仅影响电子产品表面的美观，若掉落的粉屑贴附于线路板上，还可能引发电路短路等意外事故。因此亚马逊、苹果、华为等企业均对纸浆模塑包装制品提出了具有抗掉粉性能的要求。而早期的解决方案是通过在成型后的纸浆模塑包装制品表面喷一层清漆的方式来解决。然而喷清漆后模塑制品表面有毒有害物质超标，不能通过环保检测；而且喷清漆的过程也污染生产环境，不符合环保包装的生产要求。因此，研发抗掉粉的纸浆模塑制品势在必行。

采用上述方案研发出的具有较好抗掉粉性能的纸浆模塑包装制品，与现有的采用喷清漆、涂光油等方法相比，具有生产过程环保、产品环保安全性更高等优点，满足了亚马逊、苹果、华为等国际国内高端电子产品客户对于纸浆模塑包装制品抗掉粉性能的实际应用需

求，突破了纸浆模塑包装制品在高端电子产品包装中的应用瓶颈，解决了长期困扰纸浆模塑行业的抗掉粉技术难题。

2. 纸浆模塑制品精美印刷技术逐步应用

为了扩大纸浆模塑制品在高端产品包装领域的应用，某些纸浆模塑制品制成后往往需要在其表面进行精美印刷，以展示其包装商品的形象和外观。在模塑制品表面印刷过程中，由于模塑制品表面比较粗糙，而且一般模塑制品具有与被包装物外形相吻合的几何形状，其结构多样，凹凸变化多，印刷幅面小，采用传统常规印刷工艺难以满足其要求，因此常采用比较灵活的印刷方式。如移印、喷墨印刷、丝网印刷、凸版胶印、UV 打印等印刷方式，能够完成对模塑制品的凹凸表面进行多色精美印刷。

目前在模塑行业推广的 UV 打印是一种高科技免制版的全彩色数码印刷技术，它可以在各种材质表面进行彩色照片级印刷。无须印前制版，一次完成多色印刷，色彩亮丽，印墨耐磨损，防紫外线，操作简单，方便小批量印刷，印刷速度快，印品完全符合工业印刷标准。目前已有厂家开发出适合纸浆模塑制品快速印刷的高速 UV 彩印机，应用于各种模塑制品的表面印刷。如图 10 所示。

图 10 UV 打印的纸浆模塑制品

3. 利用计算机技术测试分析产品的性能和参数

利用计算机技术精确测定纸浆模塑产品的性能和参数以实现工艺参数设计的量化计算，是提高纸浆模塑产品质量和生产能力的关键，而计算机技术则是利用这些参数进行具体的产品与工艺设计的基础。依据量化的参数并利用专业软件建模，通过对纸浆模塑产品进行模拟分析、计算产品工艺与使用性能和各项参数之间的关系，可以高效地完成纸浆模塑制品及其生产工艺的优化设计。

4. 智能化全自动纸浆模塑餐具生产线的研发与应用

随着我国纸浆模塑行业的快速发展和各种高新技术在纸浆模塑行业的应用，机器人技术也在纸浆模塑生产中逐步得到推广和应用。国内某些纸浆模塑装备企业已经研发出智能化全自动纸浆模塑餐具生产线，其主要组成有成型机、热压定型机、自动切边机、转移机器人、成品取料机器人、成品输送线、控制系统等。

如图 11 所示为智能化全自动纸浆模塑餐具生产线，该生产线采用注浆式吸滤成型或捞浆式吸滤成型方式，湿纸模胚和模塑成品取料转移分别由 200kg、10kg 六轴关节机器人完成，整版切边。各功能机构动作设计合理，简单紧凑，可实现一人多机操作，高效节能。该生产线生产过程由 PLC 控制，数字化伺服定位，采用电磁、光电等传感器全程监控，检测异常自动停机，大幅度降低了作业劳动强度，提高了设备的安全稳定性，达到快速平稳运行，提高了设备产能。

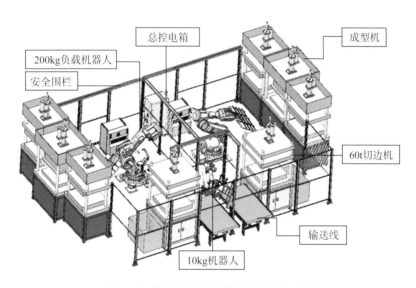

图 11　智能化全自动纸浆模塑餐具生产线

结语

目前，我国纸浆模塑创新技术的研究与开发已经取得了许多可喜的成果，然而，在纸浆模塑生产工艺技术与装备技术创新、纸浆模塑制品结构设计与模具设计创新、高性能纸浆模塑制品的开发、其他高新技术在纸浆模塑行业的应用等方面还有很大的提升空间。这有利于我国纸浆模塑行业的科研技术人员投入更大的研发热情，在现有技术基础上进一步开发高性能的纸浆模塑制品和材料、装备和技术，为纸浆模塑制品的开发及其新应用提供足够的施展空间，也为禁塑代塑环保事业贡献新的力量。

（黄俊彦）

3D打印技术在植物纤维模塑行业的应用

Application of 3D Printing Technology in Plant Fiber Molding Industry

一、3D 打印技术概述

3D 打印（3D Printing，3DP）即快速成型技术的一种，又称增材制造。它是一种以数字模型文件为基础，运用粉末状金属或塑料等可黏合材料，通过逐层打印的方式来构造物体的技术。相对于传统的切削加工技术，3D 打印是一种"自下而上，层层叠加"的制造过程。广义的 3D 打印技术包括金属零件直接制造、非金属零件直接制造和生物结构直接制造三大类；狭义的 3D 打印包括熔化沉积、熔融固化、液相沉积、光固化等方面，本文介绍最常见的几种 3D 打印技术：分层实体制造（LOM）、熔融沉积成型（FDM）、光固化成型（SLA）、选择性激光烧结（SLS）、选择性激光熔化成型（SLM）。

1. 分层实体制造（Laminated Object Manufacturing，LOM）

（1）基本原理

分层实体制造（LOM）又称层叠法成型，它以片材（纸片、塑料薄膜或复合材料）为原材料，除了可以制造模具、模型外，还可以直接制造结构件或功能件。其成型原理为激光切割系统按照计算机提取的横截面轮廓线数据，将背面涂有热熔胶的纸用激光切割出工件的内外轮廓。切割完一层后，送料机构将新的一层纸叠加上去，利用热粘压装置将已切割层黏合在一起，然后再进行切割，这样一层层地切割、黏合，最终成为三维工件，其工艺原理如图 1 所示。

（2）LOM 的优势与劣势

优势：①成型速度快。由于只需要使用激光束沿物体的轮廓进行切割，而非扫描整个截面，因此成型速度快，因而常用于加工内部结构简单的大型零部件。且成型件的翘曲变形较小，加工过程不包含化学反应，非常适合制作较大尺寸的产品。

②无须设计和制造支撑结构，原材料价格便宜，原型制作成本低，其废料也容易从主体上剥离，并且无须后固化处理。成型件能承受高达 200℃ 的温度，有较高的硬度和较好的力学性能，可直接进行切削加工。

劣势：①LOM 的表面质量较差，与激光烧结等打印方法相比，其尺寸精度较低，表面有台阶纹理，难以构建形状精细、多曲面的零件，因此成型后需进行表面打磨。由于 LOM 的原材料更多使用纸张，成型件容易发生湿度变形，故打印完毕必须立即防潮，成型后必须涂上树脂和防潮涂料。

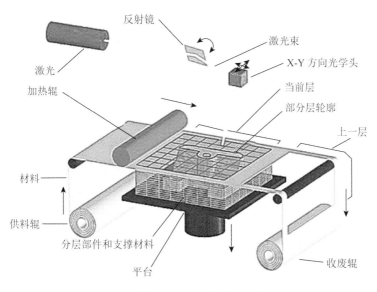

图 1　LOM 工艺原理示意

②原型的抗拉强度和弹性不够好，难以构造具有精细形状和多个弯曲表面的部件，仅限于具有简单结构的部件，不能制造中空结构件，也不能直接制作塑料原型，且可以应用的原材料种类相对较少。

（3）适用范围

目前 LOM 技术已经在航空航天、汽车、机械、电器、玩具、医学、建筑和考古等行业广泛地应用于产品概念设计可视化和造型设计评估、产品装配检验、熔模精密铸造母模、仿形加工的靠模、快速翻制模具的母模及直接制模等众多方面。

2. 熔融沉积成型（Fused Deposition Modelling，FDM）

（1）基本原理

熔融沉积成型（FDM）是一种将各种热熔性的丝状材料加热熔化成型的方法。其基本原理是将丝状的热塑性材料通过喷头加热熔化，喷头底部带有微细喷嘴（直径一般为 0.2～0.6mm），在计算机的控制下沿零件轮廓和填充轨迹移动，将熔化的材料挤出，材料被挤出后沉积在前一层已固化的材料上，通过材料的逐层堆积而形成最终的成品，其工艺原理如图 2 所示。

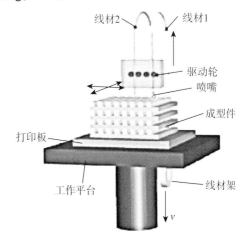

图 2　FDM 工艺原理示意

（2）FDM 的优势与劣势

优势：①加工成本低。FDM 原理相对简单，无须激光器等贵重元器件，设备运营维护成本较低。其成型材料也多为热塑性生产用工程塑料，可将使用过程中废弃的成型材料和支撑材料进行回收、加工和再利用，能够有效提高原料的利用效率并降低原料成本。

②原材料广泛。FDM 通常采用热塑性聚合物材料，耗材形式为丝材。目前使用最多的丝材是聚乳酸（PLA）和丙烯腈-丁二烯-苯乙烯三元共聚物（ABS），在不同的领域也常使用尼龙（PA）、热塑性弹性体聚氨酯（TPU）、聚醚醚酮（PEEK）等。

劣势：①成型质量问题。FDM 成型过程中，喷头出丝的局部温度迅速下降，因不同位置温度、收缩情况不一致，会产生内应力。内部应力过大会使层与层间产生分离而开裂，或造成零件的翘曲变形，干扰零件的机械强度。

②需要配合支撑。FDM 进行内腔模型的打印时，需要额外的材料、额外的结构设计配合加工支撑结构。而支撑结构在打印完成后要进行剥离，对于一些复杂的构件来说，剥离支撑结构存在一定的困难。

（3）适用范围

FDM 由于具有工程级的性能，因此广泛应用在航空航天、汽车、家电、通信、电子、建筑、教育科研、工业设计、艺术与文物修复、医疗、模型与个性产品定制、游戏动漫及手办等行业。涉及如产品外观评估、方案选择、装配检查、功能测试、塑料件开模前校验设计、小批量产品制造等方面。

3. 光固化成型（Stereo Lithography Apparatus，SLA）

（1）基本原理

光固化成型（SLA）主要是使用光敏树脂作为加工原材料，利用液态光敏树脂在紫外激光束的照射下会快速固化的特性。光敏树脂一般为液态，它在特定波长的紫外光（250～400 nm）照射下立刻引起聚合反应，完成固化。通过将特定波长与强度的紫外光聚焦到光固化材料表面，使之按由点到线、由线到面的顺序凝固，从而完成一个层截面的绘制工作。这样层层叠加，完成一个三维实体的打印工作，其工艺原理如图 3 所示。

（2）SLA 的优势与劣势

优势：①成型质量高。SLA 由于紫外波段激光聚焦光斑小，故其成品表面光滑，几乎很少有堆叠纹理，可以呈现成品的最佳细节，非常适合小型物品或精细零件的加工。一般加工层厚在 0.05～0.2mm。

②加工周期短。SLA 的打印速度会随着照射紫外线强度的增加而提高聚合速度，由于在 SLA 中，激光必须跟踪打印对象的每个层，就像挤出器在 FDM 中跟踪出层一样，但 SLA 的材料固化速度相较 FDM 更高，可以缩短产品成型的时间。

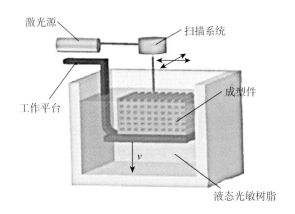

图 3 SLA 工艺原理示意

劣势：①加工成本过高。目前 SLA 所支持的材料还相当有限且价格昂贵，设备造价高昂，而且使用和维护成本较高。SLA 工艺需要对液体进行操作的精密设备，对工作环境要求苛刻。其软件系统操作复杂，入门较困难，预处理软件与驱动软件运算量大。

②成品性能较差。液态的光敏树脂具有一定的毒性和气味，且具有一定的黏性。通常成品的坚固性、强度、刚度、硬度和耐热性相较其他成型技术较低，抗腐蚀能力不强，不利于长时间保存。成型的模型还需要进行二次固化、防潮处理等工序，后期处理相对复杂。

（3）适用范围

SLA 适用领域范围广，适合做手机、收音机、对讲机、鼠标等精细的零件和玩具以及高科技电子工业机壳、家电外壳或模型、摩托车、汽车配件或模型、医疗器材等产品的加工制造，减轻后处理的工作量，但后处理相较于 FDM 技术则较复杂，通常需要使用酒精进行清洗，或根据需求放入紫外线箱中二次固化。

4. 选择性激光烧结（Selective Laser Sintering，SLS）

（1）基本原理

选择性激光烧结（SLS）是一种基于粉末床的增材制造技术，其关键技术是通过铺粉装置在工作缸上均匀铺设一层粉末材料，激光器在计算机的控制下，根据各层界面的信息扫描相应区域内的粉末，被扫描的粉末被烧结在一起，未被激光扫描的粉末仍呈松散状态并作为下一烧结层的支撑，当一层加工完成后，工作台下降一定的高度，送粉缸上升并进行下一层的铺粉，如此重复直至所有的界面烧结完成，其工艺原理如图 4 所示。

（2）SLS 的优势与劣势

优势：①无须支撑结构且材料利用率高。SLS 加工的零件是完全自支撑的，在加工叠层过程中出现的悬空层可直接由未烧结的粉末支撑。在嵌套过程中可以很好地构建零件内部的复杂结构，而不会将材料捕获在内部。

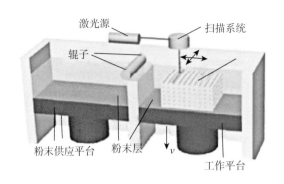

图 4 SLS 工艺原理示意

②成品零件精度高、性能强。SLS 的打印精度受到粉末材料的种类、粉末颗粒的大小、模型的几何结构等影响，由于粉末粒度较小，故成型零件精度较高。一般而言，其精度可以达到 0.05 ～ 2.5mm。

劣势：①成型件存在表面质量缺陷。由于原材料呈粉末状，且成型件是由材料粉层经过加热熔化实现逐层黏结的。因此，成型件表面受粉末颗粒大小及激光光斑的限制，呈多孔形态或粉粒状，因而需要对表面进行一定的后处理。

②加工成本高。在加工前期，由于使用大功率激光器，外加一系列辅助保护工艺，如在加工室内充满氮气等措施，以及不同原材料的昂贵价格，提高了加工过程中的设备成本。

（3）适用范围

SLS 技术广泛应用于航空航天、汽车船舶、机械工程等领域，通常用来生产产品外壳、机械部件、复杂零件（如管道、功能测试部件和组件）等耐用部件、医疗保健产品和工具等。不仅可以用于快速模型的制造，还可用于产品的小批量生产。

5. 选择性激光熔化成型 (Selective Laser Melting，SLM)

（1）基本原理

选择性激光熔化成型（SLM）是金属材料增材制造中的一种主要技术。SLM 是以 SLS 为基础发展而来的快速成型技术，其基本原理是通过计算机三维建模软件建立三维实体模型后，切片分层，提取截面轮廓数据，系统根据轮廓数据完成激光扫描路径设计工作后，利用计算机控制激光束按照给定路径熔化金属粉末，层层堆积逐渐成型，其工艺原理如图 5 所示。

（2）SLM 的优势与劣势

优势：①成型件后处理简易。SLM 利用零件的三维数据模型，直接加工成型，无须特殊的夹具或模具，操作简便，十分适合生产具有复杂型腔、难加工的钛合金或高温合金材料。

②成型件性能优异。由于 SLM 是通过高能激光作用使粉末快速熔化、快速成型，零件几乎可以达到完全致密的状态。因此零件组织均匀，具有优良的化学性能和力学性能。

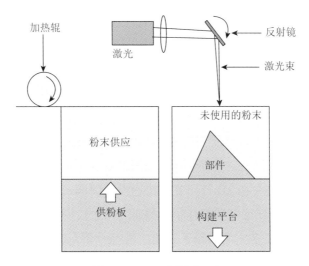

图 5 SLM 工艺原理示意

劣势：① SLM 加工速度仅为 20mm³/s，因此成型效率比较低。此外，由于零件尺寸受到铺粉工作箱、激光器功率和扫描振镜偏转角度的限制，目前尚不能制造大型零件，通常零件制造尺寸为 250mm×250mm×215mm。

②由于使用到高功率的激光器、高质量的光学设备以及金属材料，机器制造成本与加工成本较高。因此不适用于可以通过传统方法制造的零件。

（3）适用范围

SLM 技术以其突出的优势通常应用在航空航天、生物医学和模具制造等行业，用作加工标准金属的外观、装配、功能原型，支撑零件、注塑模具或小批量零件生产等，能够有效节约加工成本并提高生产效率。近期国内外许多学者就 SLM 技术制造随形冷却流道领域开展了大量的研究工作，该领域的研究极大地促进了压铸模的优化发展。

在 3D 打印技术不断发展的过程中，还有很多更为细观的新技术出现。本文选取了几种如今较为主流且能够切实利用在植物纤维模塑领域的技术，从基本原理、技术优劣势及适用范围几个方面对 LOM、FDM、SLA、SLS、SLM 五种 3D 打印技术进行了介绍，并在后文对其在纸浆模塑生产中的应用进行阐述。

二、3D 打印技术在植物纤维模塑生产中的应用

1. 概述

近年来，3D 打印技术的发展以及其在模具制造、工业设计等领域的应用，为植物纤维模塑行业提供了技术改革和突破创新的可能。3D 打印技术作为增材制造的技术手段，其在模具加工领域应用时与传统计算机数字化控制精磨机械加工技术（CNC 编程技术）相比较

而言，具有加工成型速度更快、成本造价更低、操作更方便简单、易于维修、准确生产等优势，可以实现多功能、跨尺度制造，尤其是在更复杂结构的制备方面，3D 打印技术能够很好地满足客户在产品复杂度上提出的更新需求和要求。基于 3D 打印的制造特点，在使用 3D 打印进行纸浆模塑模具的设计与制造过程中，可以遵循 DFAM（Design for Additive Manufacture）的原则，在考虑产品功能、外观和可靠性等前提下，通过提高产品的可制造性，保证以更低的成本、更短的时间和更高的质量进行产品设计。在模具设计阶段就充分地考虑可制造性，使模具更容易制造，从而解决传统模具设计制造过程中难以解决的问题。

但目前的大多数研究集中在 3D 打印复模快速模具制造、金属 3D 打印模具及其随形冷却流道等方面，在 3D 打印纸浆模塑模具领域的研究相对较少，且纸浆模塑模具的 3D 打印设计与制造过程中依然有很多方面依赖于经验，没有一个完整的、系统的设计方法与制造方法。因此，研究 3D 打印技术加工纸浆模塑模具具有非常重要的现实意义。按照加工形式的不同，3D 打印纸浆模塑的加工方式从纸浆模塑的直接成型制造和纸浆模塑的间接加工制造都有相应的尝试和探索。

2. 3D 打印直接加工

3D 打印直接加工是指利用 3D 打印技术直接生产出纸浆模塑制品的过程。由于纸浆模塑原料多为纸浆纤维，而常见的各种 3D 打印方式的原料一般为热塑性塑料、光敏树脂、金属等，因此 3D 打印用于直接加工纸浆模塑制品时，其成型方式需要进行一定的改变和调整。

与热塑性塑料在受热融化后可彼此粘连不同，若要纸浆彼此粘连必须使用一定的黏结剂。将纸浆与黏结剂混合，再脱水到一定程度之后，在压力的作用下可形成各种形状，这与 FDM 的加工特点非常相似。故可借鉴 FDM 成型原理，对纸浆进行加压挤出，并层层堆叠成型。但采用此种方法加工也存在一定的缺点，即成品表面纹路会较为明显，且由于纸浆纤维排列的不定性，层厚难以达到一致的高度。同时，黏结剂的用量也是成品成型质量的关键，若黏结剂过多，则纸浆不能很好地脱离喷头；若黏结剂过少，则制品会松散失型。此种方式只适合加工对表面成型质量以及力学性能要求不高的纸浆模塑制品样品。

此外，由于纸浆原料也可预先加工成纸板，故可借鉴 LOM 成型原理，将纸板背面涂上热熔胶，并用激光切割内外轮廓，切割完一层后，送料机将新的一层纸板叠加上去，重复以上步骤，形成制品。但 LOM 技术的加工优势在于成型件的形状易于设计和调整，在加工速率和标准化生产方面逊色于传统加工方式，且成品表面质量不高，同样只能用来加工对表面成型质量以及力学性能要求不高的纸浆模塑制品样品。

在实际应用当中，国外设计师比尔·霍斯优思（Beer Holthuis）提出了纸浆 3D 打印的解决方案，他与 Paper Pulp Printer 合作研发了一种易于重复使用的环保废纸浆材料。而目前可供打印纸浆的设备不多，霍斯优思便自己制作出了一台纸浆 3D 打印机，如图 6 所示。其打印原料由标准纸浆与天然黏合剂混合而成，成型过程类似 FDM 挤出式打印，如图 7 所示，通过注射器式挤出机从压力容器中挤出混合物，层层堆叠成型，且成型制品可以回收，进行二次利用。在环境友好的同时，提高整个加工过程的功能，也降低了制作纸浆模塑样品的成本。

图 6　纸浆 3D 打印机

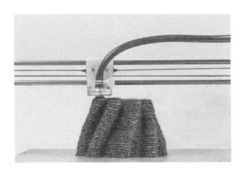

图 7　纸浆 3D 打印机成型过程

除以上两种 3D 打印方式以外，由于加工原材料属性、成型方式的限制，其他 3D 打印方式不适合进行纸浆模塑制品的直接加工，且目前在该领域没有成熟的技术案例。

3. 3D 打印间接加工

3D 打印间接加工指的是先用 3D 打印方式加工出纸浆模塑制品的模具，再使用该模具依照干压、湿压等工艺方法制造纸浆模塑制品。由于是加工制造模具，故 3D 打印的成型件只要能够满足纸浆模塑制品加工过程中对耐温性、耐压性、强度、刚度等方面的要求，即可完成对纸浆模塑制品的间接加工过程。而目前国内外在纸浆模塑模具的 3D 打印领域开展的研究不多，因此 3D 打印在模具领域的研究进展是一项重要参考。

在模具加工领域，传统模具生产一般都是机加工和手工完成的，加工周期长、费用高，特别是在一些形状复杂的零件制造过程中，这些问题尤为突出。现在使用 SLS、SLM 等方法，以覆膜金属粉末为烧结材料可以直接制造不同用途的金属模具，如吹塑、注塑、压铸、挤塑等用于工作温度低、受力小的塑料成型模及钣金成型模。其工艺过程为：覆膜金属的制备—激光烧结—后处理。传统制造模具的研制周期在 30 天左右，且设计受限，适用于大批量且劳动力密集条件下的模具加工，而 3D 打印模具的研制周期在 1 周左右，且由产品设计驱动制造产品，基本不受设计限制，适用于小批量、数字化、智能化的柔性制造。如图 8 所示，3D 打印快速模具铸造流程相比传统铸造流程更为简化和高效。

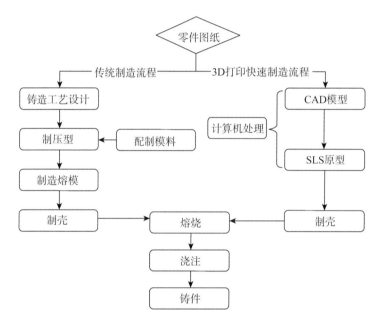

图 8　传统制造与 3D 打印快速模具制造的流程对比

值得一提的是，3D 打印用于模具加工最具优势的应用领域是在模具的随形冷却流道以及小批量、复杂结构的制备中。传统冷却水路是通过交叉钻孔产生内部网络，并通过内置流体插头来调整流速和方向，其水路形状有限，距离模具表面较远，在加工过程中有阻塞的风险，且需要另外加工、装配，增添了工序。而 3D 打印可以突破冷却水路制造中的交叉钻孔方式对水路设计的限制，可以设计出更靠近模具冷却表面的随形水路，使其具有平滑的角落、更快的流量和更高的冷却效率，其更加贴近模具的表面，促进冷却的均匀性。如图 9、图 10 分别展示了传统流道和随形流道的设计方案和呈现效果。

国外设计师早川和彦在纸浆模塑模具的 3D 打印领域进行了探索，他设计并创造了一种有效地使用 3D 打印机代替制造纸浆模塑产品所需的网格或金属模具的方法，从而在成本性能以及产品设计和制造过程中起到积极作用。用户可以使用这种 3D 打印块组合的方法，利用包括旧报纸、纸板箱或其他的废纸张材料制造各种形状的纸浆模塑制品。只需将纸张材料放入搅拌机中，将纸糊粘贴到 3D 打印块上，待干燥后即可完成，如图 11、图12 所示。

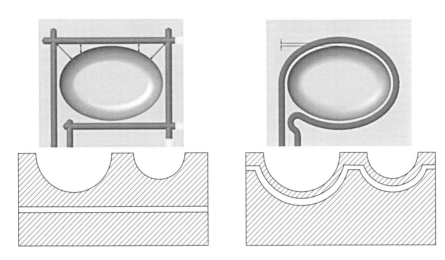

图 9　传统直线型冷却水道（左）和随形冷却流道设计（右）

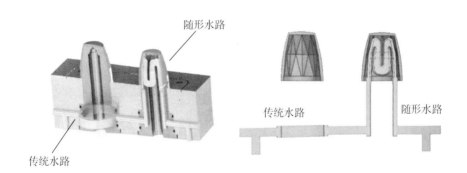

图 10　传统水路与随形水路

图 11　3D 打印块组合纸浆模塑模具

图12　利用 3D 打印块组合纸浆模塑模具制作的纸浆模塑制品

综上所述，在间接加工方面，3D 打印不能取代传统的模具加工方式，而是更加适合于打样产品模具的生产加工，即更适合加工小批量、定制化的纸浆模塑模具，从而满足企业对快速得到最新迭代产品原型的需求。

三、3D 打印技术应用在植物纤维模塑行业的展望

1. 3D 打印技术的优势和适合领域

3D 打印技术的关键优势在于特别适合小批量复杂零件和个性化产品的快速制造，特别适合加工传统方法无法加工或难以加工的极端复杂的几何结构。尺寸越小、外形结构越复杂，3D 打印技术的优势越明显。3D 打印能够有效弥补传统模具加工技术所存在的不足，因此在进行植物纤维模塑模具制造时可以在传统加工工艺的基础上采用 3D 打印技术，能够在很大程度上提高整个模具制造的效率。在进行新产品研发的过程中，为了方便对新产品进行检验，可以先利用 3D 打印技术对产品进行样品打印，然后对样品的性能进行检测、调整和修改。当所研发的产品性能完全符合生产要求之后，再利用传统的模具制造方式进行大量产品的生产。这样在很大程度上可以对样品的调整流程进行简化，从而加快产品研发的效率。此外，在进行 3D 打印技术研发的过程中要注重其与传统制造方式之间的融合，这样可以更为高效地生产出成品。

随着 3D 打印技术在模具制造行业中的应用不断扩大，相信在未来的发展中，3D 打印技术能够有效地生产三成以上的工业模具产品。同时，将 3D 打印技术与逆向工程测量联系在一起，能够促进该技术的不断发展和更新，从而解决 3D 打印技术在实际应用过程中的难题。

2. 3D 打印技术应用在纸浆模塑模具制造中亟待解决的问题

尽管 3D 打印纸浆模塑模具拥有传统模具制造方式所不具备的优势，然而在实际打印

过程中还需要突破材料、设计等多方面的瓶颈约束。

在加工材料方面，3D打印过程的速度较快，对材料性能及凝固时间有特别严格的要求，且其成品作为模具使用时，对其模具本体的刚度、强度、耐压性以及耐温性等指标都有特殊的要求。一般3D打印的材料难以满足3D打印纸浆模塑模具的需求，因此需要进一步研究开发新材料，使其在材料属性上可以满足以上需求。

在结构设计方面，3D打印通过对残余应力、熔融过程、零件摆放方向、特征方向、增加支撑等方面的控制，从形状、尺寸、层级结构和材料等方面的综合设计能够最大限度地提高产品性能。由于用于打样的3D打印纸浆模塑模具对于模具本体的耐压性与耐用性较大批量生产场合下的要求相对偏低，因此在材料属性一定的情况下，一些优异的力学性能可以通过科学的结构设计达成，因此需要一套面向纸浆模塑模具的结构分布设计准则来指导3D打印技术下模具结构的设计。

在成品标准方面，需要研究制定适用于3D打印纸浆模塑模具并且确保其安全性、可使用性的成品标准。目前现有的模具加工规范体系几乎都不能直接被搬来运用，必须要重新建立符合3D打印模具要求的模具结构设计、加工、检验等的标准体系。

结语

3D打印技术在原理上彻底转变了目前模具加工的现有工艺和生产方式，在实践应用上是纸浆模塑领域技术范式的重大变革，对纸浆模塑产业结构、技术进步、组织创新、商业模式等必将产生深刻的影响。

由于3D打印技术有可能变革几乎全部产品的制造方式，因而3D打印技术成为全球高度重视的新型高科技领域。我们要积极了解发达国家3D打印技术的发展趋势，在国家产业政策上给予更多的扶持措施，争取在3D打印模具的细分领域有所突破，从而加快我国纸浆模塑产业现代化的发展步伐。

（刘琳琳　韩若冰）

免切边植物纤维模塑制品的生产过程及
成本影响因素分析

Production Process and Cost-effectiveness Analysis of
Trimming-free Plant Fiber Molding Products

在全球限塑禁塑的大背景下，以蔗渣、竹子、麦草等草本植物纤维浆或废弃纸品回收浆制成的植物纤维模塑制品因其环保可自然降解、可再生利用以及干净漂亮的外观被越来越多的行业领域所采用，特别是在食品包装和餐具行业，纸浆模塑制品较之一次性塑料餐具在环境保护上具有诸多优点：容易回收、可再生利用、可自行降解、源于自然归于自然，是比较典型的无污染型绿色环保产品，符合时代要求和市场需要，因此得到了广泛的应用。

食品包装和餐具行业所用的纸浆模塑制品主要采用湿压法制作工艺，制品边缘往往会凹凸不齐且带有一些毛边，通常采用制成品后切边的工艺把废边切除，以达到制品边缘光洁整齐的效果。然而，如果能在纸浆模塑制品生产过程做到免切边，就能省掉切边工序而且还可以省去切下的边料和回收处理过程，降低生产成本。于是，业内一些企业研发了免切边工艺和设备，并应用于生产过程，也取得了不错的效果。但经过多年实践证明，免切边的纤维模塑餐具制品质量较差且不稳定、产品合格率低，而且免切边纤维模塑制品成本较低的说法也值得商榷。

本文为了系统研究分析免切边纸浆模塑制品的生产成本，研究了免切边纸浆模塑制品的生产模具设计、模具加热系统设计、模具维护保养等对生产成本的影响。依据热膨胀理论分析免切边纸浆模塑成型模具的制造方式，阐述了生产实践中免切边纸浆模塑制品模具的结构要求，归纳了免切边纸浆模塑制品生产模具的设计要求。从免切边纸浆模塑制品的模具设计、产品排布、产量、热效率、模具成本、加热板成本、加热方式、换模效率和模具维护成本等各方面进行全面分析计算，以便为纸浆模塑制品的模具设计和生产方式的选择提供参考。

一、植物纤维模塑制品的生产过程与免切边模具

1. 植物纤维模塑食品包装和餐饮具的工艺过程

植物纤维模塑食品包装和餐饮具的生产一般采用湿压生产工艺，湿压工艺是以甘蔗浆、竹浆、木浆等植物纤维浆板为原材料，经碎解、磨浆等过程，调配成一定浓度的浆液，并

加入适量的防油防水助剂，然后泵送至全自动成型干燥定型机里，通过吸滤成型模具把浆液中的纤维制成湿坯，再经热压定型模具对湿坯进行加压加热，使湿坯成为干燥的制品，再由人工或机器送入切边机，切除制品不整齐的多余边缘，从而获得所需形状的纤维模塑制品。如图 1 所示。

其中的成型和切边工艺过程具体分为三个步骤：（1）吸滤成型模具吸附植物纤维成为湿坯；（2）通过热压定型模具对湿坯进行加压加热，使湿坯成为干燥制品；（3）把制品多余的边缘切除，切除的边缘废料可被碎解后再重新制作湿坯。

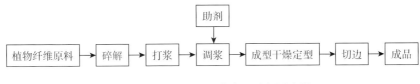

图 1　纸浆模塑湿压生产工艺主要流程

2. 免切边工艺与模具

所谓免切边工艺，就是纸浆模塑制品不经过机械切边工序而达到与切边同样效果的工艺。由于以前的许多纸浆模塑生产设备自动化程度低下，无法做到自动切边和自动打孔，制品都要进行手工切边、手工打孔（侧打孔）才能成为成品。随着纸浆模塑生产技术和设备的进步及发展，行业里出现了一些免切边工艺技术制成的纸浆模塑制品。

免切边工艺技术与湿压工艺的模具有很大的关系，湿压工艺制作纸浆模塑制品的过程中，吸滤成型模具始终保持室温状态，称作冷态模具。而热压定型模具工作时处于170～190℃的工作温度，是热态模具。由于热胀冷缩的原因，热压定型模具从冷态变成热态时，模具会因受热膨胀而变大，制品的尺寸和中心距也因热膨胀而变大，从而影响制品尺寸的精度和质量。

3. 模具热膨胀与免切边效果的相关性

因为整体加热板的加热膨胀会导致热压模具上的制品型腔的中心距变大，致使热压模具的制品型腔的中心距大于吸滤成型模具的制品型腔的中心距。虽然在模具设计时可以进行预先控制，但由于制品品种多样，无法达到加热后的热压模具上的制品型腔的中心距与吸滤成型模具的完全一致。这就会导致热压定型后制品的边缘大小不均匀，行业内称之为大小边。通过边缘的切除可以保证制品的边缘大小一致，堆叠在一起时非常整齐。但免切边制品的大小边会导致制品边缘不整齐。模具热膨胀量越大，制品边缘就越不整齐，为达到较整齐的制品边缘，就需要控制好模具热膨胀量。

4. 模具热膨胀量的计算方法及免切边模具的选用

由冷态变成热态时，由金属制成的模具和加热板可按公式（1）计算长度膨胀量 ΔL：

$$\Delta L = a \times L \left(t_2 - t_1 \right) \tag{1}$$

式中　ΔL——金属长度膨胀量，mm；

　　　a——热膨胀系数，mm/mm·℃；

　　　L——金属长度，mm；

　　　t_1——周围空气温度，℃；

　　　t_2——金属温度，℃。

通常模具度为 180 ～ 200℃，周围空气温度 30℃，模具材料通常为铜或合金铝，其热膨胀系数是恒定的，$(t_2 - t_1)$ 变化也不大，$a(t_2 - t_1)$ 可以用系数 k 来代替，按公式（2）计算长度膨胀量 ΔL：

$$\Delta L = k \times L \tag{2}$$

式中　k——简化热膨胀系数，也可称之为热膨胀百分比。

根据经验，铜模具和铜加热板的简化热膨胀系数 k=0.3%；铝模具加热板的简化热膨胀系数 k=0.4%。而常规模具的边长尺寸为 900 ～ 1200mm，也有模具的尺寸为 1500mm×1500mm、1850mm×1850mm 的大台面纸浆模塑成型机。

根据公式（2），如果铝模具的尺寸为 900mm×900mm，则 $\Delta L = k \times L$ = 0.4%×900mm=3.6mm；同理可计算出，1500mm×1500mm 的铝模具，长度膨胀量 ΔL=6mm；1850mm×1850mm 的铝模具，长度膨胀量 ΔL =7.4mm。

由此可见，整体加热板和整体模具的热膨胀量是比较大的，采用整体加热板的模具制作的制品都会出现大小边现象。如果采用整体模具，免切边制品根本无法做到比较整齐的边缘效果。因此，免切边的成型模具应采用分体式模具和分体式加热板。

5. 采用分体式加热板和分体式模具成本较高

由上述分析可知，由于制作免切边制品需要采用分体式加热板和分体式模具，而分体模具和分体加热板只适合某一特定制品，通用性很差，更换模具时必须同时更换加热板，而加热板的价格几乎与模具的费用相同。所以，免切边制品的模具费用较高，几乎是整体模具费用的 2 倍，模具费用高会导致制品成本分摊高。

二、免切边植物纤维模塑制品的生产成本影响因素

1. 吸滤成型的真空能耗大

在免切边植物纤维模塑制品的生产过程中，因为吸滤成型时采用的浆料浓度较低（如果浆料浓度较高，免切边效果就差，毛边严重），所以生产免切边制品时，浆的浓度比切边的低较多。一般地，切边制品浆料浓度为 4% ～ 5%，免切边制品浆料浓度为 2% ～ 3%。

同样生产 1 吨制品，免切边制品真空吸滤成型时的排水量要增加较多，几乎达到 2 倍以上。也就是说生产免切边制品要消耗的真空量比切边制品大得多。真空能耗是纸浆模塑生产过程的主要能耗之一。

2. 包装和运输成本增高

免切边工艺为了达到减少毛边的效果，在热压合模时，要经过较长时间的虚压过程，否则就出现"炸边"现象或较多毛边。所谓"虚压"就是热压合模时，上下热压模具在合拢时先不压紧，先对模具内的"湿坯"进行一定时间的烘烤，等"湿坯"被烘烤到一定干度后，再施加合模力进行热压定型。其缺点是，虚压烘烤过程消耗了很多热量，另一不良后果就是制品的密实度低。比如同样 300 个 10 英寸圆盘制品叠在一起，免切边制品比正常的制品要高出 30 ～ 50cm，大大增加了包装材料消耗和运输成本。

3. 对原料特殊要求高

根据多个使用过免切边工艺生产的厂家反馈，采用蔗渣浆、麦草浆等 100% 草浆无法达到满意的制品免切边效果，要加入一定量的木浆进行调浆才能达到，而加入木浆会使原料成本升高。

4. 分体式加热板通用性与互换性差

一台纸浆模塑生产设备通过更换模具的方式可以生产许多种产品。生产纸浆模塑食品包装或餐饮具产品，因为种类多、制品式样繁杂，要求模具价格低，尽量减少模具的更换部分，尽最大可能保留模具的通用部分。决定制品形状的模具型腔部分是必须更换的，模具的加热板及加热板下面的真空腔体可以通用。采用整体加热板是通用性最好的，分体加热板越小越不通用。所谓分体式加热板，就是分成小块的为分体式模具单配的模具加热板，导致通用性是一个大问题，也就是说，分成小块的分体式加热板基本上是某一单一制品专用的，更换模具需要同时更换分体式加热板和真空腔体，所以更换模具的成本较高。

分体式模具和分体式加热板只适合某一特定制品，更换模具时必须同时更换加热板。而加热板的价格几乎与模具的费用相同。所以，免切边制品的模具费用较高，几乎是整体模具费用的 2 倍。

5. 分体式模具和加热板导致制品排布数量减少和产量降低

按加热方式分，加热主要分为电加热和导热油加热两种方式。所以，加热板也分为电加热板和导热油加热板两种。电加热板，包含插入加热板内的许多根电加热管；导热油加热板，内设导热油回路，外部与导热油管道连接。

分体式电加热板，在每一小块加热板都需要插入一定数量的电加热管，要把电线通到每一块加热板，所以分体式电加热板之间需要保持距离；分体式导热油加热板，在每一块分体的导热油加热板内都设导热油回路，分体式导热油加热板之间需要采用管道相互连接，而且要有最小弯曲半径，所以分体式导热油加热板之间的距离更大。

分体式电加热板和分体式导热油加热板之间需要保持的距离，造成机器可生产制品的数量减少，导致产量降低。

6. 分体式加热板的维护和更换麻烦，成本较高

分体式电加热板，在每一小块加热板内都需要插入一定数量的电加热管，所以电加热管数量远远大于整体式电加热板。电加热管有一定的使用寿命，分体式电加热板更换电加热管的概率比整体式电加热板大得多，且操作难度大、停机时间长。每块分体式电加热板及其电加热管，相互之间的规格尺寸都是不一样的，没有互换性，电加热管备件多，管理成本高。

分体式导热油加热板，由于加热后的热膨胀，连接分体式导热油加热板之间的管道容易漏油。更换分体式加热板也是非常耗费时间的工作。因为需要拆下模具、分体式加热板、电线、与之连接的导热油管等，所以免切边制品的模具变更麻烦，更换模具的时间长、人工成本高。

7. 免切边制品的废品率较高

由于免切边制品生产中的制品黄边、黑边现象经常发生，使免切边制品的废品率较高，明显提高了生产成本。

综合上述分析，以下因素导致免切边制品的产量比非免切边的要低。（1）免切边工艺的排水量大，吸滤时间长，导致产量降低；（2）较长的虚压过程导致产量降低；（3）分体式模具和加热板导致制品排布数量减少和产量降低；（4）免切边制品的合格率低，导致产量降低；产量低，必然导致成本升高。

三、自动切边与免切边加工的植物纤维模塑制品质量比较

植物纤维模塑餐具制品中，有大量的掀盖式锁盒，锁盒由盒盖和盒体两部分组成，标签锁定系统把掀盖式的盒子盒盖和盒体锁在一起。标签锁定系统需要在掀盖盒子的底盒侧面开一个或两个窄长孔。小尺寸有一个标签锁，大尺寸有两个。自动切边的纸浆模塑生产设备是在制品热压定型后冲切出这些窄长孔，窄长孔整齐漂亮、性能好。

免切边加工方法制作窄长孔的方法：标签锁的窄长孔在吸滤成型时形成，经过热压干燥定型后，制品保留了这些窄长孔。但是这样的窄长孔在侧面上很难制作，容易变成宽度大的宽长孔。宽长孔严重影响标签锁定系统对掀盖式盒子的密封效果。而且免切边加工出来的宽长孔周围存在较多容易脱落的碎纤维，既影响使用又不卫生。

结语

从以上分析可以看出，从真空消耗量、包装运输成本、原料成本、模具成本、维护成本、制品质量等多方面综合分析，免切边制品的生产成本要高于自动切边制品的生产成本。因此笼统地说"免切边的纸浆模塑制品生产成本低"和"免切边的纸浆模塑制品制造过程简单"都是初入行者的认识误区。纸浆模塑餐具制品生产厂家在选用切边还是免切边工艺加工纸浆模塑餐具制品时，应当综合考虑各方面的因素和成本。

（郑天波　金坤　张金金　贺林林）

环保包装"万能公式"让植物纤维模塑更精彩

The Eco-friendly Packaging "Universal Formula" Makes Plant Fiber Molding Products More Wonderful

一、植物纤维模塑成套礼盒的市场需求

植物纤维模塑作为一种立体造纸技术，是以蔗渣浆、竹浆、木浆、秸秆浆等植物纤维为原材料，制成浆料后通过带网的模具滤水成型，再经高温烘干，然后经过整型和模切，得到最后的成品，其制品以纯天然的外形以及 100% 环保的优势，近年来受到了全球广大消费者及各大品牌商的关注。早期的市场对于植物纤维模塑包装的需求大多为内托，特别是消费电子类产品，这也就导致了当时的纸浆模塑制造商以生产内托为主。近年来随着大众环保意识的增强，纸浆模塑外盒逐渐开始打开市场，相对于内托的生产，外盒的设计与生产都有很高的技术要求。在全球限塑禁塑的新形势下，国内外一线品牌对于纸浆模塑包装礼盒的需求催生了纸浆模塑成套礼盒的诞生，这就使一些纸浆模塑厂商开始转型纸浆模塑外盒的设计、研发和生产，并且这种绿色环保包装已经成为包装礼盒发展的一种趋势，其市场前景非常广阔。图 1 所示为纸浆模塑成套礼盒实例。

（a）2021 年腾讯月饼包装盒　　　　　　　　（b）第 24 届冬奥会纪念币包装

图 1　纸浆模塑成套礼盒实例

二、如何解决植物纤维模塑包装礼盒成本高之痛点

1. 定制包装模具费用高

在全球限塑禁塑的大背景下，大众对于植物纤维模塑这种环保包装的接受程度更高，但往往高昂的模具费让大多数买家望而却步，从各产品的形态上看，若想追求每款产品包

装都能独具一格，在尺寸结构设计上不雷同，那也就意味着需要高昂的模具费用来支撑，这也势必将在某种程度上对纸浆模塑包装设立了很高的使用门槛。

2. 公模与"万能公式"

降低或者去除模具成本费用，是迅速吸引大部分行业或品牌商使用纸浆模塑包装的一个重要卖点。一些纸浆模塑制品厂家潜心在"公模"上做研发，所谓"公模"就是在这样的立意点上出发，由纸浆模塑制品厂家自主承担模具费用，研发出各种尺寸与结构的公模外盒供不同客户选择。仔细研究某个行业的包装外形不难发现，每个行业都有自己常用的包装结构和尺寸，那么由纸浆模塑制品厂家研发出来的公模即可在这个基础上进行设计，做到一款公模制出的纸浆模塑包装制品可放不同品牌、不同品种的产品，形成"万能公式"的纸浆模塑制品，只需根据内装产品变换内托即可。公模与"万能公式"概念的提出，不仅吸引了更多注重环保的企业选择纸浆模塑包装，也彻底解决纸浆模塑模具费用高、起订量要求高的痛点问题，公模制成的产品变成标准产品，可以1件起订购，既促进小批量多品种的纸浆模塑包装制品的销售，也促进了纸浆模塑包装礼盒的推广应用。

3. 公模与行业解决方案

从各个行业产品包装形态的选择来看，公模的研发在很大程度上为不同行业产品提供了成套的环保包装解决方案，不同品牌产品的个性化包装通过纸浆模塑后加工工艺体现出来，同时也改变了纸浆模塑包装制品千篇一律的外形。目前纸浆模塑后加工常用的工艺有烫金、击凸凹、丝印、视高迪、贴纸等，可根据不同客户的需求来做不同的工艺处理。国内外一些品牌商品已经开始使用纸浆模塑成套包装。图2所示为几款经过后加工工艺的纸浆模塑成套礼盒。

图 2　经过后加工工艺的纸浆模塑礼盒

三、植物纤维模塑通用外盒的设计要点

1. 公模礼盒尺寸的设定

公模概念的提出也就意味着所有植物纤维模塑外盒在考虑不同客户需求的前提下，也要综合考虑纸浆模塑模盘的尺寸和结构可行性。就尺寸来说，常用的纸浆模塑全自动机模盘的尺寸大多是 1000mm×800mm，那么这种机器生产的礼盒长宽最大不能超过 370mm×310mm，对于半自动机和手动机来说，模盘尺寸通常在 800mm×600mm，推荐最优的礼盒尺寸应当不超过 340mm×240mm。

2. 公模礼盒造型与结构的选定

就纸浆模塑礼盒结构而言，目前市场上使用最多的是天地盖结构，这种结构对于不同的客户来说接受程度更高，但天地盖结构也可以有多种玩法，无论是传统的天盖到底，天地盖对缝，或者是采用平盖的方式，纸浆模塑都能做到最完美的呈现。从形状上来看，由于纸浆模塑具有一体成型的特性，因此礼盒的外形可以选择各种异形的设计，比如传统礼盒很难实现的云朵形、星形、虎头形等。往往一个特别的外形能使礼盒本身更容易出圈。图 3 所示为各种形态的纸浆模塑礼盒。

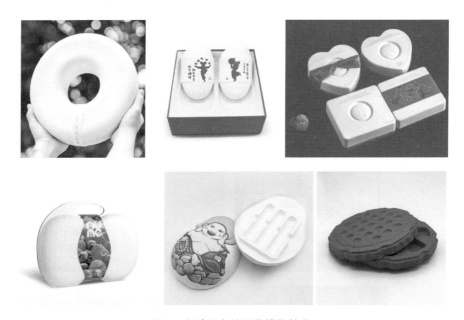

图 3　各种形态的纸浆模塑礼盒

3. 后加工工艺选择

丝印、烫金、UV 打印、击凸凹等工艺通常被认为专用于传统包装，但随着行业的发展，纸浆模塑后加工工艺不再是过去单一的贴纸或者直接素模出货，目前被运用于传统包装的后加工工艺都能在纸浆模塑上得到实现，且最终的效果能做得更加生动形象。如 2021 年大

火的腾讯礼盒，就选择了在纸塑盒身上直接进行击凹来突出 Logo，植物医生则是选择了色彩更加鲜明的丝印来点缀自己的纸塑包装。一般来说，针对颜色较为单一的图案和文字，推荐选择丝印的处理方式，而对于大面积，多颜色的图案，则需要通过 UV 打印来实现最终的效果。不同的后加工处理方式通常与平面设计本身直接关联，但无论选择哪种工艺处理，都将使纸浆模塑包装更加具备精品礼盒的属性。图 4 所示为烫金、UV 打印、击凸凹加工的纸浆模塑礼盒。

图 4　烫金、UV 打印、击凸凹加工的纸浆模塑礼盒

四、植物纤维模塑礼盒未来的技术突破

1. 颜色多样，减少污染

目前行业公知，植物纤维模塑在颜色上难以实现多色，主要原因在于所有的纸浆模塑在成型前，原材料都会经过一个打浆磨浆的过程，若需做出指定颜色的盒子，在这个步骤就需要将所有的浆料进行染色，然后再进行后续的生产，染色后的浆料会直接影响到一整条生产线的颜色，那么以后这条生产线再做纯白色的产品，则需极大的清洗成本，与此同时，由于原材料浆池中的水被染色，也将导致这部分水无法循环使用，造成浪费和污染。针对这一现象，未来纸塑的染色更多地将以植物基染料的方式进行，原料纤维浆料能在打浆前就被染成固定的颜色，且添加一定量的固色剂对颜色进行固定，这样就能从根本上解决后续染色对浆池造成颜色污染的问题，同时也能满足不同客户定制颜色的需求。

2. 零角度拔模礼盒是趋势

就消费者对于纸浆模塑礼盒的外形要求来说，零角度拔模礼盒是一种趋势。目前礼盒的拔模角度大多在 1°～3°，做出零度拔模的礼盒需要耗费极大的技术成本，目前市场上能做出零拔模纸塑礼盒的厂家屈指可数，且成本很高。未来的纸浆模塑礼盒技术在这方面的突破主要在成型阶段，模具的设计和制作的精密程度将起关键性作用。图 5 所示为零角度拔模的纸浆模塑礼盒实例。

图 5　零角度拔模的纸浆模塑礼盒

3.制品表面光滑无掉粉

由于纸浆模塑原材料的特殊性，大部分纸浆模塑制品经过摩擦后会掉下纤维粉屑，严重时会影响包装外观和内装物，因此很多电子产品在使用纸浆模塑包装时对其抗掉粉要求极高，否则会影响产品的外观及性能。目前有很多厂家已经在关注和研究这部分的技术。未来主要将在助剂、模具与磨浆工艺等方面重点研发和突破，以便使制成的纸浆模塑制品表面更加光滑，减少摩擦引起的掉粉掉屑。

五、关于植物纤维模塑包装的普及

如何做到植物纤维模塑包装的普及？通过大批量生产降低生产成本，以原材料以及能耗作为突破口，让纸浆模塑包装的成本低于传统的手工盒，这样纸浆模塑才能够在包装领域里拥有一席之地。根据目前的情况来看，这个行业无论是原材料还是能耗都取得了一定的进展，只是客户从传统包装转换到全降解包装上还需要一定的时间。深圳市爱美达环保科技有限公司目前的公模包装成本已经接近于传统的手工礼盒了，但是在降解和环保方面的优势是传统包装无法替代的。

（周世燚　黄俊彦）

装备与器材

Equipment

★ 2020—2022 年我国植物纤维模塑装备与器材行业概述

★ 植物纤维模塑装备技术与发展趋势

★ 植物纤维模塑干燥设备隔热节能材料痛点问题分析及新型材料的应用

2020—2022年我国植物纤维模塑装备与器材行业概述

Overview of the Plant Fiber Molding Equipment and Manufacturing in China from 2020 to 2022

近年来，随着我国国民经济健康快速地发展，以及人们环保意识的不断增强，我国植物纤维模塑行业也发生了日新月异的变化。生产规模不断扩大，工艺技术水平不断进步，市场应用不断拓展，装备技术水平也在不断提高。许多植物纤维模塑装备企业重视先进工业技术的应用，积极消化吸收国内外相关行业的装备制造技术，应用于植物纤维模塑生产设备的制造过程，使植物纤维模塑装备企业的规模、技术进步、产品水平、制造能力等都有了明显的提高，较大程度地缩小了与国际先进模塑装备之间的差距，其中一部分植物纤维模塑装备技术已具有国际先进水平，国产连续化、自动化的植物纤维模塑生产线的市场占有率明显提高，更有智能化、无人化的生产设备也在不断研发和投入生产中。

一、植物纤维模塑装备行业发展历程

植物纤维模塑制品的雏形，如用土纸浆捏合晒干后制成的盛粮容器和皇家祭祀用品等，可以追溯到我国东汉时期。但使其真正成为一代新型包装材料，则是在1917年由丹麦人首创的。1936年丹麦人开始使用机器模制纸浆模塑制品，并于20世纪60年代制成纸浆模塑机械化流水线，当时丹麦Hartmann公司在这一领域居世界领先地位。纸浆模塑工业在一些发达国家已有八十多年的历史。20世纪30年代后期，随着人们环保意识的增强及绿色包装的大力推广，欧美和东南亚地区的一些知名公司纷纷推出了纸浆模塑包装制品生产线，并形成了较大生产规模。

近年来，随着全球可持续风潮和全球禁塑法律法规的落实，一次性塑料产品的限制和禁用，加速了纸浆模塑及其装备与器材行业的发展。据资料显示，目前，在欧美一些国家，纸浆模塑和纸包装制品已经基本上取代了发泡塑料包装制品和一次性塑料餐具。欧美和东南亚一些国家的纸浆模塑行业也已具备了相当的规模。国外的纸浆模塑相关企业，正在走出一条纸浆模塑技术与创新的发展路线，如瑞典PulPac公司成功研发出干法模塑生产工艺，并于2020年建成世界首条干法模塑中试生产线。这种干法模塑生产工艺的诞生，是对传统湿法成型纸浆模塑行业的一个伟大创新，PulPac正在建设性地迈出全球干法模塑生产工艺商业化的步伐。Hartmann是全球领先的纸浆模塑纤维鸡蛋包装制造商，也是全球最大的纸浆模塑纤维包装生产和设备技术制造商。*Hartmann* 主要向制造商、分销商和零售连锁店销售鸡蛋、水果包装及可持续包装解决方案。*Huhtamaki* 是具有百年历史的全球可持续包装企业，拥有纸浆模塑设备制造公司 Huhtamaki Molded Fiber Technology（HMFT）。在全球 38 个国家和地区有 114 个营业点，专注于纸浆模塑设备制造和制品的生产。这些国际知名企业致力于纸浆模塑工艺技术与设备的研发与创新，给纸浆模塑行业发展带来了许多的新元素，助推纸浆模塑行业的技术创新和市场发展。

我国现代纸浆模塑装备与器材行业发展自 20 世纪 80 年代开始起步，通过设备引进、消化吸收和自主创新，走出了一条国产化、多元化、特色化的发展之路。1984 年湖南纸浆模塑总厂投资 1000 多万元从法国埃尔公司引进一条转鼓式自动纸浆模塑生产线。该生产线主要用于鸡蛋托的生产，开创了我国纸浆模塑制品设备引进、消化吸收和制品生产的新局面。之后我国其他一些沿海和内陆地区的行业企业都先后从英国、丹麦等国家和中国台湾地区引进间歇式纸浆模塑生产线，主要用于鸡蛋托的生产。1988 年南京轻工业研究所与江阴机械五厂合作开发的第一条国产纸浆模塑生产线通过轻工部鉴定并投入使用，从此拉开了纸浆模塑生产装备国产化的序幕。1990 年，纸浆模塑制品已被广泛应用于禽蛋、水果的包装。1993 年，纸浆模塑制品向工业仪器仪表、电子元器件、家用电器及厨具等方面的包装发展。1992 年 8 月在南京轻工业研究所、中国包装和食品机械总公司和北京怀柔桥梓纸箱厂的共同努力下，为日本佳能公司试制的第一批纸浆模塑复印机墨盒包装制品获得成功。1993 年大连佳友包装产品制造有限公司的两条纸浆模塑工业品包装生产线投产，专门为日本佳能公司产品提供包装。1994 年以后，随着国内外环保政策的实施和人们环保意识的增强，我国纸浆模塑工业的发展又有了新的飞跃。1995 年 5 月起，铁道部全面禁止一次性发泡塑料餐具在铁路站点和列车上使用，而采用可降解以及易回收的材料代替。1995 年后在铁道部劳动和卫生司的推动下，全国有数百家企业生产纸浆模塑餐具，这些企业对我国纸浆模塑行业的发展起到很大的作用。2001 年我国加入世界贸易组织后，加快了对外开放的步伐，国民经济快速发展，对外贸易逐年增加，我国纸浆模塑企业的生产工艺、技术和设备均呈现较快的发展，各类纸浆模塑新产品不断涌现，先进的纸浆模塑设备不断面世，我国纸浆模塑企业生产的制品和设备也纷纷走出国门，销往世界各地。

二、植物纤维模塑装备行业发展现状

我国植物纤维模塑行业经过几十年的沉淀、积累和业内外人士的不懈努力，目前行业的发展已初具规模。特别是近年来，国家发展和改革委员会、生态环境部发布新版"限塑禁塑令"后，我国各地区各行业以及消费者对于环保型纸浆模塑制品的认知大幅度提升，纸浆模塑行业的项目建设、生产和市场规模总体呈现爆发式发展的态势，纸浆模塑装备与器材行业也呈现前所未有的快速发展势头。目前，我国的纸浆模塑行业在生产工艺、产品性能、机械设备、生产规模等方面都处于世界前列。国内纸浆模塑设备制造技术已日臻成熟，设备性能、生产工艺等均能与进口设备媲美。而且国产设备投资成本小、机动灵活、产品生产成本低，特别适合于产品规格多样化的纸浆模塑制品的生产。

目前，在我国纸浆模塑制造装备与器材行业中，发展较快的代表性企业主要有广州华工环源绿色包装技术股份有限公司。它是与华南理工大学合作的合资企业，凭借高效率、高水平、具有强大开发实力和丰富实践经验的技术团队，大学优良的研发平台和科研技术的支持，健全的设备制造、安装、培训、售前和售后服务体系，为客户提供高性价比的优良纸浆模塑设备产品和全方位的服务，是目前全球纸浆模塑行业机型种类较多的企业，已经成为全球纸浆模塑行业重要的设备供应商之一。吉特利环保科技（厦门）有限公司于1992年在全国率先从事纸浆环保食品包装餐饮用具设备设计制造、工艺技术研发和产品生产，公司研发的热油加热节能专利技术，免切边、免冲扣全自动化技术设备，半自动化设备改造加装机器人切边升级自动化生产技术，热饮咖啡杯、咖啡杯盖、外卖送餐配盖机器人切边高端产品设备，无氟防油添加材料的开发及应用等专利技术在行业处于领先水平。佛山市必硕机电科技有限公司多年来与欧美等海外企业合作，专注纸浆模塑设备、模具研发和制造，现已成为中国纸浆模塑设备制造行业首家OTC挂牌上市的国际化集团公司，是高端纸浆模塑设备、模具、纸浆餐具制品的大型供应商，为全球客户提供纸浆模塑项目一站式解决方案。浙江欧亚轻工装备制造有限公司长期专业从事国际先进EAMC全自动纸浆模塑生产设备、纸浆模塑餐具生产设备、纸浆模塑杯盖生产设备和精致纸浆模塑工业包装制品生产设备——全自动纸浆模塑成型定型切边一体机的研发、生产、成套和各种纸浆模塑制品的开发和生产，并且在纸浆模塑制品及成型模具的研究和开发领域有丰富的经验，是拥有多项先进全自动纸浆模塑技术和自主知识产权的研发型生产企业。广州市南亚纸浆模塑设备有限公司于1994年开发制造出第一条国产纸浆模塑工业包装制品生产线。多年来公司致力于纸浆模塑环保事业的发展，现已发展成为国内较具规模和实力的纸浆模塑设备和制品研发、生产和服务的企业之一。产品在国内外市场均有较高的占有率，产品和服务质量深得国内外广大客户赞誉。公司的生产规模、技术力量、生产能力、服务能力居于行业领先水平。湖南双环纤维成型设备有限公司是一家具有深厚技术底蕴的高新技术企业，拥有一支很早熟知纸浆模塑技术及工艺的人才队伍，掌握了国内外先进的纸浆模塑纤维成型设备、模具及产品生产技术，生产制造纸（植物）纤维成型、碳纤维成型、陶瓷纤维成型等各类生产设备。其中纸质浇导管成型及整形技术开国内先河；碳纤维成型设备、纸质育苗（秧）盘成型设备、各类纸质包装设备、一次性纸质餐具及容器设备等具有国内先进水平。

近年来，随着国内外纸浆模塑行业及其装备技术的发展，涌现出一批纸浆模塑行业新锐装备企业和产品，迪乐科技集团生产的高速精品纸浆模塑自动成型设备，佛山美石机械有限公司提供的自动化纸浆模塑生产线及纸浆模塑制品的解决方案，深圳市山峰智动科技有限公司研发的智能化竹木餐具生产线，广东瀚迪科技有限公司提供的智能化制浆系统、纸浆模塑成型设备、模具设计与制造、后工艺自动化设备，汕头市凹凸包装机械有限公司生产的全自动热压成型机等均有鲜明的亮点和行业竞争力；河北海川纸浆模塑有限公司、河北省蟠桃机械设备有限公司制造的转鼓式成型机、蛋托生产设备等在蛋品包装制品市场享有一定的声誉；佛山市顺德区致远纸塑设备有限公司生产的不同规格、不同档次的纸浆模塑半自动设备、全自动设备、精品自动一体机等产品满足了各种用户不同的需求。还有一些中小企业如广东旻洁纸塑智能设备有限公司、佛山市浩洋包装机械有限公司、清远科定机电设备有限公司、青岛新宏鑫机械有限公司也都致力于为纸浆模塑行业提供更高效、更智能、更节能的生产设备。

在纸浆模塑后道加工设备细分领域，苏州艾思泰自动化设备有限公司研发的纸浆模塑切边设备，为高档纸浆模塑制品和纸盒提供了精致的加工配套；佛山市南海区双志包装机械有限公司专注于纸浆模塑覆膜工艺与设备的开发，提升纸浆模塑产品的防油防水功能；深圳威图数码科技有限公司专注于纸浆模塑制品的精致印刷。这些企业为纸浆模塑行业的后加工设备配套、提升产品档次和拓宽产品用途提供了有力支持。

在纸浆模塑辅助设备与器材细分领域，山东汉通奥特机械有限公司主要从事纸浆模塑制浆成套设备的生产制造，居行业领先水平，可为纸浆模塑行业的纸浆处理系统提供标准化、系统化的全方位服务，具备提供全方位交钥匙工程的能力；格兰斯特机械设备（广东）有限公司、浙江珂勒曦动力设备股份有限公司、东莞市基富真空设备有限公司、深圳市昆宝流体技术有限公司、广东思贝乐能源装备科技有限公司等在为纸浆模塑行业提供配套节能真空泵、空压机设备方面做出了重要的贡献。

模具是纸浆模塑行业实现稳定生产的重要组成部分。在这一细分领域，除了几大设备厂商具有纸浆模塑模具设计开发制造能力之外，佛山市顺德区富特力模具有限公司、佛山市南海区凯登宝模具厂、佛山市南海区旭和盛纸塑科技有限公司、深圳市超思思科技有限公司等均在纸浆模塑模具领域有一定的影响力。

另外，焦作市天益科技有限公司为纸浆模塑行业提供高效能的隔热保温材料；杭州品享科技有限公司、东莞市勤达仪器有限公司为纸浆模塑行业提供纸浆原料和产品检测仪器设备等；莱茵技术监督服务（广东）有限公司为纸浆模塑行业提供纸浆模塑可生物降解项目测试等，都为纸浆模塑行业的稳步发展发挥了重要的作用。

三、植物纤维模塑装备行业发展的思考

1. 生产效率低

近年来随着我国植物纤维模塑行业的快速发展，纸浆模塑装备与器材行业的生产规模、

技术水平、制造能力等都有了明显的提高，但与国内其他制造行业相比，其设备自动化、智能化程度仍处于较低的水平，其生产效率低，人员需求量大，人工成本较高，与其他塑料替代品相比，缺乏市场竞争优势。

2. 生产能耗高

纸浆模塑行业自发展以来，其生产过程对热能和电能的消耗一直是生产成本中两个主要的大项，在总成本中占 20% ～ 25%。特别是在双控和碳中和形势下对燃煤、生物颗粒，甚至天然气加热方式的限制，造成了一些地区的纸浆模塑工厂只能依靠使用电加热方式，成本极高、耗能极大，在市场竞争中失去了价格竞争优势。这一短板有待行业制品生产厂与设备厂共同努力，研发高效节能的生产方法和设备，攻克纸浆模塑行业生产能耗高的难题，为行业的健康快速发展助力。

3. 模具制造成本高

当今世界，环保低碳已成为一种潮流。消费者对于造型独特、形态各异、色彩丰富的纸浆模塑包装制品的接受程度越来越高，但对于追求多品种、少批量、个性化的纸浆模塑包装，其模具费用动辄几万元、几十万元，甚至上百万元，让许多买家望而却步，这在某种程度上阻碍了纸浆模塑包装的推广应用。因此，如何从设计、生产、使用等方面降低或者去除模具成本费用，是迅速吸引大部分行业或品牌商使用纸浆模塑包装的一项重要工作。已有行业企业关注这一方面，并进行了相关的设计和研发工作，这为各个行业推广应用纸浆模塑包装提供了切实可行的解决方案。

结语

应当看到，近年来随着我国纸浆模塑行业的快速发展，纸浆模塑装备与器材行业也呈现快速发展的良好势头，但也面临着一些严峻的痛点问题。诸如先进的行业技术和高端设备等发展速度缓慢，现有的生产设备自动化程度较低，智能化应用不充分，人员需求量大，生产效率低，生产过程热能和电能的消耗高，模具费用高，生产成本高，市场竞争力低下等，这些都严重阻碍了纸浆模塑行业健康稳定地向前发展。因此，研究开发新型高效节能的生产工艺技术和设备是摆在纸浆模塑行业面前的重大课题，只有不断创新产业核心技术，降低产业能耗，优化成本和提高生产效率，增强产业竞争优势，才能使纸浆模塑产品在取代塑料的战略方向上实现井喷和应用。

（黄俊彦　黄昕）

植物纤维模塑装备技术与发展趋势

Equipment Technologies and Development Trends of Plant Fiber Molding Products

植物纤维模塑是在传统造纸工艺基础上发展起来的一种立体造纸技术。它是以废纸浆、蔗渣浆、竹浆、木浆等各类天然植物纤维为原材料，辅以所需的不同功能的添加剂，在模塑成型机上通过带滤网的模具制备出的具有一定立体结构的湿纸模胚，再经过干燥、整型、切边成为合格的纸浆模塑制品。近年来，随着我国国民经济健康快速地发展，新版"限塑禁塑令"的落地实施，以及消费者环保意识的不断增强，植物纤维模塑行业呈现爆发式发展的态势，其产品的市场应用迅速扩大，植物纤维模塑装备与器材行业也呈现前所未有的快速发展势头。

一、传统植物纤维模塑制造设备

传统的植物纤维模塑生产设备主要是手动式的单机和半自动化的机型，代表性的机型有以下几种。

1. 转鼓式成型机

转鼓式成型机是一种连续式（滚筒）成型机，也叫作回转式多边形成型机。常见的转鼓式成型机由传动和调速装置、成型转鼓、脱模器、清洗器及控制器等组成。图1所示为全自动转鼓式蛋托／蛋盒生产线。

图 1　全自动转鼓式蛋托／蛋盒生产线

（图片来源：广州华工环源绿色包装技术股份有限公司）

转鼓式成型机的转鼓是安装金属网具，形成密封型腔的型腔座，呈六面或八面形，每个面可以装配1～8套成型模具，整台设备一般可装成型模具18～48个。该机自动化程度较高，生产效率高，生产量为5～6次/分钟，由于它的成型模具排列在可旋转的转鼓上，所以承受的压力较低，其湿纸模胚密实程度较差，又因为采用脱模加热干燥形式，所以二次定型精度低，难以保证表面的光洁与平整，因此不太适用于中式餐具的生产，比较适合大规模连续自动化生产壁厚及深度较小的浅盘薄壁餐具。目前国内常用这种设备生产托盘、蛋托、瓶架托、水果盒、电器内衬包装等非盛汤水类产品。

2. 上下移动式成型机

上下移动式成型机又称往复式成型机，图2所示为半自动往复式成型机。上下移动式成型机结构简单，配套的模具数量少，可随时通过更换模具，生产不同的纸浆模塑制品，因为模具的面积较大，与其他类型的成型机相比适合生产较大型的产品。成型机一般为半自动化，需要人工操作完成，灵活性大。特别适用于生产专用工业品包装制品，是目前国内采用最多的成型机机种。这种形式的成型机的生产量比回转式小，但同样存在着承受压力较低、定型精度差的问题。它适用于吸滤时间长、制品的壁较厚、形状比较复杂的工业用缓冲包装纸浆模塑制品的生产。

图2 半自动往复式成型机

（图片来源：广州华工环源绿色包装技术股份有限公司）

自动往复式成型机与烘道或单层烘干线相配套可以构成全自动/半自动往复式工包生产线，主要适用于生产各类型普通工包缓冲减震纸浆模塑制品，如家具护角、家电、电子产品包装、汽车配件包装等。图3所示为全自动往复式工包生产线，该生产线的主要特点有以下几种：①成型机与相应的烘道或单层烘干线灵活配置，专业的多样化配套，可形成多种产量；②可按需求定制各种模板尺寸；③配套模具成本较低；④采用 PLC 加触摸屏控制方式，操作维护简单灵活。

图 3　全自动往复式工包生产线

（图片来源：广州华工环源绿色包装技术股份有限公司）

3. 翻转式成型机

图 4 所示为一款翻转式成型机。翻转式成型机是将成型模具置于浆槽内吸滤成型，然后翻转至上面再取出成型湿纸模胚的一种形式，生产量为 3 次 / 分钟。这种形式的成型机体积小，与上下移动式成型机类似，其生产量比回转式要小，适用于生产小批量、吸滤时间较长、厚壁且形状复杂的工业用缓冲包装纸浆模塑制品。

图 4　单缸双工位半自动翻转式成型机

4. 往复多工位成型热干一体机

往复多工位成型热干一体机结构原理如图 5
所示。其特点是真空吸滤成型模具与加热干燥模
具在一台主机上。吸滤成型后的湿纸模胚经冷压进
一步除水后，自动转换到加热干燥模具上进行干燥
定型，生产过程易于实现自动化。这种形式的成
型机，在装有相同模具的情况下，它的生产效率
低于回转式，但可以通过模具模型面积的增加来
提高产品的生产效率，也可适用于大批量的生产。

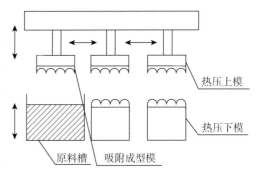

图 5　往复多工位成型机结构简图

二、全自动植物纤维模塑制造设备

全自动的植物纤维模塑生产设备主要是采用湿压工艺，生产高精纸浆模塑工业包装和
食品餐具制品，典型的机型有以下几种。

1. 冷、热压无转移模全自动纸浆模塑成型机

冷、热压无转移模全自动纸浆模塑成型机结构简图如图 6 所示，采用定量注浆吸滤成
型，经冷压榨、挤干多余水分后，用最少的能耗对制品进行干燥定型。该机的传动采用压
力、流量双比例液压控制系统，速度可以快慢切换，移模、锁模分别控制，传动平稳，冷压、
热压合模力高达 300 ～ 400kN。

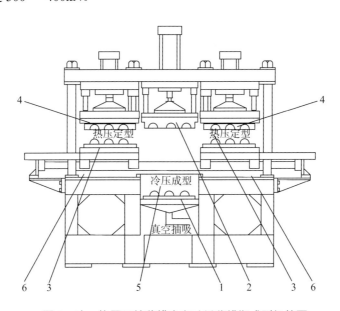

图 6　冷、热压无转移模全自动纸浆模塑成型机简图

1- 吸滤成型模；2- 冷压榨上模；3- 热压定型下模；4- 热压上模；5- 吸滤成型浆槽；6- 制品转移工位

这种机型结构紧凑，占地面积小，机器长 3m，宽 1.5m。由于采用了冷压榨工艺和液压比例系统，可以节省大量能源，操作简单，工作平稳。采用一套吸滤成型和冷压装置与两套热压定型装置组合，科学地分配了吸滤冷压与热压定型的时间。

2. 单热压转移模全自动纸浆模塑成型机

单热压转移模全自动纸浆模塑成型机简图如图 7 所示。该机型是模仿纸质扬声器制造设备改造而成的。湿纸模胚成型也采用定量注浆的方法进行。一个成型工位配一个热压定型工位。热压定型是该机型限制产量的瓶颈。传动系统采用全气动控制，合模力小，合模气缸庞大。目前有些厂家采用了气液增压气缸代替原来的普通气缸，使合模力有所增大，但远达不到液压合模的效果。为降低成本，这一类机型的生产厂家大都采用自制的气液增压缸。

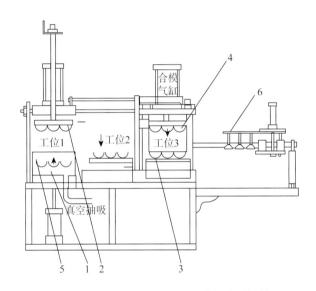

图 7　单热压转移模全自动纸浆模塑成型机简图

1- 吸滤成型模；2- 转移模；3- 热压定型下模；4- 热压定型上模；5- 吸滤成型浆槽；6- 机械手装置

单热压转移模全自动纸浆模塑成型机的结构较紧凑，占地面积较小，但也存在无冷压榨或冷压榨不完全、热压压力小、吸滤成型与热压定型周期不匹配等缺陷。因此改进设计的单热压转移模全自动纸浆模塑成型机在原热压工位前增加了一个热压工位，以解决成型与定型时间不匹配的问题，大大提高了效率。

3. 组合型热压转移模全自动纸浆模塑成型机

组合型热压转移模全自动纸浆模塑成型机是几种手动机的简单组合，其成型、热压定型装置是独立分体结构，设备结构庞大，占地面积大。如图 8 所示。

这类全自动纸浆模塑成型机结构不够合理，吸滤模、转移模不能形成力的封闭系统，无法增加冷压榨工序，最大限度地降低湿纸模胚中的水分，与冷、热压无转移模全自动纸浆模塑成型机相比能耗较大，还存在制品重量波动大、制品质量差等缺陷。

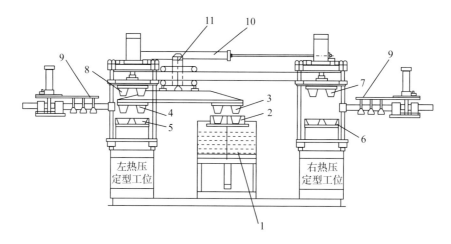

图 8　组合型热压转移模全自动纸浆模塑成型机简图

1- 浆槽；2- 吸滤成型模；3- 右转移模；4- 左转移模；5- 左热压定型下模；6- 右热压定型下模；
7- 右热压定型上模；8- 左热压定型上模；9- 取件机械手；10- 转移模左右移动缸；11- 转移模上下移动缸

三、现代植物纤维模塑装备技术的发展

近年来，我国植物纤维模塑装备制造企业十分重视先进的纸浆模塑装备技术的研发和新设备的研制，已经开发出许多自动化、智能化、无人化的纸浆模塑生产线，主要代表性的机器有以下几种。

1. 全自动蛋托 / 蛋盒生产线

图 9 所示为一款全自动蛋托 / 蛋盒生产线，其基本组成如图 10 所示，主要包括多层烘干线、转鼓成型机、热压输送线、成品输送线、自动热压堆叠机等。

图 9　全自动蛋托 / 蛋盒生产线

（图片来源：佛山市必硕机电科技有限公司）

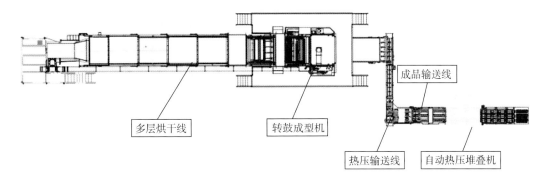

图 10　全自动蛋托 / 蛋盒生产线主要组成

该系列转鼓式成型机可配置两面、四面、八面成型转鼓。工作时，转鼓成型机通过间歇旋转运动的转鼓来实现吸浆、脱水、湿纸模转移，并将成型的湿纸模胚放置在联机的多层烘干线上。转鼓顶部配有预热系统，利用烘干线的尾气，对成型后的湿纸模胚进行预加热，可以大大节约烘干成本，并且可以使成型湿纸模胚更好地定型，烘干后的产品更平整美观。

机器的烘干系统采用由上至下六层送料托盘结构，充分地利用空间，节省场地面积，供热方式采用天然气或液化石油气直燃供热。烘干温度通常设定在 220℃～250℃，依靠循环风机，烘干箱体中的热风从上到下循环流动，以节省烘干过程的能源消耗。

成品输送线将从多层烘干线出来的纸模坯通过皮带输送装置送到热压输送线上。热压输送线用于全自动纸浆模塑蛋托 / 蛋盒生产系统中衔接烘干线和热压整型机，输送产品的速度随热压机的速度自动调整，输送产品的节奏与热压的节奏同步。热压整型好的产品自动移出热压机构滑入堆叠送料机构，堆叠送料机构的拨杆带动产品旋转一定的角度将产品送到堆叠皮带上，产品自动地一个一个堆叠在一起。

整条生产线自动完成纸模成型、烘干、输送、热压、堆叠的各个工序，自动化程度高，调整方便简单。

2. 全自动食品包装（餐具）免切边、免冲扣生产线

图 11 所示为国内某企业自主研发的全自动纸浆模塑食品包装（餐具）免切边、免冲扣生产线，该生产线由主机部分、浆料定量系统、真空成型系统、热压定型系统、液压动力系统、成品收集装置、电（气）控制系统、电脑编程控制系统等组成。

该生产线的导热油加热系统采用一种节能式导热油加热装置进行纸模坯料的热压、干燥和定型，也可根据生产需要采用电加热方式；机内装置机械手可实现湿纸模胚自动脱模、制品自动转移、收集等工序完成免切边、免冲扣一次成品的全自动化生产；生产线采用全电脑编程控制，自动化程度高，操作简单方便、性能安全可靠、使用寿命长；动力系统采用气动、液压一体化传动，噪声小、不易磨损、运动灵活、定位准确；不需人工单独操作，可一人管理多机；可据市场产品需求，任意更换产品模具，生产不同的产品，并可根据产品重量要求任意调整。

图 11　全自动纸浆模塑食品包装（餐具）免切边、免冲扣生产线

（图片来源：吉特利环保科技（厦门）有限公司）

3. 全自动高端工业包装精品机

图 12 所示为一款全自动一体式高端纸浆模塑工业包装精品机，主要适用于生产各类高端电子产品包装、化妆品包装、高端白酒包装、高附加值工艺品包装等。

该机具有很高的精度和生产稳定性，节能环保；生产的产品更精致，拔模角度低至 0º，转角半径小至 0.3mm；可细微调节工作行程、压力和温度；专业地集合纸浆模塑生产工艺和模具配套及高效生产于一体。

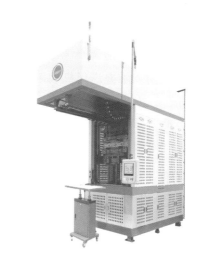

图 12　全自动一体式高端纸浆模塑工业包装精品机

（图片来源：广州华工环源绿色包装技术股份有限公司）

4. 多功能全自动成型定型切边一体机

图 13 所示为一款多功能全自动纸浆模塑成型定型切边一体机，该机同时具备吸附成型、热压定型、切边的功能，机器精度非常高，适用于生产各类高端产品，比如高档餐具、高端精品小角度工业包装制品、热饮杯盖等。

图 13　多功能全自动纸浆模塑成型定型切边一体机

（图片来源：浙江欧亚轻工装备制造有限公司）

该机集全自动成型、干燥、定型、切边于一体，设计简单精巧，结构紧凑，占地面积小；安装有全封闭安全防护装置，保证安全生产；该机产能高、能耗低、生产效率高、人工成本低；机器运行流畅、稳定；拥有国际、国内高科技的制造方法和机器结构；操作环境干净舒适。

5. 高速餐具成型热压切边一体机

图 14 所示为一款高速纸浆模塑餐具成型热压切边一体机，由主机系统、真空系统、高压水系统及空压系统组成，主机系统集成型、热压、冲孔切边、堆叠为一体，自动连续完成各个工序，占地面积小，节省人工及电耗，生产效率高，产品质量好，机器便于维护保养。

图 14　高速纸浆模塑餐具成型热压切边一体机

（图片来源：佛山市必硕机电科技有限公司）

6. 全自动机器人餐具智能机

图 15 所示为一款全自动机器人纸浆模塑餐具智能机，该机采用高性价比智能化系统，生产运行灵活、精确、稳定，操作维护安全、简单；全新热量供给和储能结构设计，高产

率低能耗，全面优化生产性能；生产设备与生产工艺深入契合，为产品带来更优质的外观与品质。单机产量 800 ～ 1000kg/d，主要适用于生产一次性纸浆模塑餐具、餐盘、食品盒、高档工业防震包装等产品。

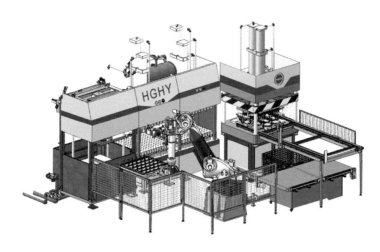

图 15　全自动机器人纸浆模塑餐具智能机

（图片来源：广州华工环源绿色包装技术股份有限公司）

7. 高速对辊式蛋托生产线

如图 16 所示为国内某企业研发的高速对辊式纸浆模塑蛋托生产线，具有超大的产能，单机产能可达 8000 ～ 12000 片 / 小时，主要适用于生产鸡蛋托盘、水果托盘、饮料杯托、瓶托等形状较规则的低矮产品。该机采用世界领先的对辊式连续旋转成型技术，特别适用于大量生产标准产品；生产效率高（最短成型时间为 1 秒）；匹配大型 10 层烘干线，高效节能；采用全机械式传动设计，运行时间长久可靠；可选配堆叠后自动压紧、打包和码垛，实现全面自动化。

图 16　高速对辊式纸浆模塑蛋托生产线

（图片来源：广州华工环源绿色包装技术股份有限公司）

8. 全自动纸浆模塑尿壶生产线

图 17 所示为一款全自动纸浆模塑尿壶生产线，该生产线由制浆系统、成型系统、烘干系统、真空系统、高压水系统及空压系统组成，专业用于生产尿壶等医疗产品。该生产线的成型系统采用上下模具双吸法成型方法；采用转移爪直接取料方式取放湿纸模胚，无须真空，且转移时无须压缩空气吹气，保证湿纸模胚的形状；生产线自动化程度高，所有工序全自动在线完成，技术领先，竞争力强。

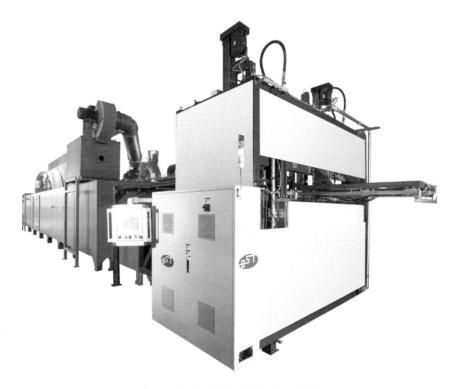

图 17　全自动纸浆模塑尿壶生产线

（图片来源：佛山市必硕机电科技有限公司）

9. 旋转式全自动双层纸浆模塑生产线

图 18 所示是国内某企业自主研发的旋转式全自动双层纸浆模塑生产线。该生产线汲取了国内外同行业的先进技术和宝贵经验，提升了现有纸浆模塑设备的自动化水平，为纸浆模塑自动化设备领域提供了新的机型。该生产线可用于生产一次性纸浆模塑餐具、工业品包装内衬、咖啡杯托、鞋内衬等。该生产线具有自动化程度高、占地面积小、单机产量高、机器经久耐用、产品厚薄均匀、能量消耗低等特点。其单台双层机可日产 3.5 吨，是半自动机的 7 ～ 8 倍，是往复式自动机的 3 倍，可同时生产四款产品，实现智能化、人性化生产。

图 18　旋转式全自动双层纸浆模塑生产线

（图片来源：济南哈特曼环保科技有限公司）

10. 智能化全自动纸浆模塑餐具生产线

图 19 所示是国内某企业研发的智能化全自动纸浆模塑餐具生产线，其主要组成有成型机、热压定型机、自动切边机、纸模坯转移机器人、成品取料机器人、成品输送线、控制系统等。

图 19　智能化全自动纸浆模塑餐具生产线

（图片来源：韶关市宏乾智能装备科技公司）

该生产线采用注浆式吸滤成型或捞浆式吸滤成型方式，湿纸模坯和纸模成品取料转移分别由 200kg、10kg 六轴关节机器人完成，整版切边。各功能机构动作设计合理，简单紧凑，可实现一人多机操作，高效节能。

11. 干法模塑全自动纸浆模塑生产线

图 20 所示是瑞典 PulPac 公司推出的全球首条干法模塑纤维技术中试生产线，它标志

着颠覆性的干法模塑纤维技术的产业化正在起步。该生产线主要组成有原料浆板开卷机、物料输送装置、浆板疏解机、气流成型装置、助剂喷涂装置、面纸开卷机、面纸复合装置、热压模切机、成品转移装置、废料回收装置等。

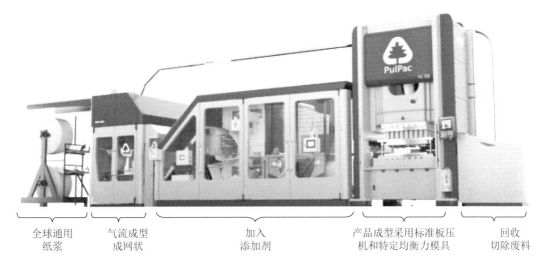

| 全球通用
纸浆 | 气流成型
成网状 | 加入
添加剂 | 产品成型采用标准板压
机和特定均衡力模具 | 回收
切除废料 |

图 20　干法模塑纤维技术中试生产线

（图片来源：https://www.pulpac.com）

PulPac 公司的干法模塑纤维技术是一项在美国、日本、中国和欧洲获得专利认可的制造技术，它采用可再生纸浆和纤维素资源，生产低成本、高性能、基于植物纤维的包装和一次性产品。干法模塑纤维以与塑料相同或更低的成本，同时降低了 80% ～ 90% 的二氧化碳排放量。它能够实现高速制造，并且可以取代目前由塑料制成的大多数包装和一次性产品。干法模塑纤维技术是引领可持续包装竞赛的有力候选者之一。

结语

我国纸浆模塑行业经过 30 多年的发展，纸浆模塑生产技术水平、装备技术水平都有了长足的发展，但也应该看到，我国纸浆模塑装备在提高生产效率、节能降耗等方面还有很多课题需要解决，因此，努力提高我国纸浆模塑装备的技术水平将是纸浆模塑装备企业的发展方向和奋斗目标。相信经过我国纸浆模塑装备企业的不懈努力和不断创新，纸浆模塑的新技术、新工艺和高新设备也将不断地被开发和研制出来，有力地促进我国纸浆模塑行业健康快速地向前发展。

（黄俊彦）

植物纤维模塑干燥设备隔热节能材料痛点问题分析及新型材料的应用

Pain Point Analysis of Thermal Insulation & Energy‑saving Materials of Plant Fiber Molding Drying Equipment, and the Applications of New Materials

一、绿色潮流的召唤与节能增效的困惑

伴随全球环保潮流和禁塑脚步的加快，作为一次性塑料的主要替代品之一的植物纤维模塑制品在餐饮、食品、电子、家居、日化等行业的应用展露出强大的生命力和广阔的市场前景。在绿色产业的召唤下，国际国内头部企业快速扩张，涉足植物纤维模塑行业，并引领众多塑企转纸、小白创业，加之政府招商优惠政策，纸浆模塑等绿色环保行业展现出投资踊跃、一派生机勃勃的态势。但面对纸浆模塑企业的现实竞争，要想获得良好的经营效益，使产业健康稳定地发展，有许多现实存在的问题，还有很长的路要走，还有很多问题亟待解决。企业技术创新需要持续发力，节能降耗、提升品质、提高效益需要从点滴着手。

1. 节能增效是提高纸浆模塑生产效益的一个重要课题

在纸浆模塑行业踊跃的投资大潮中，已经出现了有人欢喜有人愁的局面。投资者大多是中小私营企业，然而行业投资规模大，常规产品利润低，经营成本难以把控，是行业普遍存在的问题。其中一个重要因素，是纸浆模塑制品生产过程能耗较高，每千克纸浆模塑制品要通过加热干燥过程脱除 3.5kg ～ 4kg 的水分。因此，干燥是纸浆模塑制品生产中重要的工艺过程，干燥过程的能耗在纸浆模塑制品生产成本中占有很大的比重，如何降低干燥过程中的能耗、提高干燥效率是增加纸浆模塑制品生产效益的一个重要课题。

纸浆模塑制品的干燥方式有多种，按照干燥时制品是否脱模可分为脱模干燥和模内干燥两种形式。脱模干燥主要采用热风烘道干燥、远红外线辐射干燥、微波加热干燥等；模内干燥采用的主要方式有电加热、蒸汽加热、导热油加热等。不管哪种加热烘干过程，都要消耗大量的燃煤、电或天然气。目前市场上的电价、气价高居不下，生产企业很无奈，现用设备不可能一日更换新型节能设备，如何提高现有设备的产出效率、节能降耗成为行业企业最关注的课题。

在纸浆模塑制品的加热干燥和整型过程中，如何保证设备的有效隔热保温、节能降耗是干燥和整型过程的关键环节，纸浆模塑设备需要保温的部分主要有热风烘道、干燥模具、

整型模具等，模具隔热板的专业应用、高效节能、保证模具压合精度是其中的重要一环。通过对现有模具隔热材料的专项改造，可以节省 10%～15% 乃至更多的天然气费、电费，减少热能流失，有效保持模腔温度、减少合模时间、提高生产效率，同时改善提升精品包装制品的外观清洁度及精度。

2. 纸浆模塑行业应用隔热板材料的现状与痛点问题

目前纸浆模塑业内隔热板材料的应用现状不容乐观，存在普遍的痛点问题：材料导热率高、模具保温效果不好、热量流失严重、浪费大量能源、烧毁电器及液压部件；隔热板严重破裂、收缩变形、模具合模失准、影响制品精度；隔热板酥松掉渣、随水汽飘落污染制品。

隔热材料应用中存在普遍问题的根源在于国内隔热材料制造企业低端居多，缺乏德国、日本等企业的专业专行研究开发，因此市场应用普遍以低端材料为主，高端需求大都被迫采购进口高质高价材料，又因成本问题罕见应用。因此装备制造企业因材料专业问题不能识别而有心无力，多处寻觅、多种试用，仍存在种种客户投诉，而国外客户更因距离遥远不能得到及时改善，仅因为隔热板这一配角影响客户对设备的满意度及二次采购愿望。制品企业更不能专业识别隔热材料的优劣，多数也未曾探索改善模具隔热板这一重要的节能增效环节，设备厂配什么材料就用什么材料，设备配置的隔热板使用多年，甚至一板终身，由初期的 10mm 缩至 3mm，鞠躬尽瘁了还在用，材料早已失去隔热功能。更多的是隔热板开裂变形、破碎堆砌、掉渣污染……模具冷面温度高达 100℃～150℃、大量热能传导至电器部件、液压密封部件、车间现场，导致热能大量流失、不能集中用于核心加热区、生产效率降低、损坏电器、烧毁油封、制品成型不精准、车间高温环境导致员工流失等多种问题。

二、植物纤维模塑设备隔热材料痛点问题的考察与分析

2020 年初，笔者接受植物纤维模塑行业一家大型精包制品企业的咨询，该企业倾诉了模具隔热板的种种重要性以及多种痛处，到处找不到有效解决耐高温、隔热节能、抗变形、不松碎、压合精准、使用寿命长的隔热材料。此后笔者走访了 30 多家纸浆模塑设备制造及制品企业的车间现场，发现节能增效、保障模具精度与隔热板材料有着紧密的关系，也发现不适用于纸浆模塑设备湿热水汽环境的隔热材料存在的种种痛点问题，对此，设备制造商及制品厂都有广泛的共鸣。

图 1 所示为全自动纸浆模塑成型机的隔热板安装部位示意图，隔热板安装在模具加热板的上部和下部，以及热腔侧墙。隔热板的主要作用：有效隔热保温、减少热能流失、提高生产效率、保障压合精度。

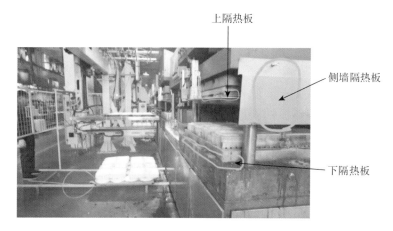

图1 全自动纸浆模塑成型机的隔热板安装部位示意

通过调研分析，现用隔热材料普遍存在的痛点问题主要涉及以下四类材料。

第一类：石棉板、粉末压缩钙板。

石棉板、粉末压缩钙板材料如图2所示。

外观：以白色、灰色居多，主要由石棉、石粉、云母粉、碎玻纤等低级材料与聚酯混合模压而成。

特点：材料结构松散、手搓掉粉、手抠成坑、导热系数大、抗压强度差、耐温等级低。当其处于200℃以上高温高湿环境时，呈现以下普遍问题。

（1）短期破裂、严重变形。短期使用后，隔热板处于破裂堆砌状态，失去隔热功能、影响模具合模精度。

（2）疏松掉渣、碳化变黑、失去隔热功能。

（3）不适用高温水汽环境，沉积黑色、褐色、灰色粉末及石棉、玻纤碎屑，随气流污染制品。

（4）内含的石棉成分为国际公认禁止使用的非环保材料，伤害人身及污染制品。

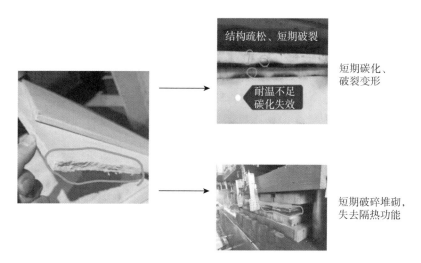

图2 石棉板、粉末压缩钙板材料普遍存在的痛点现象

第二类：环氧树脂玻纤板。

环氧树脂玻纤板材料如图 3 所示。

外观：以绿色、橘红色居多，由普通环氧树脂与玻纤毡、云母粉等压合而成。

特点：耐温等级低、导热系数大、隔热功能差、使用寿命短。其使用环境超过 200℃ 高温时呈现以下普遍问题。

（1）耐温性能不足，短期失效，树脂被碳化，仅残留松散玻纤。

（2）不更换模具长久使用时，厚度严重衰减、模具压合失准、隔热失效、热能流失、烧毁设备。

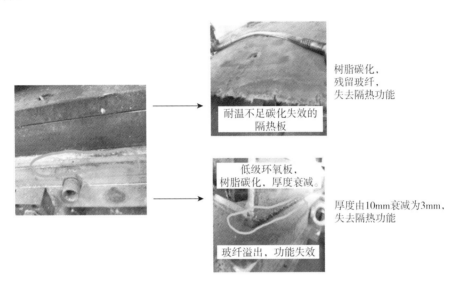

图 3 环氧树脂玻纤板材料普遍存在的痛点现象

第三类：云母板。

云母板材料如图 4 所示。

外观：白色或银灰色，由云母粉模压或云母片层压而成。

特点：有耐高温隔热功能，但不适用于水湿环境，遇水分层掉渣、分解为碎屑。

其在应用中呈现以下普遍问题。

（1）云母板遇水膨胀分层，导热系数增大，隔热功能降低。

（2）遇水分层、破裂粉碎、使用寿命短。

（3）不更换模具长久使用时，酥松掉渣，灰白色粉末随水汽飞溅污染制品。

第四类：合成石板。

合成石板材料如图 5 所示。

外观：黑色，主要由普通环氧树脂、玻璃纤维、云母粉等层压而成。

特点：耐温等级低、导热系数大、隔热功能差。

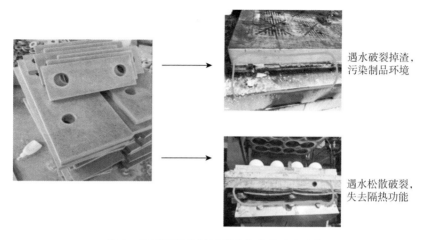

遇水破裂掉渣，
污染制品环境

遇水松散破裂，
失去隔热功能

图 4　云母板隔热材料普遍存在的痛点现象

其核心缺陷为在 200℃以上高温时黑色焦油不断溢出，污染模具及制品，需耗费大量工时拆卸更换。同时由于其耐温性能不足，短期碳化、残留玻纤，呈现与第二类玻纤板类似结局。

短期碳化失效，
焦油溢出滴落

图 5　合成石板材料普遍存在的痛点现象

三、植物纤维模塑设备隔热材料解决方案的优化应用

针对植物纤维模塑设备的高温高湿多水多汽环境，使用以往的石棉板、钙板、云母板、玻纤板、合成石等低级隔热材料导致的不耐水汽、分层破裂、掉渣掉粉、污染制品、导热率大、隔热不佳、更换变形等问题，国内一家专精特新材料企业从事耐高温隔热材料的专业研究及制造，将核心技术高分子聚酰亚胺树脂以及其他多种改性树脂应用于耐高温隔热材料，成功开发出适用纸浆模塑设备高温水汽特殊环境的专用隔热材料，从专业角度解决了行业内普遍关注的隔热节能增效及材料在水汽环境下松碎破裂的痛点问题。目前广东、福建、浙江、山东等省多家纸浆模塑设备及制品企业已在改善应用中。

1. **耐高温耐水汽隔热材料的主要类型**

耐高温耐水汽隔热材料的核心技术是耐高温高分子聚酰亚胺树脂及其他多种改性树脂的应用。其加工过程是由耐高温树脂与玻璃纤维毡（或布）、纳米隔热填料、中空隔热填料等多种材料复合,在高温高压下压制而成。其分级方法是,通常把220℃等级称为经济实用型、250℃等级称为综合改善型、300℃等级称为持久保障型,耐受温度越高的隔热材料其综合等级越高,使用寿命更长,采购价格也越高。主要类型如表1所示。

表1 耐高温耐水汽隔热材料主要类型

序号	类型	耐受温度	实物图片
1	经济实用型	220℃	
2	综合改善型	250℃	
3	持久保障型	300℃～350℃	

2. 纸浆模塑设备模具上下隔热板的选择方法

纸浆模塑模具耐高温耐水汽隔热板材料,根据耐受温度的需求,分为220℃、250℃、300℃、350℃等多温级材料。根据耐受压力的需求,在每个温度级又分为低抗压型、中抗压型、高抗压型材料。

根据以上两种分类类型,可以选择低抗压高隔热型、中抗压中隔热型、高抗压中隔热型材料。纸浆模塑设备的抗压要求普遍在20～60吨,普遍适用低抗压高隔热型、中抗压中隔热型材料。

选用时应根据企业类型和产品需求来选择。

(1)纸浆模塑设备企业可根据下游制品企业提出的综合保障要求对应选择,满足设备的质保要求,提升客户满意度,避免客户投诉。

(2)纸浆模塑制品企业更换老旧设备已经失效的隔热板,可根据耐受温度需求、节能改善需求,选择经济型系列中的高隔热型材料,用较低的采购成本实现节能增效。

(3)针对精品包装制品设备对隔热板抗变形性能及加工精度公差的特殊要求,可选择中抗压中隔热型,需在加工图档中特殊标注精确公差,材料加工中需追加使用磨床等高精度设备以保证隔热板加工精度。

3. 纸浆模塑设备模腔侧墙绝热板材料的应用推荐

绝热板材料的特点:密度为20～40kg/m³;具有轻质、闭孔、防水、阻燃功能;可耐受300℃高温持久使用,具有极低的导热系数0.03W/m·K。

侧墙绝热板的作用:在设备结构允许情况下,对模腔左右后装置侧墙绝热板或镶嵌在模具边槽，围堵热量溢出，有效保证模腔内温度，减少合模时间，提升生产效率，降低车间环境温度。如采用 20mm 厚度绝热材料 250℃热板温度紧贴热板，经绝热后冷面温度可降至 58℃，且手触无热感。

侧墙绝热板的使用方法推荐：推荐使用厚度 10～20mm 的绝热板，可用带锯机分切，依据设备结构，可单用绝热材料镶嵌或粘贴使用，也可附加表皮硬质隔热材料打孔安装，如图 6 所示。业内已有设备制造厂商测试及应用。

热风烘道干燥也可使用 200℃～230℃等级的同类材料，将材料贴附在烘房墙壁，可实现长期保温节能。

图 6　厚度 10～20mm 的侧墙绝热板材料

4. 干燥转移网框使用隔热材料替代铝合金材料的创新应用

纸浆模塑产品生产过程中使用的转移网框一般采用铝合金材料。铝合金材料的缺陷：快速吸热导热、带走模腔热能、转入车间环境，老旧设备使用人工搬运网框容易烫伤人身、折弯变形。

创新改进型的干燥转移网框可选用上述表 1 中的高强型隔热材料。这种隔热材料与铝合金材料刚性相当，但重量更轻、抗变形、牢固耐用、不烫伤人身、不易吸热导热，减少模腔温度转移流失。推荐使用厚度 8mm 高抗压型隔热材料，业内制品企业已有应用改善案例，如图 7 所示。

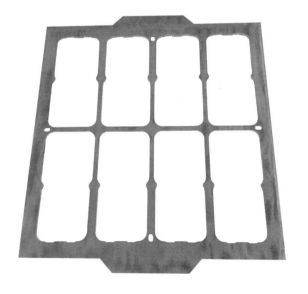

图 7　厚度 8mm 高抗压隔热材料

结语

当今，我国纸浆模塑装备制造技术升级日新月异，隔热材料作为装备的配角也在不断创新升级中，帮助制品企业更好地实现隔热节能、保证制品精度、减少隔热材料更换次数、提高生产效率的目标。纸浆模塑行业专用耐高温耐水汽隔热材料推出后，各大设备制造商积极响应、检测验证、配装应用；多家制品厂实地使用验证，在节能降耗、保证精品质量方面已取得了实际改善提升的效果。装备制造企业配置专业优质隔热材料，可促进设备交付的客户满意度、提升装备节能降耗增效的竞争力；制品生产企业换装老旧失效隔热板，可有效实现节能降耗、提升经济效益、保证精品质量的目标。愿以本篇分享，促进纸浆模塑行业装备隔热材料的技术进步，推进耐高温耐水汽隔热材料在纸浆模塑行业的广泛应用，协同打造环保产业的美好明天。

（毋玉芬）

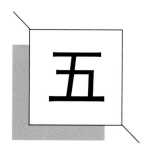

五

助剂与化学品

Additives and Chemicals

★ 植物纤维模塑化学品添加剂与技术发展

植物纤维模塑化学品添加剂与技术发展

Chemical Additives and New Technology Development of Plant Fiber Molding Products

一、植物纤维模塑环保法规的趋势

随着全球对土壤和海洋环境以及人类健康的重视，包括纸浆模塑制品在内的植物纤维制品，及包装行业相关的食品接触安全性法规和可堆肥降解性法规也不断升级。在各个国家和地区广泛实施禁塑限塑的新形势下，植物纤维模塑制品由于其优异的环保性能和可堆肥降解性能，以及低廉的制造使用成本，逐步成为国内外市场上一次性塑料制品的主要替代品，预计其在 2020—2027 年全球市场年均复合增长率为 5% ～ 7%。

化学品添加剂是植物纤维模塑制品中除了植物纤维之外的第二大使用原材料，作为过程助剂和功能性助剂，在生产过程中和制品终端消费者使用中发挥着重要的作用。近年来，随着越来越多的研究和报道指向了含氟类物质对人类健康不可逆转的危害，包括全氟和多氟烷基物质 (PFAS)、全氟辛酸 (PFOA) 和全氟辛基磺酸盐 (PFOS)，人们对化学品添加剂的重视程度进一步升级，也促使更多的化学品供应商把研发的重点转向更加环保和安全的替代含氟类化学物质和可堆肥降解材料的开发方面。

1. 可堆肥降解性

植物纤维模塑制品采用可再生植物纤维，包括甘蔗浆、竹浆、木浆、麦草和秸秆等，受到了十分重视环境保护的欧美市场的青睐。尤其是甘蔗浆因其是制糖副产物和一年生植物，以及其良好的纤维强度，一直是植物纤维模塑制品主要的原材料构成。可堆肥降解性是植物纤维模塑制品与石油基塑料制品的最主要区别，其环保属性也成为欧美市场关注的主要技术指标。以美国市场生物降解制品研究所 Biodegradable Product Institute （BPI）和欧洲市场生物降解测试机构 DIN Certco 为主的两大认证机构，制定了严格的基于 ASTM D6400 和 ASTM D6868 的可降解堆肥的测试和认证规范。规范包括理化指标、生物降解、崩解和生态毒理性能四个方面。可堆肥降解规范在植物纤维模塑制品行业普遍执行，并且规范标准日趋严格，每隔 2 ～ 3 年都会重新审核并提高门槛，不仅对植物纤维模塑制品本身有着明确的规范要求，近年来针对化学品添加剂的可堆肥降解规范也越发严苛。

2. 无氟化的必然需求

PFAS 是具有多种不同性质和应用的广泛化学品，是全氟烷基和多氟烷基物质的简称。

如今，超过 3000 种合成化学品被归类为 PFAS。全氟烷基和多氟烷基物质 (PFAS)、全氟辛酸（PFOA）和全氟辛烷磺酸盐 (PFOS) 由于不会在环境或人体中分解，所以会对人类健康和环境产生不可逆的负面影响。

诸多医学报道指出，含氟类物质严重影响人类健康，包括生育率下降、激素变化、高胆固醇水平、免疫系统反应减弱、癌症风险增加以及婴儿出生体重偏低等，并对土壤环境造成不可逆转的破坏。经济合作与发展组织于 2020 年建议对用于食品包装的纸 / 纸板需使用 PFAS 的非氟化替代品，敦促各国政府发布有关 PFAS 风险的信息，并提高对无氟替代品的认识。美国环境保护署成立专门针对 PFAS 的 EPA 委员会，以审查该家族中 29 种化学品可能产生的环境和健康风险。美国已有 7 个州包括加州、华盛顿州、密西根州等开始执行禁止在食品包材中使用含氟类物质，并有更多的州宣布将要加入禁氟的队伍。美国食品与药品监督局（FDA）要求生产厂家从 2023 年 7 月起自愿退出使用含氟类化学物质。美国 BPI 自 2021 年也颁布了纤维制品尤其是植物纤维模塑制品中总含氟物质含量须小于 100 ppm，等同于禁止使用含氟防油剂。丹麦于 2020 年通过禁止在纸张和纸板等纤维制品中使用 PFAS 的法案，其要求植物纤维模塑制品中总含氟物质含量须小于 20 ppm。其他欧盟国家（德国、荷兰、挪威、瑞典等）也在立法限制生产和使用 PFAS。

3. 去塑化的市场方向

植物纤维模塑制品取材于大自然的植物纤维，无毒、无害、可降解，而且成本低，是理想的包装材料。在全球各国包括中国在内在限塑禁塑政策影响下，市场上出现了许多可降解塑料合成产品，但其在成本优势方面无法超越植物纤维模塑制品。即便有少数制品使用聚乳酸等可降解材料作为覆膜材料用在植物纤维模塑制品的后期加工上，其生产工艺无法集成于湿法模塑的生产过程中，生产效率低下，同时增加了制造成本，难以得到大规模的推广使用。

据国外权威机构报道，2020 年全球一次性塑料用于食品包装行业的市场规模在 539 亿美元，每年以 4.9% 的速度增长；中国 2020 年的一次性塑料用于食品包装行业的市场规模在 145 亿美元，每年以 7.3% 的速度增长。一次性塑料用于食品包装主要包括以堂食和外卖为主的一次性塑料餐具和包装，但很有可能在未来几年内被纸制品和植物纤维模塑制品大规模替代。除了食品包装行业，在农业品包装、工业品包装、生活用品包装和一次性医疗用品等诸多领域，植物纤维模塑制品都具备较高的增长潜力。高增长的同时离不开植物纤维模塑专用化学品添加剂来提供匹配的生产过程性和功能性需求。

4. 减少氯丙醇残留

氯丙醇类化合物包括 3-氯 -1,2-丙二醇（3-MCPD）、2-氯 -1,3-丙二醇（2-MCPD）、1,3- 二氯 -2- 丙醇（1，3-DCP）和 2，3- 二氯 -1- 丙醇（2，3-DCP），其中 3-MCPD 的污染量最大，常被作为氯丙醇类物质的检测参照物。3-MCPD 最早于 1978 年首次以游离态形式被发现，其毒性主要体现在肾脏毒性、生殖毒性、神经毒性、免疫毒性、致突变性等几方面。世界卫生组织（WHO）在1993年对氯丙醇类物质的毒性发出警告，此后欧共体委员会食品科学分会对氯丙醇类物质的毒理作出评价，认为它是一种致癌物，其最低阈值应为不得检出，其中3-MCPD的毒性最强。2001年，FAO（联合国粮食及农业组织）/WHO建议3-MCPD的最高日允许摄取量（PMTDI）为2μg/kg；2011年，国际癌症研究机构评估3-MCPD的毒性后将其归为2B组，认为它是一种非遗传性的可能致癌物。

植物纤维模塑制品中的氯丙醇大部分来源于湿强剂的使用和部分防水剂中使用到的乳化剂体系中的氯丙醇残留。湿强剂自20世纪60年代发明以来已经经历了数代的发展，旨在提高制品湿强性能的同时，降低氯丙醇的含量。目前索理思化工公司等企业已成功开发出第三代湿强剂产品，并控制氯丙醇在湿强剂产品中的残留低于10 ppm，在制品中可达到ppb的级别，符合欧洲BfR最新颁布的食品接触材料安全法规。我国也即将于2022年颁布在纸浆制成的食品包装材料中对氯丙醇残留的限制法规，有望达到或超过BfR同类指标标准。

二、植物纤维模塑制品化学品应用现状

针对植物纤维模塑制品的不同终端用途，化学品的添加不仅需要满足生产过程中的工艺需求，如消除泡沫、防止粘膜、提升滤水等，还需要满足不同功能性需求，如防水、防油、提升产品强度、减少粉尘、改变色泽等。对于食品包装用途的植物纤维模塑制品，其化学品添加剂的使用要求更加严苛，不仅需要满足生产过程中工艺和功能性需求，还必须符合使用国家和地区的食品接触材料安全法规标准。例如，出口美国的植物纤维模塑餐具需要符合美国食品药品监督局的FDA176.170和176.180的食品接触材料安全法规要求；出口欧洲使用的餐具产品不仅需要符合欧盟对食品接触材料安全法规BfR的要求，还需要符合其成员国各国的食品接触材料安全要求；在国内使用的化学品添加剂也需要符合GB9685—2016《食品接触材料及制品用添加剂使用标准》的要求。

1. 浆内添加化学品添加剂

近年来，植物纤维模塑行业精品工包和食品包装一次性餐具蓬勃发展，疫情期间和后疫情时代对于一次性餐具的需求进一步释放，如盘、碗、托盘、锁盒和杯盖等。其中，一次性餐具基于纸浆制品受食品接触材料安全法规和可降解堆肥法规的双重监管，为了有效地满足各类食品包装的使用要求，植物纤维模塑制品必须具有抗水和抗油渗透的能力。按照传统方法，植物纤维模塑生产商使用基于全氟烷基物质 (PFAS) 的化学添加剂来实现耐油性，使用基于烷基酮二聚体 (AKD) 的产品来实现防水性。随着欧美等发达国家对使用PFAS的监管要求日趋严格，植物纤维模塑行业加快了寻找替代含氟防油剂的步伐。同时，

新型无氟防油剂的使用也会改变与其搭配的防水剂的选择。经实验证明，取代植物纤维模塑食品包装容器中的 PFAS 的解决方案颇具挑战性，主要原因在于这些植物纤维模塑容器立体型居多，不适宜采用传统的涂层和淋膜工艺等复杂并昂贵的制作工艺。而取代 PFAS 的解决方案必须：①与现有设备兼容并在现有设备上顺畅运行，避免增加额外设备投资；②在实际使用条件下，容纳食物时实现可接受的性能；③体现成本效益；④满足市场食品接触材料安全法规的监管要求；⑤根据美国生物降解产品研究所 (BPI) 和欧洲 DIN Certco 标准实现可堆肥化。

（1）防水剂

为满足植物纤维模塑制品在实际应用场景中的性能需求，在其生产过程中普遍添加防水剂。常用的防水剂包括三大类：基于烷基酮二聚体 (AKD) 的产品，基于松香的产品以及基于丙烯酸的产品。生产制造企业根据其实际生产成型和干燥工艺以及浆料条件选择适合的防水剂体系。

AKD 属于纤维反应性合成防水剂，在中性或碱性条件下，反应性官能团能够和纤维素上的羟基发生反应，形成共价键结合而固着在纤维上，在纤维表面形成一层稳定的薄膜，使纤维由亲水性变为疏水性，从而获得抗水性。AKD 作为防水剂使用的一个弊端是其需要熟化的过程，其防水性通常会在 24 ～ 48 小时后才会逐渐稳定。

松香是一种从松树中采集或提取的天然树脂，其经过一系列的反应和化学修饰后可以作为抗水剂使用。其作为浆内使用的抗水剂，其分子结构中的亲水基团与纤维结合，其疏水基团提供较低的表面张力，使液滴与纤维面有较大的接触角，从而增加抗拒液体湿润和渗透的能力。与 AKD 相比，松香不需要熟化时间，防热水的效果更加优异。

丙烯酸作为防水剂在植物纤维模塑制品中的使用并不多见，其大部分是作为涂料配方里的耐水剂使用。丙烯酸的作用机理与上述两种常用的防水剂不同，一般经过加热固化后会形成不完整的膜状结构，起到一定的防渗水作用。丙烯酸对加热成型温度和系统酸碱度要求不高，但使用量较高时，由于其高分子结构成膜，对于后续回浆碎浆过程和可堆肥降解认证会有一定影响。

（2）防油剂

①含氟防油剂

氟类化合物防油剂由于其比绝大部分液体都低的表面张力（10 ～ 12 mN/m），相比较水的表面张力是 72 mN/m、油的表面张力是 22 ～ 25 mN/m，因此会产生表面物理排斥的作用。因其抗水抗油脂的独特性能，同时又不改变纤维制品的孔隙度、柔韧度、透气性等基本性能，含氟防油剂在过去的几十年中被广泛用于植物纤维模塑中，并经历了从 C12 到 C8 再到如今 C6 的产品迭代。因为含氟化合物具有卓越的耐久性能，其难以在自然环境和人体内降解和代谢，因此被称为"永久性的化学物质"。随着越来越多关于氟类化合物对环境和人体健康负面影响的报道，大部分曾经生产含氟防油剂的国际化学品生产商已经退出了含氟防油剂的生产和销售，诸多法规也限制，只有 C6 的含氟防油剂在特定领域中被允许使用。日本的大金和旭硝子作为含氟防油剂的主要供应商也表示将不再继续投入植物纤维制品含氟防油剂的开发工作。目前国内仍有少数几家生产厂商还在继续销售含氟防油剂来弥补国外厂商退出市场的空白。

②无氟防油剂

浆内添加无氟防油剂是市场广泛认可的替代方案，由于其浆内添加方式便捷，不需额外设备投资和场地，与表面喷涂和淋膜方案相比成本优势明显，是生产厂家采用的首选方案。浆内添加无氟防油剂的开发需突破多重壁垒，需要满足不同温度下的防油性能，需要符合日趋严格的食品接触材料安全法规，并符合 ASTM D6400 标准和可堆肥化规范，还需要满足终端市场可以接受的使用成本。

欧美数家餐饮连锁品牌于 2021 年起开始逐步使用浆内添加无氟防油剂来替代含氟防油剂，配合相应的防水剂和其他助剂来生产。以美国索理思化工公司的浆内添加方案为例，其产品能够满足一定温度区间的市场应用，并可满足植物纤维模塑制品的可堆肥降解认证要求。近年来国内企业也后起发力，上海镁云科技等企业也相继开发出浆内添加无氟防油剂产品，并在客户端取得成功。

与含氟防油剂的低表面能表面排斥的作用机理不同，浆内添加无氟防油剂利用与油分子的相互作用和与防水剂的桥架结构在纤维架构中锁住油分子，利用无氟防油剂高分子结构来阻挡油分子的渗透路径。市场上也有利用改性淀粉来实现一些基本的防油需求的案例，但淀粉对植物纤维模塑制备环节的脱模需求和存储环境要求并不十分友好，植物纤维模塑在存储运输过程中容易发生降解、发霉和被外来生物污染。无氟防油剂在实际使用中通常需要在备浆等制备工艺环节做相应优化，模具上减少大角度倒角和提高纤维分布的均匀性也有利于整体防水和防油效果的发挥。

（3）增强剂

增强剂在植物纤维模塑工业包装制品领域有一定的使用需求，它可以帮助提升产品结构性强度以满足终端包装和运输过程中的载荷力。在一次性食品餐包领域，通过纤维的配比和备浆工艺基本能满足实际使用需求。

增强剂分为干强剂和湿强剂。干强剂一般以聚丙烯酰胺为主链的一系列高分子助剂，有时也用改性淀粉和纤维素改性材料来提升产品在干燥使用情况下的强度。干强剂的作用机理是通过与纤维形成氢键来提升或补偿添加低等级的纤维（如再生纤维）所引起的制品强度的下降。

湿强剂旨在提升植物纤维模塑制品在潮湿或受潮环境下使用时的强度。最常用的湿强剂是聚酰胺 - 环氧氯丙烷树脂化学品（PAE）。其作用机理通常是通过聚合物的官能团和纤维素反应形成共价键时，聚合物分子交联，并在纤维素中形成网络，在变湿时提供强度。湿强助剂产品也能够增强纤维间的结合键，进一步提高纤维间的强度。使用湿强剂时需注意切边和废料回浆时一般会较难碎浆，往往需要更长的时间和一些助剂来破坏湿强剂的作用。

（4）助滤剂

植物纤维模塑生产是水和能源消耗型传统行业。随着国家节能减排要求的逐步严格以及季节性能源供给的不足，生产企业对降低能耗成本，改善浆料滤水性能的需求与日俱增。在湿模成型阶段，依靠重力和真空压力可以去除一部分的水分，但是纤维之间以及纤维内部保留的水分很难去除，这就导致热压阶段需要更多的热交换才能达到预期的干度，这无形中增加了生产时间和能耗。助滤剂通常是一款或多款阳离子聚合物或阴离子聚合物或几种助剂的组合。通过氢键、共价键和离子键与带负电的纤维相结合，起到了促进团聚的作用，从而帮助释放纤维间的水分。选择不同离子度和分子量的助滤剂不仅关系到滤水的速度，也影响着纤维的成型分布，还会关系到与系统里其他化学品的兼容性。一般低离子度小分子量的聚丙烯酰胺为主体的助滤剂可以起到一定的改善效果，最优化的效果通常需要化学品厂家的专业指导。

（5）脱模剂

脱模剂是一种介于模具和成品之间的功能性化学添加剂，保证生产过程的稳定性。脱模剂有耐化学性，在与不同模具和基材接触时不被溶解。脱模剂还具有耐热及应力性能，不易分解或磨损，不影响制品的二次加工。

脱模剂有以下几种作用原理：

①利用极性化学键与模具表面通过相互作用形成具有再生力的吸附型薄膜。

②聚硅氧烷中的硅氧键可视为弱偶极子，当脱模剂在模具表面铺展成单取向排列时，分子采取特有的伸展链构型。

③自由基表面被烷基以密集堆积方式覆盖，脱模能力随烷基密度而递增；但当烷基占有较大空间位阻时，伸展构型受到限制，脱模能力又会降低。

④脱模剂分子量大小和黏度也与脱模能力相关，分子量小时，铺展性好，但耐热能力差。

脱模剂按化学物质种类可分为以下几种。

①硅系列：主要为硅氧烷化合物、硅油、硅树脂甲基支链硅油、甲基硅油、乳化甲基硅油、含氢甲基硅油、硅脂、硅树脂、硅橡胶等。

②蜡系列：植物和矿物油、石蜡、微晶石蜡、聚乙烯蜡等。

③氟系列：隔离性能最好，但成本高，通常有聚四氟乙烯、氟树脂涂料等。

④表面活性剂系列：金属皂（阴离子性），EO、PO 衍生物（非离子性）。

⑤聚醚系列：聚醚和脂油混合物，耐热耐化学性好，成本较硅油系列高。

（6）消泡抑泡剂

消泡抑泡剂是消泡剂和抑泡剂的总称，消泡剂是消除已经产生的泡沫，抑泡剂是抑制或防止泡沫的产生。生产中使用消泡剂通常要加在混合过程和泵体之前。消泡剂的组成主要有活性成分、乳化剂和载体，其中活性成分为最主要的核心部分，起到破泡、减小表面张力作用。乳化剂是使活性成分分散成小颗粒，以便于更好地分散到油或者水中，起到更好的消泡效果。载体在消泡剂中占较大比例，其表面张力并不高，主要起到支持介质的作用，对抑泡、消泡效果有利，能把成本降低。

按消泡剂的化学结构和组成可以分为矿物油类、醇类、脂肪酸及脂肪酸酯类、酰胺类、磷酸酯类、有机硅类、聚醚类、聚醚改性聚硅氧烷类消泡剂等。非硅型消泡剂主要有醇类、脂肪酸、脂肪酸酯、磷酸酯类、矿物油类、酰胺类等有机物。该类消泡剂价格低廉，适合于在液体剪切力较小，所含表面活性剂发泡能力较温和的条件下使用，它的制备原料易得、环保性能高、生产成本低，但对致密型泡沫的消泡效率较低。

聚醚型消泡剂是环氧乙烷、环氧丙烷的共聚物，主要是利用其溶解性在不同温度表现出的不同特性达到消泡作用。低温下，聚醚分散到水中，当温度不断升高时，聚醚亲水性逐渐降低，直到浊点时，使聚醚成为不溶解状态，这样才发挥消泡作用。聚醚型消泡剂具有抑泡能力强、耐高温等优良性能，缺点是具有一定毒性，使用条件受温度限制，破泡速率不高，使用领域窄。

有机硅型消泡剂中聚二甲基硅氧烷（也叫作硅油）是主要成分。与水、普通油类相比，硅油表面张力更小，既适用于水基起泡体系，又适用于油性起泡体系。其基本特征表现在化学性质稳定、使用范围广泛、挥发性低、无毒，且消泡能力比较突出等；缺点是抑泡性能较差。

选用合适的消泡剂对于植物纤维模塑制品生产工艺环节至关重要，对于吸浆和成型过程中纤维分布的一致性和均匀性都很关键。不合适的消泡剂还会导致其他化学品添加剂效能的减弱或丧失。一般情况下，脂肪醇类和有机硅类的消泡剂在植物纤维模塑行业使用较为普遍。

（7）杀菌剂

杀菌剂是用于杀菌和防霉的化学药剂，具有高效、广谱、低毒等优良特性，可在短时间内杀死和清除纤维浆料内的有害菌体。植物纤维模塑用的杀菌剂根据分子结构的不同可分为无机杀菌剂和有机杀菌剂。无机杀菌剂根据其作用原理不同，可分为氧化型和还原型。还原型杀菌剂是由于物质有还原性而具有杀菌作用，如亚硫酸及其盐类；氧化型杀菌剂是利用其氧化能力而起到杀菌作用，这类杀菌剂的杀菌能力很强，但不稳定，易分解，作用不持久。有机杀菌剂具有高效和广谱的作用范围，是植物纤维模塑行业使用较多的杀菌剂类型。

杀菌剂的作用机理是杀菌剂分子首先与微生物的细胞膜相接触进行吸附，穿过细胞膜进入原生质内，然后在各个部位发挥药效。有的杀菌剂可使微生物中的蛋白质变性，消灭细胞的活性而使微生物死亡，这种作用称为灭菌；有的杀菌剂可使微生物的细胞遗传基因发生变异或干扰细胞内部酶的活力使其难以繁殖和生长，从而对微生物起到抑制作用，称为抑菌。

杀菌剂使用中均存在一个最低有效浓度，如果浓度过低，则达不到杀菌或抑菌的目的，而使用浓度过高会造成生产成本偏高，杀菌剂的用量只要达到控制微生物生长和繁殖而不使纤维浆料和制品变坏的要求即可，同时必须满足严苛的各国食品接触材料安全法规的要求。对于含有淀粉组分的植物纤维模塑制品，杀菌剂的使用能帮助制品更好地在运输和存储条件下避免受到微生物的侵蚀。

2. 表面处理

在植物纤维模塑制品成型后的表面处理可进一步增强其实用功能性，但因其费时费力和较高的成本只在少数严苛的使用场景下得以应用，占整体植物纤维模塑制品的比例低于1%。表面处理方式主要分为覆膜和表面涂覆。

（1）覆膜

目前覆膜以聚乳酸（PLA）为主要覆膜材料，在植物纤维模塑制品生产后淋膜一层聚乳酸薄膜以达到物理阻隔的作用。聚乳酸作为新型的生物降解材料，其具有良好的生物可降解性，使用后能被自然界中微生物在特定条件下完全降解，最终生成二氧化碳和水，不污染环境。自 2020 年以来，我国也投产了多项聚乳酸项目，一些玉米深加工企业和生物化工企业也开始投资进入聚乳酸行业，预计 2025 年我国聚乳酸产量将超过 60 万吨。

尽管聚乳酸是生物降解材料，其在工业堆肥环境下借助土壤中的微生物可以帮助其降解，但在海洋环境下其仍旧难以摆脱塑料的本质而无法降解。另外，其覆膜厚度一般需达到 $20 \sim 30 \, \mu m$ 才能实现较好的阻隔作用，覆膜成本是传统浆内添加化学添加剂成本的数倍。

（2）表面涂覆

表面涂覆的主要方法包括喷涂、淋涂、浸涂和气相沉积等。喷涂、淋涂和浸涂是通过喷头喷出细小液滴、淋浴形式和浸入形式将水性涂料分布在植物纤维模塑制品表面。常用的水性涂料多以丙烯酸、丙苯或丁苯胶乳为主。这些方式利用了水性涂料的表面成膜性实现物理阻隔的作用。气相沉积是通过把涂料主体材料在温度和压力的控制下实现气化，再均匀地分布在制品外表面。所有的表面涂覆方式均需要后置的烘干装置，包括红外烘干或热风烘干。

表面涂覆虽然能很好地发挥水性涂料的功能性，但也存在明显的弊端。首先，涂覆量需达到一定的克重标准才能满足防水防油等功能性，涂覆量的多少与烘干条件紧密相关，不完全烘干的情况会导致制品相互粘连，反而破坏表面涂层。其次，涂覆的均匀性十分关键。

喷涂对于喷头的设计，清洗和维护都有较高的要求。不管哪种涂覆方式，都会有一定比例的浪费，无形中增加了使用成本。最后，表面涂覆一般通过流水线方式进行，对场地安排有一定要求，对于已经规划的生产空间则无法实施。

3. 干法生产中的药剂添加

以瑞典公司 Pulpac 为代表发明的干法模塑生产工艺在 2020 年后逐步进入植物纤维模塑市场，尤其在圆盘、叉烧为主的浅坯制品引起部分关注。干法模塑成型纤维制造的基本原理是纸张或纸浆在磨机中分离成纤维，然后利用空气将纤维形成低密度纤维素网。标准板压机采用独特的干模成型纤维模具，可将纤维卷材压实成模具对应的制品形状。整个生产过程是即时和干燥的，除了高速和低成本的批量生产外，还强调灵活性的设计和制造优势。为了提升制品表面的光滑度，系统采用了多层复合的方式将低克重的卫生纸巾复合在制品表面。

干法模塑生产技术强调其节省了湿法制浆过程中的水分在干燥过程中蒸发的能耗，与湿法技术相比更省能耗。这一点并不被植物纤维模塑传统湿法生产企业所认可，对于采用湿浆工艺的制造企业并无明显的优势，同时将纸板在磨机中分离成纤维的过程也十分耗能。

干法模塑生产工艺由于直接作用于已制成的纸板，这也就意味着其工艺难以大量使用以水作为分散体系的化学药剂，否则就违背了其工艺的环保属性并影响生产效率。目前，干法模塑生产工艺的化学品添加仍处于摸索阶段，如果对于化学品添加方式和其后期干燥能力不能有效解决，该工艺对制品的功能性会有一定的限制。目前使用的喷雾添加方式难以保证药剂能均匀分散在低密度的纤维素网中，对加药点和喷头的设计都有较高的要求，尤其对三维结构深度较大的制品添加和制备难度更大。由于其较短的生产制成过程，如需添加多种功能性化学药剂，其添加方式、药剂间的相互干扰、后期干燥能力，和对其生产设备和工艺的适应都需要改进。这也是干法模塑生产技术目前只能应用在较扁平的器型结构的主要原因。

对于欧美市场上逐步实现无氟化的方向，如何更有效地将无氟防油剂和其他功能性化学添加剂添加至干法生产工艺中，以达到和湿法生产一样的产品功能性能，将是干法生产和设备厂家的重点研究方向。

结语

据笔者了解，国内乃至亚洲市场都不是植物纤维模塑制品消费主体，绝大部分植物纤维模塑制品，尤其是一次性餐具都大量出口北美、欧洲和大洋洲等发达国家和地区。同时，我国的植物纤维模塑生产企业在产能上占据了全球 40% ~ 50% 的份额，大部分制品生产企业又是设备制造企业。植物纤维模塑行业是中国企业在众多制造业细分领域为数不多的具有先天制造技术优势和产能优势的行业。含氟防油剂作为过去 30 年主要的化学品被国外的化学品生产商长期垄断，后又证实对人体健康和环境造成伤害。植物纤维模塑行业的快速发展和产能扩张不禁让笔者感慨，国内的企业该如何变被动为主动？国内的植物纤维模塑企业该如何抓住市场以纸代塑和无氟化的转型期从做大到做强？如何从单一的代工生产靠以价格优势来获取订单转化到更多的自主研发引领市场？如何从单一的模具制备或制品生产转型到生产制造上下游一体化的综合性生产基地？随着后疫情时代和周边地缘政治的不稳定因素的影响，植物纤维模塑的新增产能大量回流美国、墨西哥、越南和泰国等国家，市场必将重新划分，是挑战也是机遇，值得每一家国内的植物纤维模塑企业深思。

（罗明翔　黄俊彦）

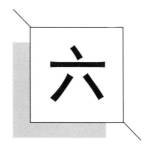

科技进步

Scientific and Technological Progress

★ 历年植物纤维模塑行业获奖情况

★ 植物纤维模塑行业授权专利目录

★ 植物纤维模塑行业相关标准目录

★ 植物纤维模塑相关文献资料目录

历年植物纤维模塑行业获奖情况

Awards Received by the Plant Fiber Molding Industry over the Years

1. 2022 年度建议支持的国家级专精特新"小巨人"企业

表 1　2022 年度建议支持的国家级专精特新"小巨人"企业

序号	项目名称	认定级别	完成单位
1	建议支持的国家级专精特新"小巨人"企业	国家级	佛山市必硕机电科技有限公司

（资料来源：工业和信息化部）

2. 2021 年度包装行业科学技术奖获奖项目

表 2　2021 年度包装行业科学技术奖获奖项目

序号	项目名称	获奖级别	主要完成单位	主要完成人
1	高端纸浆模塑关键技术研发及产业化	二等奖	永发（河南）模塑科技发展有限公司 永发（江苏）模塑包装科技有限公司 青岛永发模塑有限公司 永发（上海）模塑科技发展有限公司	许涛、陈俊忠、沈超、王超、左华伟、徐昆、刘本有、王文强、邓香斌、艾永忠
2	高性能农林废弃植物纤维材料功能化制备关键技术与应用	三等奖	东莞铭丰包装股份有限公司 东莞铭丰生物质科技有限公司 湖南工业大学	江太君、胡灿、徐成、陈华、赖沛铭、黄文聪

（资料来源：中国包装联合会）

3. 2021 年度中国发明协会发明创业奖——创新奖获奖项目

表 3　2021 年度中国发明协会发明创业奖——创新奖获奖项目

序号	项目名称	获奖级别	主要完成单位	主要完成人
1	生物质环保材料的研发与产业化	二等奖	东北师范大学、吉林大学、浙江金晟环保股份有限公司、长园电子（东莞）有限公司、中科英华长春高技术有限公司	呼微、朱广山、刘佰军、付永前、刘晓播、徐义全

（资料来源：中国发明协会）

4. 2021 年度浙江省首台（套）装备认定设备

表 4　2021 年度浙江省首台（套）装备认定设备

序号	项目名称	认定级别	主要完成单位
1	植物纤维模塑包装制品吸滤成型一体设备	省内首台（套）	浙江欧亚轻工装备制造有限公司

（资料来源：浙江省经济和信息化厅）

5. 2020 年度包装行业科学技术奖获奖项目

表 5　2020 年度包装行业科学技术奖获奖项目

序号	项目名称	获奖级别	主要完成单位	主要完成人
1	高性能纸质代塑制品绿色智能制造关键技术及产业化	二等奖	东莞汇林包装有限公司 湖南工业大学	莫灿梁、谭海湖、刘武、袁志庆、谭伟、莫炜玲、何静、杨玲、孟德志、陈泓润

（资料来源：中国包装联合会）

6. 2020 年度国家级专精特新"小巨人"企业

表 6　2020 年国家级专精特新"小巨人"企业

序号	项目名称	认定级别	完成单位
1	国家级专精特新"小巨人"企业	国家级	永发（河南）模塑科技发展有限公司

（资料来源：工业和信息化部）

7. 2019 年度中国商业联合会科学技术奖——全国商业科技进步奖获奖项目

表 7　2019 年度中国商业联合会科学技术奖——全国商业科技进步奖获奖项目

序号	项目名称	获奖级别	主要完成单位	主要完成人
1	竹类资源制备环保餐具及包装容器用纤维的绿色工艺及产业化	三等奖	台州学院、浙江金晟环保股份有限公司	付永前、张平、朱华跃、蒋茹、孙小龙

（资料来源：中国商业联合会）

8. 2017 年福建省首台（套）重大技术装备认定设备

表 8　2017 年福建省首台（套）重大技术装备认定设备

序号	项目名称	认定级别	主要完成单位	主要完成人
1	YD-ZMZ-1850-3 型非木纤维纸浆模塑成套设备	省内首台（套）重大技术装备	泉州市远东环保设备有限公司	苏炳龙、李家鹏、涂金德、蔡伟达、苏德标、姜自才

（资料来源：福建省经济和信息化委员会）

植物纤维模塑行业授权专利目录

Authorized Patents of the Plant Fiber Molding Industry

根据所查阅资料，自 2020 年以来，我国植物纤维模塑行业授权专利 598 项，其中生产工艺与设备相关专利 401 项，占比 67.1%；产品与结构相关专利 169 项，占比 28.3%；化学品相关专利 5 项，占比 0.8%；其他相关专利 23 项，占比 3.8%（见表 1）。

表 1　生产工艺与设备相关专利

序号	分类号	专利名称	专利类型	发明人	申请人	申请号	公告（公布）号	公告（公布）日
1	B05D 3	一种纸浆模塑餐盒喷涂生产线	发明专利	钱巧	钱巧	202210221639.7	CN114505199A	2022.05.17
2	D21J 3	一种组合式全自动纸塑成型机	发明专利	陈建锋	陈建锋	202210254480.9	CN114457629A	2022.05.10
3	D21B 1	一种双翻转纸浆模塑成型机	发明专利	黄备胜等	安徽瑞可环保科技有限公司	202210068822.8	CN114438829A	2022.05.06
4	D21J 3	纸浆模塑模具及纸浆模塑成型装置	发明专利	沈勇等	沈勇	202210077821.X	CN114351508A	2022.04.15
5	D21J 5	纸浆模塑制品制造方法及湿坯二次转移式纸浆模塑成型机	发明专利	郑天波等	郑天波	202111510166.4	CN114059394A	2022.02.18
6	B65G 47	纸浆模塑制品制造方法及翻转器转移湿坯的纸浆模塑设备	发明专利	郑天波等	郑天波	202111510045.X	CN114059393A	2022.02.18
7	B26F 1	一种锁盒产品的自动冲孔切边模具	发明专利	徐红兵等	韶能集团绿洲生态（新丰）科技有限公司	202111306781.3	CN114055554A	2022.02.18
8	D21J 3	一种纸浆模塑固液分级注入制浆工艺	发明专利	童钧等	绿赛可新材料（云南）有限公司	202111420624.5	CN114059390A	2022.02.18
9	D21J 5	湿坯翻转式纸浆模塑制品制造方法及纸浆模塑成型机	发明专利	郑天波等	杭州欧亚联合装备集团有限公司，郑天波	202111510195.0	CN114032709A	2022.02.11

序号	分类号	专利名称	专利类型	发明人	申请人	申请号	公告（公布）号	公告（公布）日
10	G01B 11	一种纸模制品 AOI 设备	实用新型	曾昭德等	深圳登科云软件有限公司	202121596878.8	CN215812471U	2022.02.11
11	B01D 46	一种纸浆模塑成型真空挤压低温干燥工艺及设备	发明专利	孙小变	索兰德（无锡）科技有限公司	202111296770.1	CN114032707A	2022.02.11
12	B32B 37	热压覆膜一体机	实用新型	潘耀华等	浙江舒康科技有限公司	202121682039.8	CN215751285U	2022.02.08
13	F28B 1	蒸汽余热收集装置及纸浆模塑成型机蒸汽收集系统	实用新型	李少兵	河北谷芮环保包装制品有限公司	202121875237.6	CN215725230U	2022.02.01
14	D21J 5	一种带有定量注浆机构的纸浆模塑一步法制备设备	实用新型	俞国银	俞国银	202122209846.4	CN215714285U	2022.02.01
15	B23K 26	一种用于纸浆模塑激光切孔的装置	实用新型	王文强等	永发（江苏）模塑包装科技有限公司	202120887000.3	CN215698981U	2022.02.01
16	D21J 5	一种具有图案纸浆模塑制品的模具	实用新型	郭珍珍	郭珍珍	202121217059.8	CN215714283U	2022.02.01
17	D21J 5	一种纸浆模塑注浆成型设备	实用新型	左华伟等	永发（河南）模塑科技发展有限公司	202121269273.8	CN215714284U	2022.02.01
18	D21J 3	一种纸浆模塑成型机匀浆系统	实用新型	左华伟等	永发（苏州）模塑科技发展有限公司	202121217023.X	CN215714281U	2022.02.01
19	D21J 5	一种三工位纸浆模塑成型装置	实用新型	黄吉金	江门市旻洁环保机电科技有限公司	202120909992.5	CN215629033U	2022.01.25
20	D21J 5	一种纸浆模塑自动机用翻转吸浆机构	实用新型	叶锦强等	清远钰晨环保新材料有限公司	202122004458.2	CN215629035U	2022.01.25
21	D21J 3	一种纸浆模塑自动机用热压滑台	实用新型	叶锦强等	清远钰晨环保新材料有限公司	202122004427.7	CN215629031U	2022.01.25
22	D21J 3	一种纸浆模塑成型机上模移动机构	实用新型	叶锦强等	清远科定机电设备有限公司	202121964780.3	CN215629030U	2022.01.25
23	B26D 7	一种纸浆模塑制品加工用切边机的定位机构	实用新型	付丽军等	德庆县翔森环保包装材料有限公司	202122254325.0	CN215618437U	2022.01.25

序号	分类号	专利名称	专利类型	发明人	申请人	申请号	公告（公布）号	公告（公布）日
24	D21J 5	便于蒸汽排放的纸浆模塑成型模具	实用新型	李进顺	河北谷芮环保包装制品有限公司	202121903591.5	CN215629034U	2022.01.25
25	B25J 18	一种用于纸制品的转移机器人手臂	实用新型	苏双全等	吉特利环保科技（厦门）有限公司	202120634806.1	CN215548783U	2022.01.18
26	D21J 3	一种纸浆模塑制品生产用可调式热压机	实用新型	付丽军等	德庆县翔森环保包装材料有限公司	202122096412.8	CN215561555U	2022.01.18
27	D21J 3	一种半自动纸浆模塑成定型装置	实用新型	郭小平等	宜春质能工业设备有限公司	202122258605.9	CN215518170U	2022.01.14
28	D21J 3	一种全自动纸浆模塑成型机用自动排水装置	实用新型	邹志伟	广州益胜纸品制造有限公司	202121696769.3	CN215518168U	2022.01.14
29	D21J 3	一种纸浆模塑湿压成型装置	实用新型	邹志伟	广州益胜纸品制造有限公司	202121632040.X	CN215518166U	2022.01.14
30	D21J 3	纸浆模塑成型机模具组件	实用新型	李进顺	河北谷芮环保包装制品有限公司	202122160424.2	CN215518169U	2022.01.14
31	B25J 15	一种纸浆模塑全自动上下料的智能机械手	实用新型	王春	索兰德（无锡）科技有限公司	202121753720.7	CN215471211U	2022.01.11
32	F26B 15	一种用于纸浆模塑生产连续烘干机	实用新型	吴宗颖	四川福鹏包装材料有限公司	202121143256.X	CN215490881U	2022.01.11
33	D21J 3	一种纸浆模塑吸浆模具用的拉槽装置	发明专利	王健等	永发（江苏）模塑包装科技有限公司	202111094649.0	CN113909560A	2022.01.11
34	B26D 7	一种环保纸浆模塑制品切边装置	实用新型	董照华	索兰德（无锡）科技有限公司	202121753465.6	CN215434016U	2022.01.07
35	D21J 5	一种环保纸浆模塑自动生产设备	实用新型	董照华	索兰德（无锡）科技有限公司	202121753786.6	CN215441215U	2022.01.07
36	D21J 3	一种热压蒸汽的收集与排放装置	实用新型	季文虎	浙江众鑫环保科技有限公司	202120709975.7	CN215405335U	2022.01.04

序号	分类号	专利名称	专利类型	发明人	申请人	申请号	公告（公布）号	公告（公布）日
37	D21J 3	一种纸浆模塑产品的模具的接触式过压监控装置	实用新型	费国忠等	永发（江苏）模塑包装科技有限公司	202121044167.X	CN215329043U	2021.12.28
38	D21J 3	一种杯盖成型模具及杯盖和纸浆模塑成型机	实用新型	梅锦涛等	广东华工环源环保科技有限公司	202120143970.2	CN215251997U	2021.12.21
39	D21J 3	一种纸浆模塑生产线	实用新型	吴宗颖	四川福鹏包装材料有限公司	202121143332.7	CN215251999U	2021.12.21
40	D21J 3	一种可手工模塑的纸浆模具	实用新型	王雁 等	华南理工大学	202120922336.9	CN215210232U	2021.12.17
41	B32B 37	一种用于纸浆模塑和塑料复合的装置	实用新型	王文强等	永发（河南）模塑科技发展有限公司	202120721831.3	CN215095736U	2021.12.10
42	15-09	湿压机	外观设计	叶锦强等	清远科定机电设备有限公司	202130541799.6	CN306992840S	2021.12.10
43	15-09	自动湿压机	外观设计	叶锦强等	清远科定机电设备有限公司	202130541563.2	CN306992839S	2021.12.10
44	B26D 7	一种用于纸浆模塑切边气柱高低度调节装置	实用新型	严黎 等	永发（河南）模塑科技发展有限公司	202120347987.X	CN215104284U	2021.12.10
45	B26F 1	一种用于纸浆模塑立体产品的刀模定位防混治具	实用新型	候瑞强等	永发（河南）模塑科技发展有限公司	202120229327.1	CN215094110U	2021.12.10
46	B26D 7	一种用于纸浆模塑立体产品的镶嵌式环切定位治具	实用新型	候瑞强等	永发（河南）模塑科技发展有限公司	202120363238.6	CN215093913U	2021.12.10
47	B26F 1	一种用于纸浆模塑产品的尺寸可调整切边刀模	实用新型	候瑞强等	永发（河南）模塑科技发展有限公司	202120230574.3	CN215094022U	2021.12.10
48	D21J 5	一种纸浆模塑成型机减少循环秒数、节省转移模的装置	实用新型	陈林枫等	永发（河南）模塑科技发展有限公司	202120347991.6	CN215104286U	2021.12.10
49	D21J 5	一种用于高速纸浆模塑的自动定量注浆桶	实用新型	黄吉金	江门市旻洁环保机电科技有限公司	202120910483.4	CN215104287U	2021.12.10

序号	分类号	专利名称	专利类型	发明人	申请人	申请号	公告（公布）号	公告（公布）日
50	D21J 3	一种纸浆模塑低循环周期的成型装置	实用新型	董亚鸣等	永发（河南）模塑科技发展有限公司	202120363240.3	CN215104285U	2021.12.10
51	B26D 7	一种纸浆模塑模具上机的机台滑道结构	实用新型	黄红旭等	永发（河南）模塑科技发展有限公司	202120229337.5	CN215094021U	2021.12.10
52	D21J 5	一种快速上下料的纸浆模塑热压定型装置	实用新型	黄吉金	江门市旻洁环保机电科技有限公司	202120909994.4	CN214938815U	2021.11.30
53	D21J 5	一种纸浆模塑连续成型装置	实用新型	黄吉金	江门市旻洁环保机电科技有限公司	202120909995.9	CN214938816U	2021.11.30
54	D21J 5	一种高效的纸浆模塑生产装置	实用新型	黄吉金	江门市旻洁环保机电科技有限公司	202120910469.4	CN214938817U	2021.11.30
55	B65D 5	一种包装装置、包装系统及动感单车系统	实用新型	李树春等	厦门达兴昌包装材料有限公司	202120942776.0	CN214824891U	2021.11.23
56	D21J 3	一种用于纸浆模塑产品的立体 V 槽定位治具	实用新型	候瑞强等	永发（河南）模塑科技发展有限公司	202120229336.0	CN214737018U	2021.11.16
57	D21J 3	一种纸浆模塑喷胶压合工艺的旋转放料平台	实用新型	张龙 等	永发（河南）模塑科技发展有限公司	202120230591.7	CN214737019U	2021.11.16
58	B25J 9	一种用于高速纸浆模塑的桁架机械手	实用新型	黄吉金	江门市旻洁环保机电科技有限公司	202120909985.5	CN214724212U	2021.11.16
59	D21J 3	一种纸浆模塑产品防混料治具	实用新型	赵战伟等	永发（河南）模塑科技发展有限公司	202120347980.8	CN214737021U	2021.11.16
60	B65D 25	一种用于纸浆模塑半成品储存、运输保护装置	实用新型	严黎 等	永发（河南）模塑科技发展有限公司	202120347979.5	CN214730594U	2021.11.16
61	D21J 5	一种纸浆模塑吸浆平台挡水板	实用新型	王基仓等	永发（河南）模塑科技发展有限公司	202120347988.4	CN214737023U	2021.11.16
62	D21J 5	一种纸浆模塑制品的孔板注浆成型机	实用新型	徐红兵等	韶能集团绿洲生态（新丰）科技有限公司	202022903429.5	CN214694909U	2021.11.12

序号	分类号	专利名称	专利类型	发明人	申请人	申请号	公告（公布）号	公告（公布）日
63	D21J 3	一种一次性用餐盒加工用纸浆模塑切边机	实用新型	李京霖	天津仁义实业有限公司	202120852361.4	CN214694907U	2021.11.12
64	D21J 3	一种用于纸浆模塑生产设备的热定型加热板	实用新型	董爱春等	江苏沛阳环保设备制造有限公司	202120235502.8	CN214694906U	2021.11.12
65	D21J 3	纸浆模塑成型机	发明专利	叶锦强等	清远科定机电设备有限公司	202110954958.4	CN113638270A	2021.11.12
66	D21J 3	一种纸浆模塑注浆成型机的定量上料系统	实用新型	徐红兵等	韶能集团绿洲生态（新丰）科技有限公司	202022903404.5	CN214694901U	2021.11.12
67	D21J 3	热压机及电磁加热模组	实用新型	胡庆军等	浙江舒康科技有限公司	202120488202.0	CN214613334U	2021.11.05
68	D21J 3	热压覆膜一体机及方法	发明专利	潘耀华等	浙江舒康科技有限公司	202110832445.6	CN113605149A	2021.11.05
69	D21J 3	等壁厚纸浆模塑杯盖内凸扣的成型模具	实用新型	陈维民	浙江舒康科技有限公司	202120667451.6	CN214613336U	2021.11.05
70	D21J 3	一种双热压工位的纸托成型设备	实用新型	黄炜圻	佛山市顺德区致远纸塑设备有限公司	202023043946.6	CN214572977U	2021.11.02
71	B32B 29	一种干法纸浆模塑的成型方法	发明专利	杨海涛	廊坊军兴溢美包装制品有限公司	202110942444.7	CN113580712A	2021.11.02
72	D21J 5	一种纸浆模塑自动机	发明专利	叶锦强等	清远钰晨环保新材料有限公司	202110972383.9	CN113584953A	2021.11.02
73	B26F 1	一种用于纸浆模塑切边刀模的标准限位块	实用新型	候瑞强等	永发（河南）模塑科技发展有限公司	202120230585.1	CN214520733U	2021.10.29
74	D21J 3	用于纸浆模塑流水线的搭扣除尘装置	实用新型	候瑞强等	永发（河南）模塑科技发展有限公司	202120198861.0	CN214529963U	2021.10.29
75	G01B 11	一种纸浆模塑产品模具的过压及间隙监测的光电传感装置	发明专利	费国忠等	永发（江苏）模塑包装科技有限公司	202110532214.3	CN113551609A	2021.10.26
76	B65G 57	一种多层蛋托生产用码垛工装	实用新型	周斌辉	湘潭中环纸浆模塑科技有限公司	202120692029.6	CN214455093U	2021.10.22

序号	分类号	专利名称	专利类型	发明人	申请人	申请号	公告（公布）号	公告（公布）日
77	C08L 1	一种用于手工模塑的纸浆泥和一种手工模塑方法	发明专利	王雁 等	华南理工大学	202110676462.5	CN113502003A	2021.10.15
78	B26F 1	一种纸浆模塑生产用旋转切边机	实用新型	杨玉军	济南哈特曼环保科技有限公司	202120154320.8	CN214352977U	2021.10.08
79	D21J 3	一种纸浆模塑制品局部增厚方法及系统	发明专利	李宏伟 等	西安交通大学	202110713684.X	CN113463444A	2021.10.01
80	G01N 21	一种纸模制品 AOI 设备及使用方法	发明专利	曾昭德 等	深圳登科云软件有限公司	202110803419.0	CN113433136A	2021.09.24
81	B65G 47	一种餐盒覆膜机的排序输送机构	实用新型	范志交	佛山市南海区双志包装机械有限公司	202022030278.7	CN214191523U	2021.09.14
82	D21J 5	一种纸浆分散均匀工艺	发明专利	左华伟 等	永发（江苏）模塑包装科技有限公司	202110612275.0	CN113373737A	2021.09.10
83	D21J 5	一种纸浆模塑一次性餐具的高效全自动生产线及生产方法	发明专利	李洪承 等	浙江庞度环保科技有限公司，李洪承	202110841714.5	CN113373739A	2021.09.10
84	B05B 13	一种用于纸膜成型机喷涂的提篮筐装置及其成型机	实用新型	徐红兵 等	韶能集团绿洲生态（新丰）科技有限公司	202021602783.8	CN214132319U	2021.09.07
85	D21J 3	一种环保型纸浆模塑包装制品生产工艺	发明专利	罗礼发 等	正业包装（中山）有限公司	202110567075.8	CN113322718A	2021.08.31
86	D21J 5	一种纸浆塑模生产用环保型烘干装置	实用新型	吴菊明	重庆鼎华电脑配件有限公司	202022444865.0	CN214089245U	2021.08.31
87	D21J 3	降低纸浆模塑产品热成型周期的方法	发明专利	徐昆 等	永发（江苏）模塑包装科技有限公司	202110460226.X	CN113308946A	2021.08.27
88	D21J 5	一种纸浆吸滤脱水热成型工艺	发明专利	左华伟 等	永发（河南）模塑科技发展有限公司	202110635266.3	CN113308947A	2021.08.27
89	D21J 5	一种纸浆模塑产品自动翻转设备	实用新型	吕志忠 等	厦门达兴昌包装材料有限公司	202022289024.7	CN214061076U	2021.08.27

续表

序号	分类号	专利名称	专利类型	发明人	申请人	申请号	公告（公布）号	公告（公布）日
90	D21J 3	一种用于纸浆模塑餐具加工的自动退料热定型装置	发明专利	杨建平等	浙江博特生物科技有限公司	202110578810.5	CN113265906A	2021.08.17
91	B21D 37	一种多功能模具导柱压板	实用新型	唐基民等	东莞市冠速模型科技有限公司	202022829662.3	CN213968651U	2021.08.17
92	D21J 3	一种纸浆模塑制品的高效加工生产线	实用新型	潘耀华等	浙江舒康科技有限公司	202022130299.6	CN213951773U	2021.08.13
93	D21J 5	一种湿胚转移装置及纸浆模塑成型机	实用新型	郭明周等	浙江迪凡特环保科技有限公司	202023022209.8	CN213951775U	2021.08.13
94	G01N 21	纸浆模塑餐盒的检测装置	实用新型	蓝挺生等	沙伯特（中山）有限公司	202022652848.6	CN213933624U	2021.08.10
95	D21J 3	一种纸浆模塑制品的滚压成型单元	实用新型	潘耀华等	浙江舒康科技有限公司	202022050999.4	CN213925671U	2021.08.10
96	D21J 3	一种纸浆模塑汽水分离器	实用新型	王颖	和煦（上海）环保科技有限公司	202022379703.3	CN213867101U	2021.08.03
97	D21D 5	一种纸浆模塑生产用原料过滤筛选机构	实用新型	吴菊明	重庆鼎华电脑配件有限公司	202022265809.0	CN213867063U	2021.08.03
98	D21J 3	一种多级式纸浆模塑餐具加工生产配浆装置	发明专利	杨建平等	浙江博特生物科技有限公司	202110567413.8	CN113186758A	2021.07.30
99	D21J 3	一种复合型纸浆模塑粘合成型模具	实用新型	杜元晨	东莞市昆保达纸塑包装制品有限公司	202022675087.6	CN213836101U	2021.07.30
100	D21J 3	一种具自动洗模功能的纸托成型机	实用新型	黄炜圻	佛山市顺德区致远纸塑设备有限公司	202022677738.5	CN213836102U	2021.07.30
101	D21J 3	一次性用餐盒加工用纸浆模塑切边机	实用新型	王春锋等	山东辰骐环保新材料科技有限公司	202022489831.3	CN213804648U	2021.07.27
102	D21J 5	一种高效的纸浆模塑生产装置	发明专利	黄吉金	江门市旻洁环保机电科技有限公司	202110472095.7	CN113152155A	2021.07.23

序号	分类号	专利名称	专利类型	发明人	申请人	申请号	公告（公布）号	公告（公布）日
103	D21J 5	一种三工位纸浆模塑成型装置	发明专利	黄吉金	江门市旻洁环保机电科技有限公司	202110472107.6	CN113152156A	2021.07.23
104	D21D 5	一种用于纸模产品制浆的轻重质旋流除砂器	实用新型	徐红兵等	韶能集团绿洲生态（新丰）科技有限公司	202022225392.5	CN213772715U	2021.07.23
105	D21J 5	一种可降解纸浆模塑环保餐盒自动加工系统	发明专利	曾秦	曾秦	202110412139.7	CN113123176A	2021.07.16
106	B08B 9	一种纸浆模塑加工用调浆池	实用新型	顾晓明	太仓市绿城包装制品有限公司	202022394996.2	CN213670947U	2021.07.13
107	B01F 7	一种纸浆模塑加工用纸浆搅拌机构	实用新型	顾晓明	太仓市绿城包装制品有限公司	202022394957.2	CN213668829U	2021.07.13
108	D21J 3	一种纸浆模塑模具导热油加热装置	实用新型	苏炳龙	泉州市远东环保设备有限公司	202020894712.3	CN213681513U	2021.07.13
109	B05B 13	一种纸浆模塑产品喷胶装置	实用新型	杜元晨	东莞市昆保达纸塑包装制品有限公司	202022683305.0	CN213644636U	2021.07.09
110	D21B 1	一种多工位轮转纸浆成型装置及其工作方法	发明专利	边敬友等	徐州利华环保科技有限公司	202110184758.5	CN113073490A	2021.07.06
111	D21J 3	一种干法纸浆模塑生产方法	发明专利	童钧 等	绿赛可新材料（云南）有限公司	202110397381.1	CN113062147A	2021.07.02
112	F24H 7	一种节能纸制品模具导热油加热装置	发明专利	苏双全等	吉特利环保科技（厦门）有限公司	202110336929.1	CN113048649A	2021.06.29
113	D21J 3	热压机、电磁加热模组及其组装方法	发明专利	胡庆军等	浙江舒康科技有限公司	202110247787.1	CN113005821A	2021.06.22
114	G10K 11	一种用于纸浆模塑热压整形机的消音装置	实用新型	边敬文等	徐州亮华环保科技有限公司	202022524044.8	CN213519233U	2021.06.22
115	B65B 61	一种全自动多工位柔性转移系统	实用新型	郭明周等	浙江迪凡特环保科技有限公司	202022406801.1	CN213503238U	2021.06.22

序号	分类号	专利名称	专利类型	发明人	申请人	申请号	公告（公布）号	公告（公布）日
116	B05D 3	一种覆膜机上的烘干加热组件	实用新型	范志交	佛山市南海区双志包装机械有限公司	202022035761.4	CN213494736U	2021.06.22
117	B26F 1	纸浆模塑制品切边设备	发明专利	漆正煌等	昆山傲毅包装制品有限公司	202110149626.9	CN112976157A	2021.06.18
118	D21J 3	一种纸浆模塑制品的加工制造线	实用新型	潘耀华	浙江舒康科技有限公司	202022128539.9	CN213476486U	2021.06.18
119	D21J 3	一种纸浆模塑制品的机加工设备	实用新型	潘耀华等	浙江舒康科技有限公司	202022050605.5	CN213476485U	2021.06.18
120	D21J 3	一种纸浆模塑制品的旋压成型交替机构	实用新型	潘耀华等	浙江舒康科技有限公司	202022048199.9	CN213476488U	2021.06.18
121	D21J 3	一种纸浆模塑制品的连续加工生产线	实用新型	潘耀华等	浙江舒康科技有限公司	202022129145.5	CN213476487U	2021.06.18
122	D21J 3	一种带滚压成型功能的纸浆模塑制品生产线	实用新型	潘耀华等	浙江舒康科技有限公司	202022049817.1	CN213476484U	2021.06.18
123	D21J 3	一种纸浆模塑制品的内凸环扣旋压成型模具及设备	实用新型	潘耀华等	浙江舒康科技有限公司	202022048481.7	CN213476483U	2021.06.18
124	D21J 5	一种纸浆模塑包装制品自动化生产工艺	发明专利	张昌凡等	东莞市汇林包装有限公司，湖南工业大学	202110149918.2	CN112962357A	2021.06.15
125	D21J 3	等壁厚纸浆模塑杯盖内凸扣的成型方法及模具	发明专利	陈维民	浙江舒康科技有限公司	202110349410.7	CN112962355A	2021.06.15
126	B65D 25	一种纸浆模塑加工的减震壳底座	实用新型	顾晓明	太仓市绿城包装制品有限公司	202022272201.0	CN213443944U	2021.06.15
127	D21J 3	用于纸浆模塑流水线的搭扣除尘装置	发明专利	候瑞强等	永发（河南）模塑科技发展有限公司	202110097226.8	CN112941971A	2021.06.11
128	D21H 23	纸浆模塑产品表面喷涂装置	实用新型	丁玉成等	青岛永发模塑有限公司	202021697028.2	CN213389519U	2021.06.08
129	D21J 3	一种纸杯纸浆模成型模具网套拉伸模具	实用新型	陈炳光等	弱伽机械科技无锡有限公司	202022008292.7	CN213358152U	2021.06.04

序号	分类号	专利名称	专利类型	发明人	申请人	申请号	公告（公布）号	公告（公布）日
130	D21H 23	一种纸浆模塑产品辅助用剂的喷施方法	发明专利	王道玲	王道玲	202110030340.9	CN112878104A	2021.06.01
131	D21J 3	一种用竹浆生产纸浆模塑餐盒的工艺	发明专利	刘洁 等	江西中竹生物质科技有限公司	202011162782.0	CN112878114A	2021.06.01
132	B28B 1	一种用利用桐油砂模进行纸浆模塑打样的工艺	发明专利	刘洁 等	江西中竹生物质科技有限公司	202011162748.3	CN112873485A	2021.06.01
133	D21J 3	一种纸浆模塑制品的无转移模具	发明专利	郭珍珍	郭珍珍	202110016475.X	CN112853819A	2021.05.28
134	B65G 47	一种环保纸浆模塑餐具的移送设备	实用新型	杨建平 等	浙江博特生物科技有限公司	202020786029.8	CN213293981U	2021.05.28
135	B26F 3	一种纸浆模塑餐饮用具射流切边装置	实用新型	苏炳龙	泉州市远东环保设备有限公司	202021197164.5	CN213290541U	2021.05.28
136	D21J 5	一种纸浆模塑制品的机器人成型柔性生产线及成型方法	发明专利	潘耀华 等	潘耀华	202010434024.3	CN112813736A	2021.05.18
137	D21J 3	一种杯盖成型模具及杯盖和纸浆模塑成型机	发明专利	梅锦涛 等	广东华工环源环保科技有限公司	202110070586.9	CN112796171A	2021.05.14
138	B26F 1	一种用于冲切纸浆模塑制品侧面异形孔的装置	实用新型	谷小伟 等	外贸无锡印刷股份有限公司	202022058284.3	CN213197913U	2021.05.14
139	D21J 5	一种用于高端纸浆模塑制品两次模内加热成型的装置	实用新型	谷小伟 等	外贸无锡印刷股份有限公司	202022058286.2	CN213203635U	2021.05.14
140	B26F 1	一种高端纸浆模塑制品击凹切边一体化模具	实用新型	谷小伟 等	外贸无锡印刷股份有限公司	202021767480.1	CN213197910U	2021.05.14
141	D21J 3	一种纸浆模塑快速出样模具和方法	发明专利	徐昆 等	永发（江苏）模塑包装科技有限公司	201811604251.5	CN109629343B	2021.05.14
142	D21J 3	一种用于纸模塑成型机组的高位注浆桶	实用新型	徐红兵 等	韶能集团绿洲生态（新丰）科技有限公司	202021295254.8	CN213203634U	2021.05.14

续表

序号	分类号	专利名称	专利类型	发明人	申请人	申请号	公告（公布）号	公告（公布）日
143	D21J 3	一种用于纸浆模塑生产设备的热定型加热板	发明专利	董爱春等	江苏沛阳环保设备制造有限公司	202110115480.6	CN112779822A	2021.05.11
144	D21J 3	纸浆模塑生产设备	实用新型	赵宝琳等	佛山市必硕机电科技有限公司	202021423655.7	CN213013698U	2021.04.20
145	D21J 3	纸模设备保护支架	实用新型	赵宝琳等	佛山市必硕机电科技有限公司	202021425585.9	CN213013699U	2021.04.20
146	D21B 1	一种蔗渣制备纸浆模塑生产设备	发明专利	孙乾乾等	清远铧研新材料科技有限公司	202011533448.1	CN112663373A	2021.04.16
147	D21J 5	一种快速制造纸浆模塑用模具	发明专利	叶锦强等	清远铧研新材料科技有限公司	202011533476.3	CN112663403A	2021.04.16
148	D21C 3	一种用于纸浆模塑产品上浆的供浆槽结构	实用新型	徐红兵等	韶能集团绿洲生态（新丰）科技有限公司	202020690731.4	CN212955945U	2021.04.13
149	D21J 3	一种制作包装缓冲结构的纸浆模塑模具	发明专利	孙昊等	江南大学	202011640354.4	CN112647366A	2021.04.13
150	B65D 1	一种模塑包装盒制造定型处理工艺	发明专利	不公告发明人	南京赛逸达自动化技术有限公司	202011478853.8	CN112644837A	2021.04.13
151	D21B 1	一种自动化定量加料装置	实用新型	徐红兵等	韶能集团绿洲生态（新丰）科技有限公司	202021296437.1	CN212955943U	2021.04.13
152	D21J 5	一种纸浆模塑产品折边模具结构	实用新型	刘小川等	永发（河南）模塑科技发展有限公司	202021195818.0	CN212895703U	2021.04.06
153	23-01	真空系统	外观设计	叶锦强	清远钰晨环保新材料有限公司	202030722261.0	CN306444155S	2021.04.06
154	15-09	湿压机（1）	外观设计	叶锦强	清远科定机电设备有限公司	202030722238.1	CN306442840S	2021.04.06
155	D21J 3	热压下模排气系统	实用新型	赵宝琳等	佛山市必硕机电科技有限公司	202021422252.0	CN212834783U	2021.03.30

序号	分类号	专利名称	专利类型	发明人	申请人	申请号	公告（公布）号	公告（公布）日
156	D21J 3	组合式三模组机构	实用新型	赵宝琳等	佛山市必硕机电科技有限公司	202021425697.4	CN212834786U	2021.03.30
157	D21J 5	升降机构保护装置	实用新型	赵宝琳等	佛山市必硕机电科技有限公司	202021422010.1	CN212834790U	2021.03.30
158	D21J 3	纸模热压整形机构	实用新型	赵宝琳等	佛山市必硕机电科技有限公司	202021422334.5	CN212834785U	2021.03.30
159	D21J 3	一种纸模成型动模装置	实用新型	赵宝琳等	佛山市必硕机电科技有限公司	202021422253.5	CN212834784U	2021.03.30
160	D21J 3	一种纸浆模塑成型模具组件	实用新型	霍耀强等	佛山市千富包装材料有限公司	202021298331.5	CN212742017U	2021.03.19
161	15-09	纸浆模塑成型机（QTA30）	外观设计	葛昌华等	和煦（上海）环保科技有限公司	202030631244.6	CN306383249S	2021.03.16
162	15-09	纸浆模塑成型机（QTG15）	外观设计	葛昌华等	和煦（上海）环保科技有限公司	202030631252.0	CN306383250S	2021.03.16
163	15-09	纸浆模塑成型机（QTB45）	外观设计	葛昌华等	和煦（上海）环保科技有限公司	202030632239.7	CN306383251S	2021.03.16
164	D21J 5	一种带有弹簧爪的纸浆模塑杯盖产品专用压扣机构	实用新型	滕步彬	广西华宝纤维制品有限公司	202020604305.4	CN212688571U	2021.03.12
165	D21J 3	一种纵向通槽纸浆模塑吸浆模具	发明专利	薛双喜等	永发（江苏）模塑包装科技有限公司	201811428425.7	CN109629342B	2021.03.09
166	F26B 9	一种纸浆模塑烘干装置	实用新型	霍耀强等	佛山市千富包装材料有限公司	202021298043.X	CN212645126U	2021.03.02
167	D21J 5	一种纸浆模塑制品的柔性带清洗生产线	实用新型	潘耀华等	潘耀华	202020871593.X	CN212641052U	2021.03.02
168	D21J 5	一种纸浆模塑制品的机器人成型柔性生产线	实用新型	潘耀华等	潘耀华	202020871594.4	CN212641053U	2021.03.02

序号	分类号	专利名称	专利类型	发明人	申请人	申请号	公告（公布）号	公告（公布）日
169	F26B 21	一种用于纸浆模塑生产的热泵烘干设备	实用新型	董浪静等	广州祥源涞亮均新能源技术有限公司	202021283101.1	CN212645288U	2021.03.02
170	D21J 3	一种连续式轮毂成型柔性生产线	实用新型	潘耀华等	潘耀华	202020871666.5	CN212641051U	2021.03.02
171	B05B 16	一种喷绒布生产设备监控组件	实用新型	徐青峰	江苏博阳智慧电气股份有限公司	202020879159.6	CN212633206U	2021.03.02
172	D21J 3	一种旋转式纸浆模塑模具驱动设备	实用新型	杨玉军	济南哈特曼环保科技有限公司	202020877879.9	CN212611689U	2021.02.26
173	F24F 5	一种纸浆模塑用水帘式加湿降温装置	实用新型	罗新军等	韶能集团广东绿洲生态科技有限公司	202020971191.7	CN212618923U	2021.02.26
174	F24F 5	一种纸浆模塑用带有喷水功能的蒸发式环保空调	实用新型	罗新军等	韶能集团广东绿洲生态科技有限公司	202020971204.0	CN212618924U	2021.02.26
175	D21J 5	一种纸塑整体瓶子的吸塑模具及整体模具	实用新型	徐昆 等	永发（河南）模塑科技发展有限公司	202020813266.9	CN212611695U	2021.02.26
176	F16H 21	纸浆模塑成型机用驱动机构	实用新型	宾东明等	广州华工环源绿色包装技术股份有限公司	202020760278.X	CN212564270U	2021.02.19
177	D21B 1	一次性纸浆模塑餐具的半干压制备系统及其工艺	发明专利	吴姣平等	广州华工环源绿色包装技术股份有限公司	202011163717.X	CN112359628A	2021.02.12
178	B29C 45	一种纸浆模塑设备成型模具的安装导向机构	实用新型	郑武明等	弱伽机械科技无锡有限公司	202021221281.0	CN212528509U	2021.02.12
179	B29C 51	一种纸浆模塑杯盖产品专用压扣切边冲孔生产装置	实用新型	季文虎等	金华市众生纤维制品有限公司	202021122946.2	CN212528653U	2021.02.12
180	D21J 3	一种旋转式纸浆模塑热压定型装置	实用新型	徐罗申等	徐允聪	202021306199.8	CN212505624U	2021.02.09
181	D21J 3	一种模块化热压定型机构	实用新型	徐罗申等	徐允聪	202021306224.2	CN212505626U	2021.02.09

序号	分类号	专利名称	专利类型	发明人	申请人	申请号	公告（公布）号	公告（公布）日
182	D21J 3	一种纸浆模塑设备的往复式运动管道装置	实用新型	姜六平等	上海英正辉环保设备有限公司	202020622475.5	CN212477282U	2021.02.05
183	D21J 3	纸浆模塑制品的成型设备和成型方法	发明专利	葛昌华等	和煦（上海）环保科技有限公司	202011140149.1	CN112267328A	2021.01.26
184	B22C 7	一种纸浆模塑的不锈钢成型模具制造方法	发明专利	向孙团	向孙团	202011111997.X	CN112238209A	2021.01.19
185	D21J 3	纸浆模塑制品成型装置及其纸塑模具	实用新型	吴姣平等	广东华工佳源环保科技有限公司	202020868289.X	CN212357825U	2021.01.15
186	F24F 7	一种纸浆模塑用防水防尘屋顶负压风机	实用新型	罗新军等	韶能集团广东绿洲生态科技有限公司	202020971193.6	CN212362337U	2021.01.15
187	D21J 3	一种纸浆模塑杯盖产品专用滑块结构的压扣机构	实用新型	滕步彬等	浙江众鑫环保科技有限公司	202020489617.5	CN212357824U	2021.01.15
188	F24F 7	一种纸浆模塑用室内通风降温设备	实用新型	罗新军等	韶能集团广东绿洲生态科技有限公司	202020971198.9	CN212339543U	2021.01.12
189	D21J 5	一种纸浆模塑设备的成型机构	实用新型	郑武明等	弱伽机械科技无锡有限公司	202021221346.1	CN212316554U	2021.01.08
190	D21J 3	一种纸浆模塑的分层注浆注浆桶	实用新型	徐红兵等	韶能集团绿洲生态（新丰）科技有限公司	202020692379.8	CN212316549U	2021.01.08
191	D21J 5	一种纸浆模塑的双线烘干系统	发明专利	王旭东	宁波新路智能科技有限公司	202020929062.1	CN212316552U	2021.01.08
192	D21F 1	一种用于纸浆模塑产品制浆线的白水槽	实用新型	徐红兵等	韶能集团绿洲生态（新丰）科技有限公司	202020692388.7	CN212316543U	2021.01.08
193	D21J 5	纸浆模塑成型机的捞浆模结构	实用新型	徐红兵等	韶能集团绿洲生态（新丰）科技有限公司	202020692381.5	CN212316551U	2021.01.08

序号	分类号	专利名称	专利类型	发明人	申请人	申请号	公告（公布）号	公告（公布）日
194	D21F 1	纸浆模塑产品制浆线的上浆系统	实用新型	徐红兵等	韶能集团绿洲生态（新丰）科技有限公司	202020690704.7	CN212316542U	2021.01.08
195	D21J 5	一种纸浆模塑成型的双池双管系统	实用新型	王旭东	宁波新路智能科技有限公司	202020929064.0	CN212316553U	2021.01.08
196	B26F 1	一种用于冲切纸浆模塑制品侧面异形孔的装置及方法	发明专利	谷小伟等	外贸无锡印刷股份有限公司	202010988683.1	CN112171773A	2021.01.05
197	D21J 5	一种用于高端纸浆模塑制品两次模内加热成型的装置及方法	发明专利	谷小伟等	外贸无锡印刷股份有限公司	202010988684.6	CN112176780A	2021.01.05
198	D21J 3	一种纸浆模塑成型机冷挤压装置	实用新型	宾东明等	广州华工环源绿色包装技术股份有限公司	202020762360.6	CN212270536U	2021.01.01
199	B31F 1	一种纸浆模塑制品击凹切边一体化模具及方法	发明专利	谷小伟等	外贸无锡印刷股份有限公司	202010852528.7	CN112157962A	2021.01.01
200	D21J 3	一种纸浆模塑模具随行设备	实用新型	杨玉军	济南哈特曼环保科技有限公司	202020877849.8	CN212247663U	2020.12.29
201	D21J 3	一种纸浆模塑模具取料设备	实用新型	杨玉军	济南哈特曼环保科技有限公司	202020876082.7	CN212247664U	2020.12.29
202	D21J 5	一种纸浆模塑制品的机加工设备及方法	发明专利	潘耀华等	浙江舒康科技有限公司	202010981956.X	CN112144320A	2020.12.29
203	D21J 5	一种纸浆模塑模具送料定位设备	实用新型	杨玉军	济南哈特曼环保科技有限公司	202020876058.3	CN212247665U	2020.12.29
204	D21J 5	一种纸栈板模塑制品及其制备工艺	发明专利	马兆元等	常州万兴纸塑有限公司	201910577297.0	CN112144319A	2020.12.29
205	D21J 3	一种用于纸浆模塑生产设备的热定型加热板和其制造方法以及纸浆模塑生产设备	发明专利	葛昌华等	和煦（上海）环保科技有限公司	202011140150.4	CN112127214A	2020.12.25
206	D21J 5	一种带滚压成型功能的纸浆模塑制品生产线	发明专利	潘耀华等	浙江舒康科技有限公司	202010981942.8	CN112127215A	2020.12.25

序号	分类号	专利名称	专利类型	发明人	申请人	申请号	公告（公布）号	公告（公布）日
207	B26D 5	用于纸浆模塑产品机器人转移自动切边堆叠系统及其方法	发明专利	苏双全等	吉特利环保科技（厦门）有限公司	202011044111.4	CN112123423A	2020.12.25
208	D21J 3	一种纸托成型机的翻转机构	实用新型	黄炜圻	佛山市顺德区致远纸塑设备有限公司	201922456563.2	CN212223463U	2020.12.25
209	D21J 3	一种纸浆模塑热压成型机	实用新型	刘瑞林等	安徽万能环保科技有限公司	202020417188.0	CN212152950U	2020.12.15
210	B05B 16	纸浆模塑产品表面喷涂装置	发明专利	丁玉成等	青岛永发模塑有限公司	202010820895.9	CN112058567A	2020.12.11
211	D21J 3	一种纸浆模塑热压成型脱模网及其制造工艺	发明专利	李博	佛山市吉朗工艺线网有限公司	202011001756.X	CN112064422A	2020.12.11
212	B31B 50	一种用于可降解纸浆模塑环保餐盒的定型装置	发明专利	麦雪楹	广州飞柯科技有限公司	202010971918.6	CN112046082A	2020.12.08
213	D21J 5	一种转股机做餐具生产线及其工艺	发明专利	吴姣平等	广州华工环源绿色包装技术股份有限公司	202010812001.1	CN112012050A	2020.12.01
214	D21J 5	湿坯无损脱水定型模组	实用新型	李响	大连松通创成新能源科技有限公司	202020153050.4	CN212052119U	2020.12.01
215	D21J 5	一种环保纸浆模塑盖及其制备工艺与应用	发明专利	张筱乔等	张德利、张筱乔	202011012316.4	CN111996841A	2020.11.27
216	D21J 5	一种纸浆模塑产品局部加厚成型模具及其生产设备	实用新型	谷小伟等	永发（河南）模塑科技发展有限公司	201922459476.2	CN212025781U	2020.11.27
217	B65G 47	一种纸浆模塑全自动上下料的智能机械手	发明专利	吴姣平等	广州华工环源绿色包装技术股份有限公司	202010744776.X	CN111942878A	2020.11.17
218	D21J 3	一种纸浆模塑模具自动定位装置	实用新型	苏炳龙	泉州市远东环保设备有限公司	201921882788.8	CN211947710U	2020.11.17
219	F15B 11	一种用于纸浆模塑生产设备的一泵多缸节能液压装置	实用新型	苏炳龙	泉州市远东环保设备有限公司	201922074316.6	CN211951017U	2020.11.17

续表

序号	分类号	专利名称	专利类型	发明人	申请人	申请号	公告（公布）号	公告（公布）日
220	D21J 3	一种用于三段节能纸膜包装生产设备的产品收集装置	实用新型	苏炳龙	泉州市远东环保设备有限公司	201922074188.5	CN211947711U	2020.11.17
221	B26F 1	一种植物纤维模塑制品切边装置	实用新型	郑天波 等	杭州欧亚机械制造有限公司	202020173145.2	CN211941235U	2020.11.17
222	F16N 25	一种纸浆模塑成型机润滑系统	实用新型	陈忠 等	广州华工环源绿色包装技术股份有限公司	201921450294.2	CN211952207U	2020.11.17
223	D21J 5	一种太阳能纸浆模塑烘干设备	实用新型	李树春 等	厦门达兴昌包装材料有限公司	202020307029.5	CN211922086U	2020.11.13
224	B29C 51	一种纸浆模塑杯盖产品专用压扣切边冲孔生产装置	发明专利	季文虎 等	金华市众生纤维制品有限公司	202010553997.9	CN111923377A	2020.11.13
225	D21J 5	一种用于纸浆模塑的模具	实用新型	蔡宗修	昆山致美模具有限公司	201922442325.6	CN211897610U	2020.11.10
226	D21J 3	蛋托成型烘干方法	发明专利	何佳楠	沁阳市华夏造纸机械设备有限公司	202010725499.8	CN111910472A	2020.11.10
227	D21J 5	一种纸浆模塑包装材料制造工艺	发明专利	闫西英	闫西英	202010781604.X	CN111893807A	2020.11.06
228	B29C 63	一种纸浆模塑制品覆膜装置	实用新型	王文强 等	永发（河南）模塑科技发展有限公司	201922271351.7	CN211843193U	2020.11.03
229	D21J 5	一种纸浆模塑手撕产品成型装置	实用新型	谷小伟 等	永发（河南）模塑科技发展有限公司	201922451387.3	CN211848638U	2020.11.03
230	D21J 5	一种纸浆模塑产品负拔模成型设备和系统	实用新型	谷小伟 等	永发（河南）模塑科技发展有限公司	201922203264.8	CN211848634U	2020.11.03
231	D21J 3	一种纸浆成型产品解决背面挂浆系统	实用新型	徐昆 等	永发（河南）模塑科技发展有限公司	201922454496.0	CN211848633U	2020.11.03
232	D21J 5	一种纸浆成型产品解决背面挂浆的设备	实用新型	徐昆 等	永发（河南）模塑科技发展有限公司	201922454724.4	CN211848639U	2020.11.03

序号	分类号	专利名称	专利类型	发明人	申请人	申请号	公告(公布)号	公告(公布)日
233	D21J 5	一种纸塑产品成型加热设备	实用新型	薛双喜等	永发(河南)模塑科技发展有限公司	201922449343.7	CN211848637U	2020.11.03
234	B65D 81	一种纸浆蛋托快速成型模具	实用新型	任涓	任涓	202020034469.8	CN211845701U	2020.11.03
235	D21J 3	能够实时控制供浆量的智能化纸浆模塑供浆系统	实用新型	徐兴华等	永发(河南)模塑科技发展有限公司	201922406607.0	CN211848632U	2020.11.03
236	D21D 5	一种纸浆模塑用纸浆过滤回收装置	实用新型	李兰	句容好锝包装有限公司	202020294043.6	CN211815162U	2020.10.30
237	C02F 9	一种纸浆模塑生产废水处理设备	实用新型	明文希等	永发(江苏)模塑包装科技有限公司	201922404184.9	CN211813821U	2020.10.30
238	B31F 5	一种纸浆模塑自动喷胶、复合、包装的一体装置	实用新型	陈彩建等	永发(江苏)模塑包装科技有限公司	201922404148.2	CN211808184U	2020.10.30
239	D21J 3	一种纸浆模塑成型机自动收料的装置	实用新型	车大利等	永发(江苏)模塑包装科技有限公司	201922485423.8	CN211815188U	2020.10.30
240	D21J 5	一种同一产品纸浆模塑产品局部加厚产品成型设备	实用新型	薛小俊等	永发(河南)模塑科技发展有限公司	201922468096.5	CN211815190U	2020.10.30
241	D21J 3	一种纸浆模塑烘干生产线	实用新型	李树春等	厦门达兴昌包装材料有限公司	202020307261.9	CN211772431U	2020.10.27
242	D21J 5	一种环保纸浆模塑宠物生活用品的生产工艺	发明专利	贺永超等	东莞市金牌包装材料有限公司	202010593067.6	CN111794016A	2020.10.20
243	B65C 9	纸模贴标装置	实用新型	赵宝琳等	佛山市必硕机电科技有限公司	201922345523.0	CN211711267U	2020.10.20
244	D21J 3	纸浆模塑品的制备系统	实用新型	牛金虎等	兰考裕德环保材料科技有限公司	201921783469.1	CN211713523U	2020.10.20
245	B65B 63	一种纸浆模塑热压整型成品堆叠装置及堆叠系统	实用新型	张贤等	浏阳市恒煜包装有限公司	201921458195.9	CN211685947U	2020.10.16
246	D21J 3	一种环保纸浆模塑储物箱的生产工艺	发明专利	贺永超等	东莞市金牌包装材料有限公司	202010593066.1	CN111764199A	2020.10.13

序号	分类号	专利名称	专利类型	发明人	申请人	申请号	公告（公布）号	公告（公布）日
247	D21J 3	一种环保纸浆模塑垃圾桶的生产工艺	发明专利	贺永超等	东莞市金牌包装材料有限公司	202010593060.4	CN111764198A	2020.10.13
248	B01F 13	一种可实时控制浓度的纸浆模塑供浆系统	实用新型	徐兴华等	永发（河南）模塑科技发展有限公司	201922409657.4	CN211659906U	2020.10.13
249	D21J 3	一种模塑包装盒制造定型处理工艺	发明专利	闫西英	闫西英	202010630367.7	CN111733633A	2020.10.02
250	D21J 3	一种快速换模的纸浆模塑成型设备	实用新型	费国忠等	永发（江苏）模塑包装科技有限公司	201921810072.7	CN211621015U	2020.10.02
251	D21J 3	蜂巢式电永磁快速锁模装置及其纸浆模塑成型设备	实用新型	费国忠等	永发（江苏）模塑包装科技有限公司	201921768900.5	CN211621014U	2020.10.02
252	B29C 65	一种真空双覆膜机	实用新型	范志交	佛山市南海区双志包装机械有限公司	201922476392.X	CN211616649U	2020.10.02
253	B65G 47	一种纸浆模塑制品转移工序模具	实用新型	王文强等	永发（河南）模塑科技发展有限公司	201922449369.1	CN211594224U	2020.09.29
254	B26F 1	一种纸浆模塑产品快速切边工艺的联动生产线	实用新型	谷小伟等	永发（河南）模塑科技发展有限公司	201922439939.9	CN211590419U	2020.09.29
255	B26D 3	一种纸浆模塑立体折弯拉V型槽装置	实用新型	缪应秋等	永发（河南）模塑科技发展有限公司	201922440604.9	CN211590299U	2020.09.29
256	B26F 1	一种纸浆模塑产品特殊冲切装置	实用新型	谷小伟等	永发（河南）模塑科技发展有限公司	201922270302.1	CN211590394U	2020.09.29
257	D21B 1	一种高效能智能化纸浆模塑制品制浆设备	实用新型	刘本有等	青岛永发模塑有限公司	201922240238.2	CN211596180U	2020.09.29
258	D21J 5	一种纸浆模塑成型机防止浆料污染和导轨腐蚀的保护装置	实用新型	李建师等	永发（河南）模塑科技发展有限公司	201922286151.9	CN211596199U	2020.09.29
259	B65G 47	纸模上料装置	实用新型	赵宝琳等	佛山市必硕机电科技有限公司	201922345522.6	CN211569391U	2020.09.25

序号	分类号	专利名称	专利类型	发明人	申请人	申请号	公告（公布）号	公告（公布）日
260	B31B 50	一种纸托热压整形机	实用新型	黄炜圻	佛山市顺德区致远纸塑设备有限公司	201922456535.0	CN211567100U	2020.09.25
261	D21J 3	一种可降解环保纸浆模塑餐盒制作加工工艺	发明专利	王清伟等	王清伟	202010549123.6	CN111691240A	2020.09.22
262	D21J 3	一种集制纸浆成型干燥于一体的纸浆模型试验机	发明专利	伦永亮	广州市南亚纸浆模塑设备有限公司	202010557375.3	CN111691238A	2020.09.22
263	C02F 1	一种纸托生产用污水处理设备	实用新型	黄炜圻	佛山市顺德区致远纸塑设备有限公司	201922444789.0	CN211546058U	2020.09.22
264	B65G 61	纸浆模塑智能码垛装置	实用新型	陈彩建等	永发（江苏）模塑包装科技有限公司	201922224658.1	CN211496062U	2020.09.15
265	B65B 61	一种纸浆模塑产品自动包装装置	实用新型	杨富成等	永发（江苏）模塑包装科技有限公司	201922224610.0	CN211494767U	2020.09.15
266	B26D 7	一种纸浆模塑产品切边机全自动上料设备	实用新型	陈彩建等	永发（江苏）模塑包装科技有限公司	201922238163.4	CN211491802U	2020.09.15
267	G01N 5	一种纸浆模塑材料吸液性能检测装置	发明专利	张红杰等	中国制浆造纸研究院有限公司	202010666153.5	CN111650077A	2020.09.11
268	D21J 5	一种全自动旋转式纸浆模塑热定型一体化生产设备	发明专利	徐罗申等	徐允聪	202010641726.9	CN111648167A	2020.09.11
269	D21J 3	一种模块化热压定型机构	发明专利	徐罗申等	徐允聪	202010641694.2	CN111648164A	2020.09.11
270	D21J 5	纸浆模塑热压整形机消音器	实用新型	丁玉成等	青岛永发模塑有限公司	201922148952.9	CN211471978U	2020.09.11
271	B01F 7	一种纸浆模塑餐具生产用混料设备	实用新型	金子豪	湖北麦秆环保科技有限公司	201922349651.2	CN211462890U	2020.09.11

序号	分类号	专利名称	专利类型	发明人	申请人	申请号	公告（公布）号	公告（公布）日
272	D21J 3	一种纸托成型机的浆桶抬升机构	实用新型	黄炜圻	佛山市顺德区致远纸塑设备有限公司	201922490614.3	CN211471976U	2020.09.11
273	C02F 1	一种纸浆模塑水的处理系统	实用新型	江宏	上海英正辉环保设备有限公司	201921024458.5	CN211470892U	2020.09.11
274	D21G 7	一种纸浆模塑制品精确平衡水分成套系统	实用新型	崔校奉等	青岛永发模塑有限公司	201922187308.2	CN211471971U	2020.09.11
275	D21J 3	一种旋转式纸浆模塑热压定型装置	发明专利	徐罗申等	徐允聪	202010641705.7	CN111636254A	2020.09.08
276	B65D 81	一种19吋显示器的纸浆模塑包装下托	实用新型	左飒 等	重庆欧亚绿原包装有限公司	201922217910.6	CN211443453U	2020.09.08
277	D21J 5	一种具有洗模机构的纸浆模塑成型机	实用新型	关泽殷	佛山市顺德区文达创盈包装材料科技有限公司	201922216688.8	CN211446398U	2020.09.08
278	B30B 1	一种具有支撑机构的纸浆模塑气动机	实用新型	关泽殷	佛山市顺德区文达创盈包装材料科技有限公司	201922216658.7	CN211441272U	2020.09.08
279	B26D 7	一种用于纸浆模塑制品的切边装置以及换刀装置	实用新型	关泽殷	佛山市顺德区文达创盈包装材料科技有限公司	201922216657.2	CN211440259U	2020.09.08
280	D21J 3	一种纸托成型机的上模移出结构	实用新型	黄炜圻	佛山市顺德区致远纸塑设备有限公司	201922456603.3	CN211446396U	2020.09.08
281	D21J 3	一种往复式纸托生产一体机	实用新型	黄炜圻	佛山市顺德区致远纸塑设备有限公司	201922490274 .4	CN211446397U	2020.09.08
282	F16H 21	纸浆模塑成型机用驱动机构	发明专利	宾东明等	广州华工环源绿色包装技术股份有限公司	202010386620.9	CN111623095A	2020.09.04

序号	分类号	专利名称	专利类型	发明人	申请人	申请号	公告（公布）号	公告（公布）日
283	B65D 81	一种纸浆模塑餐具生产用成品存放装置	实用新型	金子豪	湖北麦秆环保科技有限公司	201922351328.9	CN211418233U	2020.09.04
284	B29C 37	一种一次性用餐盒加工用纸浆模塑切边机	实用新型	罗登桥	浙江高洁纸业印刷包装有限公司	201921765312.6	CN211415972U	2020.09.04
285	D21J 5	一种纸浆模塑设备的成型机构	发明专利	郑武明 等	弼伽机械科技无锡有限公司	202010598699.1	CN111608025A	2020.09.01
286	D21J 3	带定位机构的成型模具及其纸浆模塑成型机	发明专利	吴姣平 等	广东华工佳源环保科技有限公司	202010436821.5	CN111608022A	2020.09.01
287	B65G 47	盒盖连体纸塑包装盒输送装置	实用新型	赵宝琳 等	佛山市必硕机电科技有限公司	201922353293.2	CN211392973U	2020.09.01
288	B26D 3	一种双轴纸托开槽机	实用新型	黄炜圻	佛山市顺德区致远纸塑设备有限公司	201922454344.0	CN211389005U	2020.09.01
289	D21J 3	纸浆模塑制品成型装置及其纸塑模具	发明专利	吴姣平 等	广东华工佳源环保科技有限公司	202010436825.3	CN111593614A	2020.08.28
290	D21J 3	一种纸浆模塑成型机冷挤压装置	发明专利	宾东明 等	广州华工环源绿色包装技术股份有限公司	202010386722.0	CN111593612A	2020.08.28
291	D21J 3	一种纸塑整体瓶子的吸塑模具及其吸塑工艺	发明专利	徐昆 等	永发（河南）模塑科技发展有限公司	202010415315.8	CN111593613A	2020.08.28
292	D21J 5	一种纸塑整体瓶子的挤压模具和挤压工艺	发明专利	徐昆 等	永发（河南）模塑科技发展有限公司	202010415313.9	CN111593616A	2020.08.28
293	D21J 5	一种纸塑整体瓶子、成型模具和生产工艺	发明专利	徐昆 等	永发（河南）模塑科技发展有限公司	202010414396.X	CN111593615A	2020.08.28
294	B05B 16	一种喷绒布生产设备监控组件	发明专利	徐青峰	江苏博阳智慧电气股份有限公司	202010444534.9	CN111570165A	2020.08.25
295	D21J 3	一种新型纸浆模塑环保餐具精品工包设备	实用新型	杨玉军	济南哈特曼环保科技有限公司	201921131655.7	CN211340216U	2020.08.25

续表

序号	分类号	专利名称	专利类型	发明人	申请人	申请号	公告（公布）号	公告（公布）日
296	D21J 5	一种具有自动卸料功能的纸浆模塑制品成型装置	实用新型	金子豪	湖北麦秆环保科技有限公司	201921861206.8	CN211312016U	2020.08.21
297	D21J 3	纸浆模塑成型设备的液压式锁模装置及其成型设备	实用新型	费国忠等	永发（江苏）模塑包装科技有限公司	201921586087.X	CN211256496U	2020.08.14
298	D21J 3	一种纸浆模塑模具恒温线圈加热装置及其成型模具和设备	实用新型	费国忠等	永发（江苏）模塑包装科技有限公司	201921273155.7	CN211256494U	2020.08.14
299	D21J 3	一种纸浆模塑产品模具加热装置及其成型模具和设备	实用新型	车大利等	永发（江苏）模塑包装科技有限公司	201921300653.6	CN211256495U	2020.08.14
300	B26F 3	一种纸浆模具射流自动切边装置	实用新型	苏炳龙	泉州市远东环保设备有限公司	201921884391.2	CN211250333U	2020.08.14
301	D21J 3	用于三段冷压脱水式纸模包装设备的真空成型转移装置	实用新型	苏炳龙	泉州市远东环保设备有限公司	201922071327.9	CN211256498U	2020.08.14
302	D21J 3	带有液压式导轨举模装置的纸浆模塑成型设备	实用新型	费国忠等	永发（江苏）模塑包装科技有限公司	201921492779.8	CN211171431U	2020.08.04
303	D21J 3	带有弹簧滚珠式举模装置的纸浆模塑成型设备	实用新型	费国忠等	永发（江苏）模塑包装科技有限公司	201921492792.3	CN211171432U	2020.08.04
304	B31D 1	一种全自动化半干压纸塑生产工艺	发明专利	李军 等	李军	202010460553.0	CN111469494A	2020.07.31
305	D21J 3	一种纸浆模塑成型机	实用新型	吴姣平等	广州华工环源绿色包装技术股份有限公司	201921450126.3	CN211142657U	2020.07.31
306	D21J 3	一种纸浆模塑转鼓成型机	实用新型	陈忠 等	广州华工环源绿色包装技术股份有限公司	201921460090.7	CN211142658U	2020.07.31
307	D21J 3	浆槽捞浆系统及其控制方法	发明专利	吴志豪	裕兰环保科技有限公司	201910162725.3	CN111434854A	2020.07.21
308	D21J 3	一种全自动纸浆模塑成型机	实用新型	孔亚非	苏州工业园区柯奥模塑科技有限公司	201922017235.2	CN211006161U	2020.07.14

序号	分类号	专利名称	专利类型	发明人	申请人	申请号	公告(公布)号	公告(公布)日
309	D21J 7	一种纸浆模塑生产用连续排水装置	实用新型	关泽殿	佛山市顺德区文达创盈包装材料科技有限公司	201921713125.3	CN211006163U	2020.07.14
310	D21J 3	一种纸浆模塑用液压整形装置	实用新型	关泽殿	佛山市顺德区文达创盈包装材料科技有限公司	201921730324.5	CN210975374U	2020.07.10
311	B08B 3	一种模塑模具自动清洗装置	实用新型	孔亚非	苏州工业园区柯奥模塑科技有限公司	201922010636.5	CN210966087U	2020.07.10
312	D21J 5	植物纤维模塑成型的悬挂式吸滤成型装置	实用新型	郑天波等	郑天波	201921663809.7	CN210975378U	2020.07.10
313	D21J 5	一种植物纤维模塑成型竖直平衡湿坯转移装置	实用新型	郑天波等	浙江欧亚轻工装备制造有限公司;郑天波	201921664160.0	CN210975379U	2020.07.10
314	D21J 5	植物纤维模塑成型机的线轨式上下移模装置	实用新型	郑天波等	浙江欧亚轻工装备制造有限公司;郑天波	201921665529.X	CN210975380U	2020.07.10
315	D21J 5	一种植物纤维模塑成型的湿坯转移装置	实用新型	郑天波等	浙江欧亚轻工装备制造有限公司;郑天波	201921653562.0	CN210975377U	2020.07.10
316	D21J 3	一种纸浆模塑设备的往复运动管道装置	发明专利	姜六平等	上海英正辉环保设备有限公司	202010325727.2	CN111364290A	2020.07.03
317	B26D 7	一种纸浆模塑制品切边装置	实用新型	金子豪	湖北麦秆环保科技有限公司	201921860240.3	CN210910247U	2020.07.03
318	D21J 3	一种节能均匀纸浆模塑注浆装置	实用新型	金子豪	湖北麦秆环保科技有限公司	201921745450.8	CN210916802U	2020.07.03
319	D21D 1	一种高效纸浆模塑原料打浆装置	实用新型	金子豪	湖北麦秆环保科技有限公司	201921860195.1	CN210916789U	2020.07.03
320	D21J 3	一种纸浆模塑高效热压整形机	实用新型	金子豪	湖北麦秆环保科技有限公司	201921745582.0	CN210916804U	2020.07.03

序号	分类号	专利名称	专利类型	发明人	申请人	申请号	公告(公布)号	公告(公布)日
321	D21J 3	一种纸浆模塑模具自动定位装置	实用新型	金子豪	湖北麦秆环保科技有限公司	201921860241.8	CN210916807U	2020.07.03
322	D21J 3	一种环保纸浆模塑烘干装置	实用新型	金子豪	湖北麦秆环保科技有限公司	201921745608.1	CN210916806U	2020.07.03
323	D21J 3	一种用于瓶状制品纸浆模塑的模具和设备	实用新型	姜洪俊	龙口市科利马工贸有限公司	201921606452.9	CN210916808U	2020.07.03
324	D21J 3	一种纸浆模塑成型模具均匀加热装置	实用新型	金子豪	湖北麦秆环保科技有限公司	201921745571.2	CN210916803U	2020.07.03
325	B65C 9	一种贴标设备	实用新型	赵宝琳等	佛山市必硕机电科技有限公司	201921621106.8	CN210913230U	2020.07.03
326	D21J 3	纸浆模塑的注浆装置	发明专利	仝骥	江苏绿森包装有限公司	201811556070.X	CN111335076A	2020.06.26
327	F26B 15	纸浆模塑成型烘干装置	发明专利	仝骥	江苏绿森包装有限公司	201811554925.5	CN111336801A	2020.06.26
328	B26D 1	一种纸浆模塑切边机构	发明专利	仝骥	江苏绿森包装有限公司	201811551725.4	CN111331637A	2020.06.26
329	B01D 29	一种用于纸浆模塑设备的自动排水装置	实用新型	姜洪俊	龙口市科利马工贸有限公司	201921605374.0	CN210845428U	2020.06.26
330	D21J 5	纸浆模塑餐具成型冷压脱水不带网热干燥两工位一体机	实用新型	吴佳能	泉州市大创机械制造有限公司	201921283385.1	CN210856796U	2020.06.26
331	B31B 50	自动检测纸塑产品中海绵多装漏装压合装置	实用新型	杨富成等	永发(江苏)模塑包装科技有限公司	201921437189.5	CN210851505U	2020.06.26
332	D21B 1	用于纸浆模塑的原料打浆系统	发明专利	仝骥	江苏绿森包装有限公司	201811554951.8	CN111335059A	2020.06.26
333	D21J 3	一种纸浆模塑制品全自动生产线	实用新型	李洪普等	佛山新曜阳智能科技有限公司	201921535950.9	CN210826933U	2020.06.23
334	D21J 3	纸盒热压整形模组及纸盒热压整形设备	实用新型	赵宝琳	佛山市必硕机电科技有限公司	201921723227.3	CN210826935U	2020.06.23

序号	分类号	专利名称	专利类型	发明人	申请人	申请号	公告（公布）号	公告（公布）日
335	D21J 3	一种纸浆模塑制品全自动生产控制系统	实用新型	李洪普等	佛山新曜阳智能科技有限公司	201921536229.1	CN210826934U	2020.06.23
336	D21J 3	一种纸浆模塑成型机用称重装置	实用新型	关泽殷	佛山市顺德区文达创盈包装材料科技有限公司	201921684477.0	CN210797104U	2020.06.19
337	D21J 3	一种纸浆模塑制品成型用喷涂装置	实用新型	关泽殷	佛山市顺德区文达创盈包装材料科技有限公司	201921694826.7	CN210797105U	2020.06.19
338	D21J 3	一种纸浆模塑烘干生产线及烘干工艺	发明专利	李树春等	厦门达兴昌包装材料有限公司	202010171106.3	CN111218855A	2020.06.02
339	B26F 1	一种环保纸浆模塑切边装置	实用新型	郑佐宇	温州三星环保包装有限公司	201921067150.9	CN210651061U	2020.06.02
340	D21J 5	一种纸浆模塑真空自动排水装置	实用新型	巢邕等	湖南双环纤维成型设备有限公司	201921607264.8	CN210657797U	2020.06.02
341	D21J 5	利用纸浆模塑工艺制造的纸质殡葬祭祀用品方法及专用设备	发明专利	赵海昌	赵海昌	201811091015.8	CN111218856A	2020.06.02
342	B26F 1	一种一次性用餐盒加工用纸浆模塑切边机	实用新型	郑佐宇	温州三星环保包装有限公司	201921063605.X	CN210651060U	2020.06.02
343	D21J 3	用于纸浆模塑产品热压时推压入模装置	实用新型	张贤等	浏阳市恒煜包装有限公司	201921458190.6	CN210657792U	2020.06.02
344	B02C 18	一种环保纸浆模塑切边机用废料回收装置	实用新型	郑佐宇	温州三星环保包装有限公司	201921067031.3	CN210646672U	2020.06.02
345	B26D 7	一种环保纸浆模塑切边机的上料装置	实用新型	郑佐宇	温州三星环保包装有限公司	201921070498.3	CN210650949U	2020.06.02
346	D21J 3	一种半自动纸浆模塑成定型装置	实用新型	王春锋等	山东辰骐环保新材料科技有限公司	201921614481.X	CN210657793U	2020.06.02
347	D21J 5	一种拆分式模板	实用新型	赵宝琳等	佛山市必硕机电科技有限公司	201921357341.9	CN210657794U	2020.06.02

序号	分类号	专利名称	专利类型	发明人	申请人	申请号	公告（公布）号	公告（公布）日
348	B65G 37	一种纸浆模塑制品生产系统	实用新型	吴姣平等	广东华工佳源环保科技有限公司	201921238585.5	CN210654979U	2020.06.02
349	D21J 5	一种太阳能纸浆模塑烘干设备	发明专利	李树春等	厦门达兴昌包装材料有限公司	202010171095.9	CN111188227A	2020.05.22
350	D21J 3	新型纸塑成型装置	实用新型	计巧元等	苏州市恒顺纸塑有限公司	201920775202.1	CN210596833U	2020.05.22
351	D21J 3	一种隔热机构及纸浆模塑定型模具	实用新型	吴姣平	广州华工环源绿色包装技术股份有限公司	201921283608.4	CN210561469U	2020.05.19
352	B65G 37	一种纸浆模塑制品出料装置	实用新型	吴姣平	广东华工佳源环保科技有限公司	201921251472.9	CN210557531U	2020.05.19
353	B65G 57	一种码垛机	实用新型	吴姣平等	广东华工佳源环保科技有限公司	201921456390.8	CN210558016U	2020.05.19
354	F26B 21	一种多层烘干线风向控制机构	实用新型	赵宝琳等	佛山市必硕机电科技有限公司	201921357402.1	CN210569854U	2020.05.19
355	D21J 3	高速热压机调压模板	实用新型	赵宝琳等	佛山市必硕机电科技有限公司	201921357246.9	CN210561468U	2020.05.19
356	B31F 1	一种热压机防压装置	实用新型	赵宝琳等	佛山市必硕机电科技有限公司	201921357145.1	CN210553347U	2020.05.19
357	B26F 1	植物纤维模塑制品切边方法及切边装置	发明专利	郑天波等	杭州欧亚机械制造有限公司	202010094248.4	CN111168764A	2020.05.19
358	D21J 5	纤维浆湿坯无损脱水定型法和湿坯无损脱水定型模组	发明专利	李响	大连松通创成新能源科技有限公司	202010080892.6	CN111155359A	2020.05.15
359	D21H 25	一种纸浆模塑制品精确平衡水分成套系统	发明专利	崔校奉等	青岛永发模塑有限公司	201911252879.8	CN111139685A	2020.05.12
360	B65G 47	多层烘干线双下料变轨机构	实用新型	赵宝琳等	佛山市必硕机电科技有限公司	201921364565.2	CN210480087U	2020.05.08

序号	分类号	专利名称	专利类型	发明人	申请人	申请号	公告（公布）号	公告（公布）日
361	F26B 17	一种纸模烘干设备托盘	实用新型	赵宝琳等	佛山市必硕机电科技有限公司	201921357520.2	CN210486423U	2020.05.08
362	C02F 9	一种纸浆模塑生产用水循环利用系统	实用新型	张昌志等	永发（江苏）模塑包装科技有限公司	201920814488.X	CN210481048U	2020.05.08
363	B31F 5	一种纸浆模塑自动喷胶、复合、包装的一体装置	发明专利	陈彩建等	永发（江苏）模塑包装科技有限公司	201911380246.5	CN111098556A	2020.05.05
364	B29C 63	一种纸浆模塑制品覆膜方法和装置	发明专利	王文强等	永发（河南）模塑科技发展有限公司	201911304145.X	CN111086199A	2020.05.01
365	D21J 5	一种纸浆模塑立体折弯工艺	发明专利	缪应秋等	永发（河南）模塑科技发展有限公司	201911402442.8	CN111074694A	2020.04.28
366	D21J 5	一种同一产品纸浆模塑产品局部加厚产品成型设备	发明专利	薛小俊等	永发（河南）模塑科技发展有限公司	201911405495.5	CN111074695A	2020.04.28
367	D21J 5	一种消除纸浆模塑制品表面缺陷的二次吸浆补偿技术方法	发明专利	齐潜龙等	永发（河南）模塑科技发展有限公司	201911276226.3	CN111074693A	2020.04.28
368	D21J 5	一种纸浆成型产品解决背面挂浆系统	发明专利	徐昆 等	永发（河南）模塑科技发展有限公司	201911397847.7	CN111041898A	2020.04.21
369	D21J 3	一种纸浆模塑成型机自动收料的装置	发明专利	车大利等	永发（江苏）模塑包装科技有限公司	201911405952.0	CN111021154A	2020.04.17
370	C02F 9	一种去除纸浆模塑生产废水纸纤维方法	发明专利	明文希等	永发（江苏）模塑包装科技有限公司	201911380266.2	CN111018159A	2020.04.17
371	B26F 1	一种纸浆模塑产品特殊冲切方法及装置	发明专利	谷小伟等	永发（河南）模塑科技发展有限公司	201911304142.6	CN110978124A	2020.04.10
372	B26F 1	一种纸浆模塑产品快速切边工艺的联动生产线	发明专利	谷小伟等	永发（河南）模塑科技发展有限公司	201911397348.8	CN110978136A	2020.04.10
373	D21J 3	一种纸浆模塑产品局部加厚成型模具、生产设备及其生产方法	发明专利	谷小伟等	永发（河南）模塑科技发展有限公司	201911405510.6	CN110983863A	2020.04.10

序号	分类号	专利名称	专利类型	发明人	申请人	申请号	公告（公布）号	公告（公布）日
374	B31D 5	一种纸浆模塑产品切边机全自动上料设备	发明专利	陈彩建等	永发（江苏）模塑包装科技有限公司	201911286472.7	CN110978640A	2020.04.10
375	D21J 5	一种纸浆模塑产品负拔模成型设备、系统和工艺	发明专利	谷小伟等	永发（河南）模塑科技发展有限公司	201911261299.5	CN110983866A	2020.04.10
376	D21J 5	一种纸浆成型产品解决背面挂浆的设备和方法	发明专利	徐昆等	永发（河南）模塑科技发展有限公司	201911397850.9	CN110983867A	2020.04.10
377	D21D 1	一种能够保证破碎度的纸浆模塑制品用打浆机	实用新型	马兆元等	常州万兴纸塑有限公司	201921003585.7	CN210262488U	2020.04.07
378	D21J 3	一种翻转式纸托生产系统	发明专利	黄炜圻	佛山市顺德区致远纸塑设备有限公司	201911398334.8	CN110965396A	2020.04.07
379	D21J 3	一种纸浆模塑产品自动脱模装置	实用新型	苏炳龙	泉州市远东环保设备有限公司	201920319406.4	CN210238154U	2020.04.03
380	F26B 9	一种纸浆模塑制品的开敞式干燥房	实用新型	马兆元等	常州万兴纸塑有限公司	201921003596.5	CN210242185U	2020.04.03
381	D21J 3	一种混合纸浆模塑成型方法及自动化设备	发明专利	汤汉良等	清远高新华园科技协同创新研究院有限公司	201911160686.X	CN110952384A	2020.04.03
382	D21B 1	一种高效能智能化纸浆模塑制品制浆设备及方法	发明专利	刘本有等	青岛永发模塑有限公司	201911286474.6	CN110952362A	2020.04.03
383	D21J 3	一种纸浆模塑制品成型加工装置及其成型加工工艺	发明专利	姚厚君等	姚厚君	201911383237.1	CN110924237A	2020.03.27
384	D21J 5	一种纸浆模塑手撕产品成型装置	发明专利	谷小伟等	永发（河南）模塑科技发展有限公司	201911401835.7	CN110904738A	2020.03.24
385	G05B 19	一种快速换模的纸浆模塑成型设备	发明专利	费国忠等	永发（江苏）模塑包装科技有限公司	201911025510.3	CN110879577A	2020.03.13
386	D21J 3	带有蜂巢式电永磁快速锁模装置的纸浆模塑成型设备	发明专利	费国忠等	永发（江苏）模塑包装科技有限公司	201911002115.3	CN110878495A	2020.03.13

序号	分类号	专利名称	专利类型	发明人	申请人	申请号	公告（公布）号	公告（公布）日
387	D21J 3	纸浆模塑品的制造方法及制备系统	发明专利	牛金虎等	兰考裕德环保材料科技有限公司	201911001071.2	CN110846940A	2020.02.28
388	D21C 5	一种纸浆模塑制品制浆工艺	发明专利	常明等	常明	201911160018.7	CN110846920A	2020.02.28
389	D21J 3	一种可降解纸浆模塑环保餐盒制作干燥定型装置及方法	发明专利	陈汉元	陈汉元	201911112439.2	CN110820430A	2020.02.21
390	B26D 1	一种纸浆模塑成型机的切边机构	实用新型	谭嘉栓等	青岛川百纳包装制品有限公司	201921011458.1	CN210081825U	2020.02.18
391	F26B 11	一种纸浆模塑包装材料定型机械及定型方法	发明专利	常明等	常明	201911135383.2	CN110793293A	2020.02.14
392	D21J 5	一种双面高光滑度纸浆模塑产品成型系统	实用新型	费国忠等	永发（江苏）模塑包装科技有限公司	201920084787.2	CN210031350U	2020.02.07
393	D21J 3	新型纸塑模型缓冲件成型装置	实用新型	计巧元等	苏州市恒顺纸塑有限公司	201920775201.7	CN210031349U	2020.02.07
394	D21J 5	一体式高效甘蔗纸浆模塑成型设备及工艺	发明专利	金子豪	湖北麦秆环保科技有限公司	201911055919.X	CN110747700A	2020.02.04
395	D21J 3	一种四面转毂式纸浆模塑工包成型机	实用新型	巢邕等	湖南双环纤维成型设备有限公司	201920474306.9	CN210013060U	2020.02.04
396	D21J 5	植物纤维模塑成型机模具上下移动方法及线轨式上下移模装置	发明专利	郑天波等	浙江欧亚轻工装备制造有限公司；郑天波	201910940691.6	CN110725158A	2020.01.24
397	A47G 19	一种带防软化功能的纸浆模塑热食及热饮容器	实用新型	仝骥等	江苏绿森包装有限公司	201920621793.7	CN209965949U	2020.01.21
398	D21J 5	纸浆模塑餐具成型冷压脱水不带网热干燥两工位一体机	发明专利	吴佳能	泉州市大创机械制造有限公司	201910732411.2	CN110714369A	2020.01.21
399	D21J 5	一种纸浆模塑成型机及其制品转移结构	发明专利	李少兵	李少兵	201911157913.3	CN110670417A	2020.01.10

序号	分类号	专利名称	专利类型	发明人	申请人	申请号	公告（公布）号	公告（公布）日
400	D21J 3	带有弹簧滚珠式举模装置的纸浆模塑成型设备	发明专利	费国忠等	永发（江苏）模塑包装科技有限公司	201910849485.4	CN110670416A	2020.01.10
401	D21D 1	一种纸浆模塑制浆过程中的碎浆智能化投料联动系统	实用新型	徐兴华等	永发（江苏）模塑包装科技有限公司	201920079237.1	CN209923674U	2020.01.10

表 2　产品与结构相关专利

序号	分类号	专利名称	专利类型	发明人	申请人	申请号	公告（公布）号	公告（公布）日
1	D21H 17	一种环保纸浆防潮防湿餐盘及其制备方法	发明专利	钟传标等	东莞市美盈森环保科技有限公司	202210089733.1	CN114481707A	2022.05.13
2	D21H 21	一种高强度纸浆模塑餐具及其制备工艺方法	发明专利	杨德辉等	浙江家得宝科技股份有限公司	202111513475.7	CN114075797A	2022.02.22
3	B65D 19	一种稳定性高的环保型纸浆模塑物流托	实用新型	杨永超等	淮安市力拓包装印刷材料有限公司	202122461876.4	CN215884486U	2022.02.22
4	07-01	纸浆模塑杯盖	外观设计	万凌等	浙江舒康科技有限公司	202130675679.5	CN307123393S	2022.02.22
5	09-03	纸浆模塑包装盒	外观设计	吴天财等	永发（河南）模塑科技发展有限公司	202130637903.1	CN307111906S	2022.02.15
6	04-02	拆分式牙刷柄（生物基秸秆纤维纸浆模塑）	外观设计	王建民	王建民	202130626613.7	CN307104185S	2022.02.11
7	09-07(13)	纸碗密封盖	外观设计	陈志虎	江苏优派克包装科技有限公司	202130585759.1	CN207106286S	2022.02.11
8	B65D 19	一种具有泄漏检测的环保型纸浆模塑托盘	实用新型	杨永超等	淮安市力拓包装印刷材料有限公司	202122416894.0	CN215753637U	2022.02.08

续表

序号	分类号	专利名称	专利类型	发明人	申请人	申请号	公告（公布）号	公告（公布）日
9	B65D 25	一种封闭式纸浆模塑托盘	实用新型	杨永超等	淮安市力拓包装印刷材料有限公司	202121916292.5	CN215753866U	2022.02.08
10	B65D 19	一种减震纸浆模塑托盘	实用新型	杨永超等	淮安市力拓包装印刷材料有限公司	202122269540.8	CN215753636U	2022.02.08
11	B65D 6	一种纸浆模塑包装盒	实用新型	吴天财等	永发（河南）模塑科技发展有限公司	202120995975.8	CN215708200U	2022.02.01
12	B65D 75	防渗漏避光的包装盒	实用新型	刘佳伟	湖北艾艾贴健康科技有限公司	202121113020.1	CN215555726U	2022.01.18
13	B65D 85	一种纸浆模塑包装结构	实用新型	颜伟航	宁波奥克斯电气股份有限公司，奥克斯空调股份有限公司	202121208459.2	CN215514998U	2022.01.14
14	07-03	餐勺	外观设计	赵宝琳等	佛山市必硕机电科技有限公司	202130420448.X	CN307052929S	2022.01.07
15	B65D 81	一种笔记本电脑的包装	实用新型	张长伟等	重庆市美盈森环保包装工程有限公司	202121090006.4	CN215437820U	2022.01.07
16	B65D 19	一种环保型运输用防护纸浆模塑托盘	实用新型	杨永超等	淮安市力拓包装印刷材料有限公司	202122093602.4	CN215437424U	2022.01.07
17	B65D 43	一种餐碗密封结构	实用新型	徐红兵等	韶能集团绿洲生态（新丰）科技有限公司	202121564985.2	CN215246709U	2021.12.21

序号	分类号	专利名称	专利类型	发明人	申请人	申请号	公告（公布）号	公告（公布）日
18	A47G 19	一种具有闭合机构的防烫杯盖	实用新型	陈志虎	江苏澄阳旭禾包装科技有限公司	202121267806.9	CN215226600U	2021.12.21
19	B65D 85	一种防震效果好的循环使用纸浆模塑托盘	实用新型	杨永超等	淮安市力拓包装印刷材料有限公司	202121812735.6	CN215206457U	2021.12.17
20	B65D 81	一种包装用的缓冲件	实用新型	姚乐乐	佛山市必硕机电科技有限公司	202120741528.X	CN215157387U	2021.12.14
21	A47G 19	一种防烫饮品杯	实用新型	陈志虎	江苏澄阳旭禾包装科技有限公司	202121263671.9	CN215077336U	2021.12.10
22	B65D 25	一种具有开窗口的多用途包装盒	实用新型	刘登栋等	广州艾地广告有限公司	202121314573.3	CN214931985U	2021.11.30
23	B65D 5	一种长方体产品纸板折叠定位缓冲内包装结构	实用新型	闫成浩等	青岛科技大学	202120895005.0	CN214824890U	2021.11.23
24	B65D 25	一种显示器及其附件的缓冲防护包装结构	实用新型	张长伟等	重庆市美盈森环保包装工程有限公司	202120099117.5	CN214825240U	2021.11.23
25	B65D 19	一种用于电子产品的纸浆模塑包装制品	实用新型	罗礼发等	正业包装（中山）有限公司	202120460146.X	CN214825002U	2021.11.23
26	B65D 19	一种高抗张高强度耐撕模塑包装制品	实用新型	罗礼发等	正业包装（中山）有限公司	202120461387.6	CN214777322U	2021.11.19
27	D21J 5	一种全植物纤维纸浆模塑卡扣	实用新型	邹克斐等	永发（河南）模塑科技发展有限公司	202120198845.1	CN214529964U	2021.10.29
28	07-03	叉子	外观设计	赵宝琳等	佛山市必硕机电科技有限公司	202130420398.5	CN306898793S	2021.10.26

续表

序号	分类号	专利名称	专利类型	发明人	申请人	申请号	公告（公布）号	公告（公布）日
29	07-03	餐刀	外观设计	赵宝琳等	佛山市必硕机电科技有限公司	202130420570.7	CN306898794S	2021.10.26
30	D21J 3	一种高水稳定性的生物质基餐具的制备方法	发明专利	李许生等	广西大学	202110828744.2	CN113529495A	2021.10.22
31	B65D 81	一种组合式模块化纸浆模塑包装缓冲结构	发明专利	王军等	江南大学	202110565051.9	CN113401506A	2021.09.17
32	D21J 5	一种耐水耐油型纸浆模塑餐具及其制备工艺	发明专利	杨建平等	浙江博特生物科技有限公司	202110713006.3	CN113373738A	2021.09.10
33	D21J 5	一种复合纸浆制品模塑加工方法及其纸浆制品	发明专利	张宝华	张宝华	202110652707.0	CN113355953A	2021.09.07
34	D21J 3	一种轻质高强度纸浆模塑餐具及其制备工艺	发明专利	杨建平等	浙江博特生物科技有限公司	202110713013.3	CN113355952A	2021.09.07
35	B65D 5	一种插接式储物架的包装装置	实用新型	王学峰	香河县峰阳金属制品有限公司	202022915697.9	CN214085251U	2021.08.31
36	B65D 1	一种纸浆模塑包装盒	实用新型	张长伟等	成都市美盈森环保科技有限公司	202022612699.0	CN214002341U	2021.08.20
37	B65D 25	一种包装盒的锁盒结构及其制备工艺	发明专利	周仰芳等	永发（河南）模塑科技发展有限公司	202110379509.1	CN113264275A	2021.08.17
38	B65D 81	一种 PC 一体机缓冲包装	实用新型	钟云飞等	湖南工业大学	202021744540.8	CN213922308U	2021.08.10
39	D21J 5	一种全降解无氟纸浆模塑餐盘及其制备方法	发明专利	王建华等	杭州西红柿环保科技有限公司	202110455268.4	CN113215862A	2021.08.06
40	B65D 81	一种模块化组合的纸浆模塑缓冲包装结构	发明专利	王军等	江南大学	202110428768.9	CN113184386A	2021.07.30

续表

序号	分类号	专利名称	专利类型	发明人	申请人	申请号	公告（公布）号	公告（公布）日
41	B65D 13	一种灯泡的纸浆模塑包装盒	实用新型	张长伟等	美盈森集团股份有限公司	202021365339.9	CN213832513U	2021.07.30
42	09-99	蓄电池纸浆模塑（FM150）	外观设计	龚青华	十堰市鑫泰包装科技有限公司	202030709070.0	CN306720619S	2021.07.30
43	D21J 3	一种全降解干压纸浆模塑杯盖及其制备方法	发明专利	王建华等	杭州西红柿环保科技有限公司	202110455249.1	CN113174785A	2021.07.27
44	A47G 19	一种全降解纸浆不变软杯子	发明专利	王建华等	杭州西红柿环保科技有限公司	202110453729.4	CN113171002A	2021.07.27
45	B65D 47	两用纸浆模塑杯盖	实用新型	戴陈涛等	浙江舒康科技有限公司	202022600203.8	CN213800999U	2021.07.27
46	B65D 47	一种饮口和吸管插口异步堵塞的纸浆模塑冷热杯盖	实用新型	黄梦妹等	浙江舒康科技有限公司	202022604974.4	CN213801000U	2021.07.27
47	D21J 3	一种全降解干压浆模塑产品及其制备方法	发明专利	王建华等	杭州西红柿环保科技有限公司	202110453664.3	CN113152154A	2021.07.23
48	A45C 11	一种附有餐具的纸浆模塑餐盒	实用新型	李传高等	美盈森集团股份有限公司,东莞市美之兰环保科技有限公司	202021930729.6	CN213720394U	2021.07.20
49	D21J 3	一种纸浆模塑倒扣锁紧结构	实用新型	杜元晨	东莞市昆保达纸塑包装制品有限公司	202022675015.1	CN213740344U	2021.07.20
50	B65D 25	一种纸浆模塑容器	实用新型	张小聪	福建纸友实业有限公司	202021962410.1	CN213677818U	2021.07.13

序号	分类号	专利名称	专利类型	发明人	申请人	申请号	公告（公布）号	公告（公布）日
51	D21J 5	一种纸浆模塑容器模具	实用新型	张小聪	福建纸友实业有限公司	202021962600.3	CN213681514U	2021.07.13
52	B65D 25	一种纸浆模塑加工的包装盒	实用新型	顾晓明	太仓市绿城包装制品有限公司	202022303850.2	CN213677867U	2021.07.13
53	D21J 3	一种自胶合全降解有机覆盖垫及制作方法	发明专利	岳大然等	海南大学	202110272232.2	CN113089382A	2021.07.09
54	B65D 19	一种高抗张高强度耐撕模塑包装制品及其制作方法	发明专利	罗礼发等	正业包装（中山）有限公司	202110236937.9	CN113044356A	2021.06.29
55	A47G 29	一种纸浆模塑产品挂钩	实用新型	杜元晨	东莞市昆保达纸塑包装制品有限公司	202022675167.1	CN213524784U	2021.06.25
56	D21J 5	一种高抗压强度、防水纸浆模塑材料及其制备方法	发明专利	段华伟等	湖南工业大学	202110104019.0	CN112962356A	2021.06.15
57	A45C 11	纸浆模塑餐盒	实用新型	唐习然等	沙伯特（中山）有限公司	202022222680.5	CN213428811U	2021.06.15
58	F16B 1	一种全植物纤维纸浆模塑卡扣	发明专利	邹克斐等	永发（河南）模塑科技发展有限公司	202110097227.2	CN112943756A	2021.06.11
59	B65D 1	一种纸浆模塑复合纸托盘	实用新型	童红来	南京恒丰包装材料有限公司	202022001484.5	CN213385130U	2021.06.08
60	B65D 25	一种显示器及其附件的缓冲防护包装结构及其制备方法	发明专利	张长伟等	重庆市美盈森环保包装工程有限公司	202110050066.1	CN112896755A	2021.06.04
61	B65D 51	一种环保冷热饮纸浆模塑盖	实用新型	张筱乔等	张德利 等	202022106674.3	CN213324594U	2021.06.01

序号	分类号	专利名称	专利类型	发明人	申请人	申请号	公告（公布）号	公告（公布）日
62	07-01	杯子	外观设计	赵宝琳等	佛山市必硕机电科技有限公司	202130021024.6	CN306575537S	2021.06.01
63	D21J 5	一种高抗张强度高耐撕性纸浆模塑制品以及制备工艺	发明专利	罗礼发等	正业包装（中山）有限公司	202110034426.9	CN112853821A	2021.05.28
64	B65D 25	纸浆模塑环保包装壳	实用新型	王洪兵	佛山市顺德区嘉美立包装有限公司	202020837354.2	CN213293095U	2021.05.28
65	B65D 25	一种纸浆模塑包装结构	实用新型	王洪兵	佛山市顺德区嘉美立包装有限公司	202020837349.1	CN213293094U	2021.05.28
66	B65D 25	一种纸浆模塑包装托	实用新型	王洪兵	佛山市顺德区嘉美立包装有限公司	202020838433.5	CN213293165U	2021.05.28
67	D21J 5	一种便于快速烘干的纸浆模塑产品	发明专利	不公告发明人	西安创想汇智工业设计有限公司	201911148729.2	CN112824596A	2021.05.21
68	B65D 81	一种吊扇的纸质结构包装	实用新型	林晓彬等	美盈森集团股份有限公司，东莞市美之兰环保科技有限公司	202021901557.X	CN213229838U	2021.05.18
69	A47G 19	一种可降解纸塑工艺制成的内外双扣紧杯盖	发明专利	苏双全等	吉特利环保科技（厦门）有限公司	202110336925.3	CN112806807A	2021.05.18
70	07-01	餐盒（纸浆模塑）	外观设计	罗康平等	沙伯特（中山）有限公司	202030594618.1	CN306527614S	2021.05.11
71	07-01	餐盒（纸浆模塑及吸塑成型）	外观设计	罗康平等	沙伯特（中山）有限公司	202030594615.8	CN306527613S	2021.05.11

序号	分类号	专利名称	专利类型	发明人	申请人	申请号	公告（公布）号	公告（公布）日
72	D21H 11	一种超轻纸浆模塑材料及其制备方法	发明专利	周小三 等	运研材料科技（上海）有限公司	202110243242.3	CN112761020A	2021.05.07
73	D21J 5	一种吸浆均匀的纸浆模塑吸浆模具及用途	发明专利	薛双喜 等	永发（江苏）模塑包装科技有限公司	202011594748.0	CN112626929A	2021.04.09
74	B65D 1	纸浆模塑包装盒	实用新型	吴涛	深圳云创文化科技有限公司	202021264506.0	CN212738859U	2021.03.19
75	B65D 1	一种防污型纸浆模塑快餐盒	发明专利	苏炳龙 等	吉特利环保科技（厦门）有限公司	202011372612.5	CN112498889A	2021.03.16
76	D21H 11	一种超轻纸浆模塑材料及其制备方法	发明专利	曹军胜 等	运研材料科技（上海）有限公司	202011254233.6	CN112431061A	2021.03.02
77	D21J 3	一种环保纸浆模塑盖	实用新型	张德利 等	张德利 等	202022106679.6	CN212611690U	2021.02.26
78	B65D 1	一种全纸浆模塑折叠式包装盒	实用新型	车大利 等	永发（江苏）模塑包装科技有限公司	201922119472.X	CN212501465U	2021.02.09
79	A47G 25	高强度环保纸浆模塑复合纸衣架	实用新型	雷晓军 等	广州市益淞纸制品有限公司	202021085511.5	CN212382450U	2021.01.22
80	09-03	纸浆模塑包装盒	外观设计	吴涛	深圳云创文化科技有限公司	202030345007.3	CN306291822S	2021.01.22
81	B65D 65	来自具有基于纤维素的层压层的模制的纸浆材料的可生物降解的且可堆肥的食品包装单元以及用于制造这样的食品包装单元的方法	发明专利	哈拉尔德·约翰·凯珀 等	普乐模塑纤维技术私人有限责任公司	201980023502.7	CN112262082A	2021.01.22

序号	分类号	专利名称	专利类型	发明人	申请人	申请号	公告（公布）号	公告（公布）日
82	A47G 25	一种环保纸浆衣架	实用新型	羊东等	东莞市金牌包装材料有限公司	202021079896.4	CN212368757U	2021.01.19
83	C08L 97	一种轻型环保复合材料及其制备方法	发明专利	任向梅	江西城桥复合材料有限公司	202011183513.2	CN112226097A	2021.01.15
84	07-01	餐碗	实用新型	徐红兵等	韶能集团绿洲生态（新丰）科技有限公司	202030437841.5	CN306271456S	2021.01.08
85	09-99(12)	纸浆模塑托盘	外观设计	黄兵	黄兵	201930736765.5	CN306241252S	2020.12.22
86	D21H 11	未漂白的纸浆产品及其生产方法	发明专利	K·内尔森等	马拜欧麦斯私人有限公司	201980028656.5	CN112041502A	2020.12.04
87	B65D 65	来自具有可剥离的层层的模制的纸浆材料的包装单元以及用于制造这样的包装单元的方法	发明专利	哈拉尔德·约翰·凯珀等	普乐模塑纤维技术私人有限责任公司	201980022810.8	CN112041239A	2020.12.04
88	B65D 53	一种茶叶饼盒	实用新型	刘旭等	永发（河南）模塑科技发展有限公司	202020470092.0	CN212023453U	2020.11.27
89	B65D 81	一种茶叶盒	实用新型	刘旭等	永发（河南）模塑科技发展有限公司	202020470117.7	CN212023542U	2020.11.27
90	B65D 81	一种空调器缓冲包装件	实用新型	岑蕾	宁波奥克斯电气股份有限公司，奥克斯空调股份有限公司	202020536549.3	CN211970360U	2020.11.20

序号	分类号	专利名称	专利类型	发明人	申请人	申请号	公告（公布）号	公告（公布）日
91	D21J 5	一种纸浆模塑成型机台快速加热装置	实用新型	谷小伟等	永发（河南）模塑科技发展有限公司	201922439745.9	CN211848635U	2020.11.03
92	D21J 5	一种纸浆模塑产品成型机台热补偿效率提高机构	实用新型	杨冠军等	永发（河南）模塑科技发展有限公司	201922439789.1	CN211848636U	2020.11.03
93	D21J 3	一种螺旋型纸塑结构及其生产工艺	发明专利	温展红等	东莞市凯成环保科技有限公司	202010704835.0	CN111851152A	2020.10.30
94	B65D 25	一种智能终端的纸浆模塑缓冲包装结构	实用新型	成珊珊等	苏州宜安诺包装科技有限公司	202020055649.4	CN211767346U	2020.10.27
95	D21J 5	一种高挺度纸浆模塑缓冲材料及其制备方法	发明专利	汪丹越等	快思瑞科技（上海）有限公司	202010601932.7	CN111794017A	2020.10.20
96	B65D 43	一种带内凸环的植物纤维模塑杯盖	实用新型	郑天波等	浙江欧亚轻工装备制造有限公司；郑天波	201921831120.0	CN211618628U	2020.10.02
97	B65D 1	一种全纸浆模塑酒类包装	实用新型	常桂等	永发（河南）模塑科技发展有限公司	201922080210.7	CN211593249U	2020.09.29
98	B65D 8	一种药品用纸浆模塑产品	实用新型	常桂等	永发（河南）模塑科技发展有限公司	201922003216.4	CN211593302U	2020.09.29
99	B01L 9	一种多腔纸浆模塑试管托盘	实用新型	刘本有等	青岛永发模塑有限公司	201922224608.3	CN211586722U	2020.09.29
100	B65D 6	一种全纸浆模塑烟包产品	实用新型	仝田等	永发（河南）模塑科技发展有限公司	201922003207.5	CN211593288U	2020.09.29

续表

序号	分类号	专利名称	专利类型	发明人	申请人	申请号	公告(公布)号	公告(公布)日
101	B65D 6	一种全纸浆模塑手机天地盖包装盒	实用新型	常桂等	永发(河南)模塑科技发展有限公司	201921979259.X	CN211593295U	2020.09.29
102	B65D 6	一种防不干胶粘连掉屑的纸浆模塑产品	实用新型	仝田等	永发(河南)模塑科技发展有限公司	201922080229.1	CN211593274U	2020.09.29
103	A47G 21	一种纸质餐具及纸质餐具套件	实用新型	李传高等	美盈森集团股份有限公司	201922474635.6	CN211582526U	2020.09.29
104	D21J 3	一种纸浆模塑内衬包装材料制作方法	发明专利	朱昌等	合肥德胜包装材料有限公司	202010597752.6	CN111705551A	2020.09.25
105	B65D 81	一种纸浆模塑缓冲包装材料结构	发明专利	马婧等	马婧	202010543535.9	CN111674722A	2020.09.18
106	D21J 5	一种便于快速烘干的纸浆模塑产品	实用新型	不公告发明人	西安创想汇智工业设计有限公司	201922024553.1	CN211522668U	2020.09.18
107	D21J 3	导热油管的安装结构	实用新型	李海等	广州华工环源绿色包装技术股份有限公司	201921459975.5	CN211522667U	2020.09.18
108	B65D 1	一种全纸浆模塑桶状包装盒	实用新型	车大利等	永发(江苏)模塑包装科技有限公司	201922243021.7	CN211494832U	2020.09.15
109	D21J 3	用于由模制的纸浆材料制造3维食品包装单元的方法和系统以及这样的食品包装产品	发明专利	哈拉尔德·约翰·凯珀	普乐模塑纤维技术私人有限责任公司	201880079133.9	CN111670282A	2020.09.15
110	B65D 1	一种全纸浆模塑组合式包装盒	实用新型	苏先凯等	永发(江苏)模塑包装科技有限公司	201922080213.0	CN211494831U	2020.09.15

续表

序号	分类号	专利名称	专利类型	发明人	申请人	申请号	公告（公布）号	公告（公布）日
111	D21J 5	一种纸浆模塑制品热压模具的保温护甲	实用新型	左华伟等	永发（河南）模塑科技发展有限公司	201922016420.X	CN211498287U	2020.09.15
112	D21H 11	一种环保型无氟杯子及其制备方法	发明专利	王建华等	杭州西红柿环保科技有限公司	202010417827.8	CN111648160A	2020.09.11
113	A41D 13	一种环保口罩及其生产工艺	发明专利	王智刚等	王智刚 等	202010422316.5	CN111642838A	2020.09.11
114	B65D 81	一种环保纸浆模塑医疗注射液药品内衬包装	实用新型	张维强等	青岛永发模塑有限公司	201922138407.1	CN211469403U	2020.09.11
115	B65D 6	一种礼花弹的纸浆模塑防震包装盒	实用新型	张星光	浏阳市恒煜包装有限公司	201922108910.2	CN211469050U	2020.09.11
116	D21H 11	一种全降解无氟纸浆模塑餐盒及其制备方法	发明专利	王建华等	杭州西红柿环保科技有限公司	202010418070.4	CN111636238A	2020.09.08
117	D21H 11	一种非木植物纤维全降解水果托盘及其制备方法	发明专利	王建华等	杭州西红柿环保科技有限公司	202010418010.2	CN111636237A	2020.09.08
118	B65D 81	一种19寸显示器的纸浆模塑包装上托	实用新型	左飒等	重庆欧亚绿原包装有限公司	201922228296.3	CN211443454U	2020.09.08
119	B65D 6	一种包装纸托	实用新型	黄炜圻	佛山市顺德区致远纸塑设备有限公司	201922454226.X	CN211443099U	2020.09.08
120	A47G 25	一种全植物纤维纸浆模塑环保衣服撑子	实用新型	刘本有等	青岛永发模塑有限公司	201922138397.1	CN211408517U	2020.09.04
121	D21J 5	一种双层纸浆模塑产品制备方法	发明专利	徐红兵等	韶能集团绿洲生态（新丰）科技有限公司	202010567907.1	CN111608024A	2020.09.01

序号	分类号	专利名称	专利类型	发明人	申请人	申请号	公告（公布）号	公告（公布）日
122	D21J 5	一种带有微缩防伪信息的纸浆模塑制品及其生产模具	发明专利	左华伟等	永发（河南）模塑科技发展有限公司	202010291924.7	CN111608023A	2020.09.01
123	07-01	杯盖	外观设计	赵宝琳等	佛山市必硕机电科技有限公司	202030196476.3	CN306023811S	2020.09.01
124	07-01	杯盖	外观设计	赵宝琳等	佛山市必硕机电科技有限公司	202030196475.9	CN306023810S	2020.09.01
125	07-01	杯盖	外观设计	赵宝琳等	佛山市必硕机电科技有限公司	202030196477.8	CN306023812S	2020.09.01
126	07-01	杯盖	外观设计	赵宝琳等	佛山市必硕机电科技有限公司	202030196580.2	CN306023813S	2020.09.01
127	A47G 25	高强度环保纸浆模塑复合纸衣架及其制作方法	发明专利	雷晓军等	广州市益淞纸制品有限公司	202010538384.8	CN111588254A	2020.08.28
128	A47G 19	负角度纸浆模塑杯盖	发明专利	刘致嘉等	江苏绿森包装有限公司	201980008612.6	CN111601529A	2020.08.28
129	07-01	杯盖	外观设计	赵宝琳等	佛山市必硕机电科技有限公司	202030196717.4	CN306016717S	2020.08.28
130	B65D 85	可替换嵌套式紧固包装盒	实用新型	徐元清等	顺启和（深圳）科技有限公司	201921886387.X	CN211337224U	2020.08.25
131	D21J 3	一种纸浆模塑湿胚内部双向转移结构	实用新型	李真健	李真健	201921405681.4	CN211285069U	2020.08.18
132	D21J 5	一种全降解无氟纸浆模塑育苗杯及其制备方法	发明专利	王建华等	杭州西红柿环保科技有限公司	202010418326.1	CN111535075A	2020.08.14

续表

序号	分类号	专利名称	专利类型	发明人	申请人	申请号	公告（公布）号	公告（公布）日
133	D21J 3	一种环保纸浆模塑热压成定型机台减震基座	实用新型	郑佐宇	温州三星环保包装有限公司	201921068228.9	CN211256493U	2020.08.14
134	D21J 3	一种应用于纸浆模塑制品成型机与定型机上的内转移机构	实用新型	李洪普等	佛山新曜阳智能科技有限公司	201921729632.6	CN211256497U	2020.08.14
135	B65D 19	纸浆模塑包装制品	实用新型	郭剑宽等	金箭印刷科技（昆山）有限公司	201922084120.5	CN211224329U	2020.08.11
136	D21J 5	一种全降解防酒精纸浆模塑产品及其制备方法	发明专利	王建华等	杭州西红柿环保科技有限公司	202010417927.0	CN111519476A	2020.08.11
137	B65D 43	纸浆模塑饮料杯盖及其制造方法	发明专利	郭剑宽等	金箭印刷科技（昆山）有限公司	201910082043.1	CN111483691A	2020.08.04
138	B65D 81	一种全纸浆模塑天地盖包装盒	实用新型	苏先凯等	永发（江苏）模塑包装科技有限公司	201921534220.7	CN211168171U	2020.08.04
139	F16L 11	导热油管	实用新型	陈忠等	广州华工环源绿色包装技术股份有限公司	201921460055.5	CN211118073U	2020.07.28
140	D21J 3	一种纸浆模塑模具精确合模结构	实用新型	孔亚非	苏州工业园区柯奥模塑科技有限公司	201922021331.4	CN211006162U	2020.07.14
141	B65D 81	纸浆模塑缓冲件	实用新型	菅野博文等	索尼互动娱乐股份有限公司	201920456955.6	CN210972276U	2020.07.10
142	B65D 51	纸浆模塑杯盖和掀盖的连接结构	实用新型	仝骥等	江苏绿森包装有限公司	201921611046.1	CN210972199U	2020.07.10

续表

序号	分类号	专利名称	专利类型	发明人	申请人	申请号	公告（公布）号	公告（公布）日
143	D21J 3	一种环保型纸浆模塑制品生产装置	实用新型	金子豪	湖北麦秆环保科技有限公司	201921745594.3	CN210916805U	2020.07.03
144	D21J 3	一种显示器包装用纸浆模塑	实用新型	李兰	句容好锝包装有限公司	201921668870.0	CN210826936U	2020.06.23
145	06-08(12)	衣架	外观设计	刘本有等	青岛永发模塑有限公司	201930672792.0	CN305832504S	2020.06.09
146	B65D 25	一种节能灯包装用纸浆模塑	实用新型	李兰	句容好锝包装有限公司	201921669064.5	CN210654269U	2020.06.02
147	D21J 3	一种环保纸浆模塑热压定型机底部用支座	实用新型	郑佐宇	温州三星环保包装有限公司	201921067433.3	CN210657791U	2020.06.02
148	D21F 3	一种环保纸浆模塑成型机用浆料箱结构	实用新型	郑佐宇	温州三星环保包装有限公司	201921068256.0	CN210657756U	2020.06.02
149	B08B 3	多面转毂纸浆模塑成型机摆动式洗模机构	实用新型	巢邑等	湖南双环纤维成型设备有限公司	201921575819.5	CN210647461U	2020.06.02
150	09-99(12)	纸浆模塑缓冲包装件（1）	外观设计	唐建木	芜湖唐瑞汽车零部件有限公司	201930497491.9	CN305812238S	2020.05.29
151	B08B 5	多排模塑滚筒式成型机模具自动清洗系统	实用新型	姜洪俊	龙口市科利马工贸有限公司	201921630520.5	CN210614543U	2020.05.26
152	B25J 15	一种纸浆模塑制品干湿坯转移机器人	实用新型	吴姣平等	广东华工佳源环保科技有限公司	201921238651.9	CN210551320U	2020.05.19
153	A47G 21	一种纸浆模塑折叠勺	实用新型	李金萌等	江苏绿森包装有限公司	201921603937.2	CN210520696U	2020.05.15
154	B65D 81	纸浆模塑缓冲垫片及产品包装	实用新型	李继良等	内蒙古蒙牛乳业（集团）股份有限公司	201921577761.8	CN210527332U	2020.05.15

序号	分类号	专利名称	专利类型	发明人	申请人	申请号	公告（公布）号	公告（公布）日
155	B65D 13	一种全纸浆模塑折叠式包装盒	发明专利	车大利等	永发（江苏）模塑包装科技有限公司	201911211809.8	CN111099114A	2020.05.05
156	B65D 81	一种长方体产品的纸板定位缓冲结构	实用新型	丁一等	青岛科技大学	201920969300.9	CN210365113U	2020.04.21
157	A47G 19	一种可全生物降解的双层冷热饮杯	实用新型	况天津等	深圳市四合生态科技有限公司	201921070525.7	CN210330204U	2020.04.17
158	B65D 1	一种纸浆模塑容器组件	实用新型	仝骥等	江苏绿森包装有限公司	201920625733.2	CN210284928U	2020.04.10
159	D21J 5	一种纸浆模塑制品热压模具的保温护甲	发明专利	左华伟等	永发（河南）模塑科技发展有限公司	201911144596.1	CN110983865A	2020.04.10
160	09-99(12)	纸浆模塑缓冲包装件（3）	外观设计	唐建木	芜湖唐瑞汽车零部件有限公司	201930497492.3	CN305677554S	2020.04.03
161	09-99(12)	纸浆模塑缓冲包装件（2）	外观设计	唐建木	芜湖唐瑞汽车零部件有限公司	201930497500.4	CN305677555S	2020.04.03
162	D21J 3	一种立体再生纸浆模塑制品的材料及制备方法	发明专利	汤汉良等	清远高新华园科技协同创新研究院有限公司	201911160682.1	CN110952383A	2020.04.03
163	D21J 3	一种纸浆模塑缓冲包装注塑成型模具	发明专利	常明等	常明	201911165168.7	CN110924235A	2020.03.27
164	H04M 1	一种环保手机保护壳	实用新型	刘武等	东莞市汇林生物科技有限公司	201921278060.4	CN210143036U	2020.03.13
165	B65D 19	一种稳定性高的纸浆模塑物流托盘	实用新型	谭嘉栓	青岛川百纳包装制品有限公司	201921014192.6	CN210126723U	2020.03.06

序号	分类号	专利名称	专利类型	发明人	申请人	申请号	公告（公布）号	公告（公布）日
166	B65G 59	一种纸托及其分离器	发明专利	刘永官等	上海道朋纸浆模塑有限公司	201911064072.1	CN110817455A	2020.02.21
167	B65D 81	一种全纸浆模塑天地盖包装盒	发明专利	苏先凯等	永发（江苏）模塑包装科技有限公司	201910872568.5	CN110683210A	2020.01.14
168	D21H 21	一种纸浆内部施胶组合物及其使用方法和应用	发明专利	关泽殷	佛山市顺德区文达创盈包装材料科技有限公司	201910852729.4	CN110685187A	2020.01.14
169	B65D 43	一种带内凸环的植物纤维模塑杯盖及制造方法	发明专利	郑天波等	浙江欧亚轻工装备制造有限公司；郑天波	201911035693.7	CN110641825A	2020.01.03

表3　化学品相关专利

序号	分类号	专利名称	专利类型	发明人	申请人	申请号	公告（公布）号	公告（公布）日
1	D21H 21	纸浆模塑餐盒表面斑点涂覆液及其制备、应用	发明专利	林鸿裕等	黎明职业大学	202111177287.1	CN113957742A	2022.01.21
2	D21H 19	一种聚乳酸防水涂层材料、制备方法及纸浆模塑	发明专利	刘恺等	美盈森集团股份有限公司	202110791455.X	CN113605140A	2021.11.05
3	B01J 20	一种基于纸浆模塑基底的CO_2吸附剂的制备方法	发明专利	朱亮亮等	陕西省能源化工研究院	202110352796.7	CN113070048A	2021.07.06
4	D21H 19	淀粉基生物无氟的防油剂和制备该防油剂的乳化系统及其生产工艺	发明专利	苏双全	吉特利环保科技（厦门）有限公司	202010725241.8	CN111851136A	2020.10.30
5	D21H 19	一种纸浆模塑品改性添加剂及制备方法和应用	发明专利	关泽殷	佛山市顺德区文达创盈包装材料科技有限公司	201910853218.4	CN110670407A	2020.01.10

序号	分类号	专利名称	专利类型	发明人	申请人	申请号	公告（公布）号	公告（公布）日
6	D21J 5	一种用于纸浆模具的生物质防油剂及其生产工艺	发明专利	苏炳龙	泉州市大创机械制造有限公司	201910883281.2	CN110499675A	2019.11.26
7	D21H 17	一种用于纸浆模塑包装制品防掉屑处理的浆内助剂	发明专利	刘进 等	昆山裕锦环保包装有限公司	201811589785.5	CN109518521A	2019.03.26
8	D21C 1	一种一次预处理浸液A及其应用	发明专利	古金荣 等	广西金荣纸业有限公司	201710358395.6	CN107044063A	2017.08.15
9	D21B 1	草类纤维生物分离复合制剂及其使用方法	发明专利	刘秀平 等	刘秀平	201410342212.8	CN104179055A	2014.12.03
10	D21H 21	复配表面施胶剂及其制备方法和应用	发明专利	张新昌 等	江南大学	201310583602.X	CN103572657A	2014.02.12

表4 其他相关专利

序号	分类号	专利名称	专利类型	发明人	申请人	申请号	公告（公布）号	公告（公布）日
1	D21C 5	一种以植物纤维为原料采用高温发酵和机械解离耦合作用制备高得率纤维浆料的方法	发明专利	沈葵忠 等	中国林业科学研究院林产化学工业研究所	202110584251.9	CN113417163B	2022.04.01
2	D21B 1	一种秸秆半纸浆化原料的制备方法及其应用	发明专利	莫灿梁 等	广东省汇林包装科技集团有限公司	202111437649.6	CN114032701A	2022.02.11
3	B25H 3	纸浆模塑产品堆放架	实用新型	舒涛	河北谷芮环保包装制品有限公司	202122213687.5	CN215660213U	2022.01.28
4	B65G 65	一种环保型纸浆模塑托盘用回收装置	实用新型	杨永超 等	淮安市力拓包装印刷材料有限公司	202122361553.8	CN215515281U	2022.01.14
5	B41M 5	一种纸浆模塑水转印印刷方法	发明专利	张长伟 等	美盈森集团股份有限公司	202111086947.5	CN113910798A	2022.01.11
6	D21B 1	一种菌草化机浆及其制备方法和应用	发明专利	刘平山 等	中福海峡（平潭）发展股份有限公司	202110849310.0	CN113481741A	2021.10.08

序号	分类号	专利名称	专利类型	发明人	申请人	申请号	公告（公布）号	公告（公布）日
7	G01N 5	一种对植物纤维进行纤维级分和纤维束含量分析的方法	发明专利	沈葵忠等	中国林业科学研究院林产化学工业研究所，江苏省农业科学院	202110662549.7	CN113340764A	2021.09.03
8	B41F 17	一种纸浆模塑多色印刷装置及印刷方法	发明专利	于文喜等	湖南工业大学	202110369303.0	CN113183611A	2021.07.30
9	B41J 2	一种纸浆模塑的平板UV打印方法	发明专利	高康明等	中荣印刷集团股份有限公司	202110344878.7	CN113071215A	2021.07.06
10	B41M 5	一种纸浆模塑的热转印加工方法	发明专利	高康明等	中荣印刷集团股份有限公司	202110344877.2	CN112937148A	2021.06.11
11	D21J 3	一种纸浆模塑制造自动化装备检测系统	发明专利	何静等	东莞市汇林包装有限公司，湖南工业大学	202110150171.2	CN112921710A	2021.06.08
12	G06Q 10	一种纸浆模塑制造材料仓管系统	发明专利	张昌凡等	东莞市汇林包装有限公司，湖南工业大学	202110150173.1	CN112884402A	2021.06.01
13	D21J 3	一种纸浆模塑制造产区人员管理系统	发明专利	何静等	东莞市汇林包装有限公司，湖南工业大学	202110150178.4	CN112813735A	2021.05.18
14	B41F 7	纸塑包装盒侧面图案印刷装置	实用新型	赵宝琳等	佛山市必硕机电科技有限公司	201922353260.8	CN211918012U	2020.11.13
15	B41F 7	纸塑包装盒平面图案印刷单元	实用新型	赵宝琳等	佛山市必硕机电科技有限公司	201922352343.5	CN211918010U	2020.11.13
16	B41F 7	纸塑包装盒平面图案印刷装置	实用新型	赵宝琳等	佛山市必硕机电科技有限公司	201922352383.X	CN211918011U	2020.11.13
17	B41F 17	纸塑包装盒侧面图案印刷单元	实用新型	赵宝琳等	佛山市必硕机电科技有限公司	201922352419.4	CN211683999U	2020.10.16

续表

序号	分类号	专利名称	专利类型	发明人	申请人	申请号	公告（公布）号	公告（公布）日
18	G01N 3	一种纸浆模塑耐磨测试仪	发明专利	张红杰 等	中国制浆造纸研究院有限公司	202010666383.1	CN111678826A	2020.09.18
19	D21B 1	一种纸浆模塑包装废弃物回收处理方法	发明专利	马婧 等	马婧	202010543508.1	CN111648154A	2020.09.11
20	D21B 1	一种环保纸浆模塑包装材料回收再利用处理系统	发明专利	徐盼盼 等	徐盼盼	202010535039.9	CN111535066A	2020.08.14
21	B08B 7	一种纸浆模塑制品模具的清洗方法	发明专利	谢曦宇 等	深圳市汇泽激光科技有限公司	202010154460.5	CN111282921A	2020.06.16
22	B41M 3	一种纸浆模塑立体转印方法	发明专利	陈利科 等	苏州美盈森环保科技有限公司	201911166498.8	CN110978835A	2020.04.10
23	B09B 3	一种纸浆模塑工业包装缓冲制品回收再利用处理系统	发明专利	常明 等	常明	201911212755.7	CN110961429A	2020.04.07

（史晓娟　姚姝君　徐侠鋬　侯云耀　整理）

植物纤维模塑行业相关标准目录

Standards of the Plant Fiber Molding Industry

根据所查阅资料，2020 年以来发布的植物纤维模塑有关标准 11 项，其中植物纤维模塑原材料相关标准 7 项，植物纤维模塑产品相关标准 4 项（见表 1、表 2）。

表 1　植物纤维模塑原材料相关标准

序号	标准编号	标准名称	发布日期	实施日期	参与起草单位
1	GB/T 2678.2—2021	纸、纸板和纸浆　水溶性氯化物的测定 Paper, board and pulps—Determination of water—soluble chlorides	2021-08-20	2022-09-01	浙江凯恩特种纸业有限公司、中轻纸品检验认证有限公司、河南晖睿智能科技有限公司、中国制浆造纸研究院有限公司
2	GB/T 40442—2021	纸、纸板和纸浆　纤维组成分析中质量因子的测定 Paper, board and pulps—Determination of weight factor in fibre furnish analysis	2021-08-20	2022-03-01	中轻纸品检验认证有限公司、珠海华伦造纸科技有限公司、宿迁佳鑫纸品包装有限公司、中国制浆造纸研究院有限公司、湖州市韶春纸业有限公司
3	GB/T 40272—2021	纸、纸板、纸浆和纤维素纳米材料　酸溶镁、钙、锰、铁、铜、钠、钾的测定 Paper,board,pulps and cellulose nano materials—Determination of acid-soluble magnesium,calcium,manganese,iron,copper,sodium and potassium	2021-05-21	2021-12-01	中轻（晋江）卫生用品研究有限公司、中轻纸品检验认证有限公司、安徽省萧县林平纸业有限公司、花之町（厦门）日用品有限公司、浙江华丰纸业科技有限公司、中国制浆造纸研究院有限公司
4	GB/T 40277—2021	纸、纸板和纸浆　蓝光漫反射因数（ISO 亮度）的测定　室内日光条件 Paper, board and pulps—Measurement of diffuse blue reflectance factor(ISO brightness)—Indoor daylight conditions	2021-05-21	2021-12-01	浙江凯伦特种材料有限公司、中轻纸品检验认证有限公司、阜南县爽安纸业有限公司、厦门众凯纸业有限公司、浙江华丰纸业科技有限公司、福建省闽清双棱纸业有限公司、中国制浆造纸研究院有限公司

续表

序号	标准编号	标准名称	发布日期	实施日期	参与起草单位
5	GB/T 4688—2020	纸、纸板和纸浆 纤维组成的分析 Paper, board and pulp—Analysis of fiber furnish	2020-07-21	2021-02-01	中国制浆造纸研究院有限公司、珠海华伦造纸科技有限公司、北京伦华科技有限公司、广东省东莞市质量监督检测中心（国家纸制品质量监督检验中心）
6	GB/T 7979—2020	纸浆 二氯甲烷抽出物的测定 Pulp-Determination of dichloromethane soluble matter	2020-07-21	2021-02-01	山东太阳纸业股份有限公司、中国制浆造纸研究院有限公司（国家纸张质量监督检验中心）、仙鹤股份有限公司、博瑞德环境集团股份有限公司、德清县双桥纸业有限公司
7	ISO 21896—2020	纸、纸浆和循环利用 用染料色纸制品和用染料墨水印刷的纸制品的脱色试验 Paper, pulpand recycling—Decolouration test of dye coloured paper products and paper products printed using dye inks	2020-03-23	2020-03-23	国际标准化组织

表 2　植物纤维模塑产品相关标准

序号	标准编号	标准名称	发布日期	实施日期	参与起草单位
1	T/CTAPI 001—2022	绿色纸质外卖包装制品通用要求 General requirements of green paper packaging products for takeout	2022-02-28	2022-03-01	中国制浆造纸研究院有限公司、中国造纸学会纸基绿色包装材料及制品专业委员会、北京三快在线科技有限公司、中轻纸品检验认证有限公司、深圳市裕同包装科技股份有限公司、中轻（晋江）卫生用品研究有限公司、福建南王环保科技股份有限公司、仙鹤股份有限公司、浙江庞度环保科技股份有限公司、鹤山市德柏纸袋包装品有限公司、韶能集团广东绿洲生态科技有限公司、沙伯特（中山）有限公司、浙江众鑫环保科技集团股份有限公司
2	BB/T0045—2021	纸浆模塑制品 工业品包装 Molded fiber product—Commerce packaging	2021-08-21	2022-02-01	永发（河南）模塑科技发展有限公司、广州华工环源绿色包装技术股份有限公司、东莞市汇林包装有限公司、永发（江苏）模塑包装科技有限公司、青岛永发模塑有限公司

序号	标准编号	标准名称	发布日期	实施日期	参与起草单位
3	BB/T0015—2021	纸浆模塑蛋托 Moulded pulp egg tray	2021-04-19	2021-07-01	中国包装科研测试中心、广州华工环源绿色包装技术股份有限公司、浙江大胜达包装股份有限公司、中包包装研究院有限公司、闽侯县东升包装材料有限公司
4	GB/T 39951—2021	一次性纸制品降解性能评价方法 Evaluation method for degradability of disposable paper products	2021-03-09	2021-10-01	国家纸张质量监督检验中心、中轻（晋江）卫生用品研究有限公司、尤妮佳生活用品（中国）有限公司、中国制浆造纸研究院有限公司、韶能集团广东绿洲生态科技有限公司、杭州可靠护理用品股份有限公司、广州宝洁有限公司、川田卫生用品（浙江）有限公司、北京倍舒特科技发展有限公司、维达国际控股有限公司、住友精化（中国）投资有限公司

（舒祖菊 黄俊彦 整理）

植物纤维模塑相关文献资料目录

Literature of the Plant Fiber Molding Industry

根据查阅的植物纤维模塑行业相关文献资料，2018 年以来出版的植物纤维模塑相关图书 9 部，发表的相关期刊论文 54 篇，完成的相关学位论文 12 篇。

1. 植物纤维模塑相关图书资料

[1] 黄俊彦 . 纸浆模塑生产实用技术（第二版）[M]. 北京：文化发展出版社，2021.

[2] 中国造纸学会 . 中国造纸年鉴 2021[M]. 北京：中国轻工业出版社，2021.

[3] 中国包装年鉴编辑部 . 中国包装年鉴 2017—2018[M]. 北京：中国财富出版社，2019.

[4] 魏风军 . 纸包装结构优化设计研究 [M]. 北京：冶金工业出版社，2019.

[5] 肖湘 . 现代绿色包装材料研究 [M]. 北京：中国纺织出版社，2019.

[6] 张利平 . 气动系统典型应用 120 例 [M]. 北京：化学工业出版社，2019.

[7] 欧阳慧 . 绿色品牌包装创新研究 [M]. 长春：吉林大学出版社，2018.

[8] 郭安福，李剑峰，李方义 . 生物质全降解制品关键技术与装备 [M]. 北京：科学出版社，2018.

[9] 杨东方，陶文亮 . 数学模型在生态学的应用及研究 [M]. 北京：海洋出版社，2018.

2. 植物纤维模塑相关期刊论文资料

[1] 中国造纸杂志社产业研究中心，刘振华，周在峰 . 纸浆模塑行业发展现状及趋势分析 (一)[J]. 中国造纸，2022, 41(5):108-116.

[2] 中国造纸杂志社产业研究中心 . 纸浆模塑行业发展现状及趋势（二）[J]. 中国造纸，2022, 41(6): 80-88.

[3] 郑天波，金坤，张金金，等 . 免切边纸浆模塑制品的生产成本分析 [J]. 中华纸业，2022, 43(6): 32-36.

[4] 张海艳，程芸，赵雨萌，等 . 利用丙烯酸酯共聚物改善纸浆模塑包装材料防水防油性能研究 [J]. 中国造纸，2022, 41(4): 6-14.

[5] 陈晓怡，王戈，陈复明，等 . 一次性竹纤维餐盒研究现状与发展方向 [J]. 世界竹藤通讯，2022, 20(1): 6-12.

[6] 林伟健 . 纸浆模塑制品热压定型装置的优化改良分析 [J]. 机电工程技术，2021, 50(S01): 3.

[7] 赵宝琳 . 新形势下以纸代塑拓展延伸的思路 [J]. 中华纸业，2021, 42(21): 43-48.

[8] 任子铭，肖颖喆.网购环境下"套餐式"包装结构设计研究与实践——以西餐餐具为例 [J].绿色包装，2021(10): 74-77.

[9] 张雪，张红杰，程芸，等.高得率浆的发展现状及高值化应用研究进展 [J].中国造纸，2021, 40(7): 24-32.

[10] 崔庆斌.中低端纸浆模塑包装的发展探究 [J].上海包装，2021(2): 4.

[11] 常江.打印机缓冲包装设计及力学性能仿真分析 [J].包装学报，2021, 13(5): 60-67+74.

[12] 徐昆.快速回温的纸塑模具设计及设备工艺 [J].上海轻工业，2021(4): 40-42.

[13] 霍李江，赵昱.鸡蛋包装生产工艺的生命周期评价 [J].包装学报，2021, 13(3): 37-43.

[14] 刘志忱.探析纸浆模塑湿部化学原理及其对设备、模具和制品设计的影响 [J].上海包装，2021(1): 3.

[15] 姜夏旺，王张恒，邹伟华，等.纸家具的结构和应用形式分析 [J].中国造纸，2021, 40(1): 118-124.

[16] 杨开吉.纸浆模塑的可持续性将推动包装市场在 2024 年前强劲增长 [J].造纸信息，2021(4): 65.

[17] 何广德.基于有限元分析的纸浆模塑制品结构设计 [J].上海轻工业，2021(3): 44-46.

[18] 叶柏彰.家电市场持续走高　包装产业的新契机 [J].上海包装，2020(4): 4-5.

[19] 黄俊彦，邢浩.纸浆模塑创新技术与发展趋势展望 [J].造纸信息，2020(12): 20-25.

[20] 陈红杰，吕英杰.纸浆模塑制品翻转运输装置设计与仿真分析 [J].模具制造，2020, 20(3): 64-68.

[21] 张雷，王麒音，侯玉侠，等.环保便捷的纸家具设计 [J].建材与装饰，2020(26): 57-59.

[22] 张雪，张红杰，程芸，等.纸基包装材料的研究进展、应用现状及展望 [J].中国造纸，2020, 39(11): 53-69.

[23] 刘梦梦，朱晓冬，陶毓博.纸艺在家居产品中的应用研究 [J].家具与室内装饰，2020(6): 112-113.

[24] 李志礼，孙彬青，王鸿远，等.纸浆模塑餐盒生产工艺及其危害物探讨 [J].天津造纸，2020, 42(4): 39-42.

[25] 曹延芬，卫灵君，孙昊，等.新型废纸发泡材料的制备及其力学性能 [J].材料科学与工程学报，2020, 38(5): 822-830.

[26] 张婷婷，张义，李新立.现代物流技术的酒类商品运输中缓冲包装设计 [J].酿酒科技，2020(5): 118-122.

[27] 李金凤, 邵晨杰. 食品接触纸质包装材料中有害物质的迁移及潜在危害的研究进展 [J]. 食品安全质量检测学报, 2020, 11(4): 1040-1047.

[28] 左华伟. AKD 对高端纸浆模塑制品层间结合力的影响 [J]. 上海轻工业, 2020(3): 38-39.

[29] 高丽莉, 董铁军. 纸质家具设计研究——评《纸浆模塑生产实用技术》[J]. 中国造纸, 2020, 39(1): 87.

[30] 岑蕾, 张新昌. 基于浆内助剂的纸浆模塑制品强度性能研究 [J]. 当代化工, 2020, 49(1): 83-86.

[31] 徐发根. 谈 3D 打印技术与模具制造 [J]. 百科论坛电子杂志, 2020(8): 870.

[32] 田章, 肖生苓, 王全亮. 温湿度和紫外老化对纸浆模塑材料性能的影响 [J]. 包装工程, 2019, 40(17): 96-103.

[33] 马斌悍, 王利民, 邵亮峰, 等. 铸造用纸质浇道管整型模具设计研究 [J]. 铸造技术, 2019, 40(12): 1312-1314.

[34] 陈广庆, 吴东航, 王吉岱, 等. 纸浆模塑转运设备控制系统设计 [J]. 机床与液压, 2019, 47(8): 169-172.

[35] 李学忠, 文博, 王北海. 热水壶纸浆模塑结构设计与模具数控加工 [J]. 武汉轻工大学学报, 2019, 38(6): 96-101.

[36] 李方联. 基于纸浆模塑工艺的家居用品设计研究——评《纸浆模塑生产实用技术》[J]. 中国造纸, 2019, 38(6): 91-92.

[37] 阮金刚. 纸浆模塑制品的研究趋势与发展现状展望 [J]. 商讯, 2019(6): 132-133.

[38] 叶柏彰. "绿色"将成为电子信息产品包装发展的主旋律 [J]. 上海包装, 2019(5): 8-10.

[39] 张洪波, 赵子怡, 孙昊, 等. 热压工艺对分散松香胶施胶性能的影响 [J]. 包装与食品机械, 2019, 34(4): 20-24.

[40] 沈霞, 肖建芳, 张丽媛. 浅谈《纸浆模塑餐具》行业标准与国家标准的异同 [J]. 轻工科技, 2019, 35(5): 129-130.

[41] 侯恩光. 基于 PLC 的单翻转成型机控制系统设计 [J]. 兰州工业学院学报, 2019, 26(5): 61-64.

[42] 马俊青, 毛宽民, 李之行, 等. 考虑几何特征的纸浆模塑收缩率实验研究 [J]. 包装工程, 2019, 40(3): 61-71.

[43] 马斌悍, 王利民, 邵亮峰. 纸质浇道管原浆浆料搅拌器的选择和设计 [J]. 价值工程, 2018, 37(29): 126-127.

[44] 叶梦诗. 植物纤维阻燃墙体装饰材料制备及性能研究 [J]. 建筑工程技术与设计,

2018 (23): 4839.

[45] 石海明 . 基于 3D 打印技术的模具制造 [J]. 中国战略新兴产业 , 2018(14): 191.

[46] 王章苹 , 袁圆 , 叶强 . 红酒缓冲包装结构设计研究 [J]. 食品安全质量检测学报 , 2018, 9(22): 5998-6001.

[47] 裴璐 , 涂晓龙 . 土鸡蛋销售包装绿色化设计 [J]. 印刷技术 , 2018(12): 40-42.

[48] 陆新宗 , 肖生苓 , 王全亮 , 等 . 漆酶介体体系对纸模材料强度与疏水性的影响 [J]. 包装工程 , 2018, 39(11): 81-87.

[49] 刘春雷 , 李京点 . 纸浆模塑包装与循环设计 [J]. 西部皮革 , 2018(9): 85-86.

[50] 刘旭 , 张志礼 , 杨仁党 . 染料与纤维共磨对纸浆模塑染色和强度性能的影响 [J]. 包装工程 , 2018, 39(9): 56-61.

[51] 刘全祖 , 沈祖广 , 黄良 , 等 . 纸浆模塑制品的研究现状与发展趋势 [J]. 包装工程 , 2018, 39(7): 97-103.

[52] 陈海生 , 熊立贵 , 皮阳雪 , 等 . 纸浆模塑在移动空调产品包装上的应用研究 [J]. 机电工程技术 , 2018, 47(2): 57-61.

[53] 岳欣 , 张阳阳 , 郑丁源 , 等 . 模塑制品热压过程中木素结构变化研究 [J]. 包装工程 , 2018, 39(1): 84-90.

[54] 杨扬 . 聚合物改性纳米 CaCO3 复合填料改善蔗渣浆纸性能的研究 [J]. 造纸化学品 , 2018, 30(2): 18-24.

3. 植物纤维模塑相关硕博论文资料

[1] 赵琨 . 纸浆模塑工艺参数控制算法研究 [D]. 武汉 : 华中科技大学 , 2020.

[2] 徐晨曦 . 基于蔡伦古法造纸的家具设计 [D]. 长沙 : 中南林业科技大学 , 2020.

[3] 岑蕾 . 纸模包装制品表观处理及其质量评价方法研究 [D]. 无锡 : 江南大学 , 2019.

[4] 周若兰 . 纸浆模塑自动化生产线控制系统设计研究 [D]. 武汉 : 华中科技大学 , 2019.

[5] 宁佑章 . 纸浆模塑真空系统噪声分析与降噪研究 [D]. 武汉 : 华中科技大学 , 2019.

[6] 闵诗源 . 纸浆模塑干燥模型的建立及烘箱结构优化设计 [D]. 武汉 : 华中科技大学 , 2019.

[7] 康宇轩 . 水力碎浆机的固液两相流场数值计算及碎浆效率影响研究 [D]. 武汉 : 华中科技大学 , 2019.

[8] 杜亚洲 . 秸秆纤维制备高强度模塑包装材料研究 [D]. 哈尔滨 : 东北林业大学 , 2019.

[9] 岳欣 . 纸浆模塑热压过程中木素特性变化研究 [D]. 哈尔滨 : 东北林业大学 , 2018.

[10] 王公文 . 纸浆模塑模内干燥的热质传递分析及热管干燥方案 [D]. 武汉 : 华中科技大学 , 2018.

[11] 陆新宗 . 漆酶介体体系对纸浆模塑包装材料性能的影响 [D]. 哈尔滨 : 东北林业大学 , 2018.

[12] 唐杰 . 吊灯灯罩模塑缓冲包装制品动态仿真及性能的研究 [D]. 哈尔滨 : 东北林业大学 , 2018.

（史晓娟 整理）

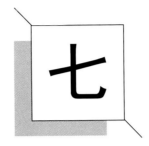

行业大事记

Industry Events

★ 2020 年植物纤维模塑行业大事记

★ 2021 年植物纤维模塑行业大事记

★ 2022 年植物纤维模塑行业大事记

2020年植物纤维模塑行业大事记

Highlights of the Plant Fiber Molding Industry in 2020

（1）2020年1月17日消息，在国际禁塑的大环境下，世界最大糖厂泰国KTIS集团下属的著名蔗渣浆厂EPPCO在第一期购买浙江欧亚轻工装备制造有限公司EAMC的4条生产线并投入使用的基础上，决定投资成立新的（第二期）全自动纸浆模塑工厂EPAC，一次性购买50台EAMC全自动纸浆模塑成型定型切边一体机生产线。

（2）2020年3月29日消息，东莞市汇林包装有限公司可降解生物材料生产建设项目总投资6.1亿元，占地面积约50亩，建筑面积约10万平方米，主要生产：可降解生物基包装材料产品，年产达25吨。

（3）2020年4月1日消息，美国Vericool公司最新研发出一种新型的冷链保温箱，主要是由可堆肥隔热材料制作的，包括再生纸纤维和其他植物基材料（模塑而成），可以进行回收和堆肥。被丢弃的Vericool冷链保温箱可以被回收，并且在180天或者更短的时间内就可以被降解。

（4）2020年5月26日，浙江金晟环保股份有限公司向浙江证监局报送了上市辅导备案的申请材料，浙江证监局已于2020年6月3日受理了公司的上市辅导备案申请。金晟环保有望成为第一家以纸浆模塑为主业的上市公司。

（5）2020年7月12日消息，瑞典PulPac公司推出全球首条干法模塑纤维技术中试生产线，以取代一次性塑料。

（6）2020年7月13日，深圳裕同集团海口市裕同环保科技有限公司奠基仪式隆重举行。项目总投资4亿元，占地80亩，总建筑面积约8万平方米。按规划进度，2023年全面达产，预估达产后实现年产值约6.4亿元人民币。

（7）2020年7月13日，全球最大洋酒公司帝亚吉欧宣称其旗下品牌尊尼获加将于2021年推出纸质包装瓶。据悉，它是世界上第一个无塑料纸质烈性酒瓶。联合利华和百事可乐也有望在2021年推出自己品牌的纸质包装瓶。

（8）2020年7月22日，由中国包装联合会和励展博览集团主办，包装部落承办的2020PACKCON纸浆模塑产业高峰论坛在广东东莞成功举办。

（9）2020年8月31日，商务部办公厅发布关于进一步加强商务领域塑料污染治理工作的通知，公布禁塑限塑阶段性任务，要求到2020年底，直辖市、省会城市、计划单列市城市建成区的商场、超市以及餐饮打包外卖服务和各类展会活动禁止使用不可降解塑料袋；

到 2020 年底，全国范围内餐饮行业禁止使用不可降解一次性塑料吸管；到 2022 年底，全国范围内星级宾馆、酒店等场所不再主动提供一次性塑料用品。到 2025 年底，实施范围扩大至所有宾馆、酒店、民宿。

（10）2020 年 9 月 1 日消息，由回收合作伙伴关系组织（The Recycling Partnership）牵头，并得到了世界自然基金会的支持，美国正式推出首项塑料公约——《美国塑料公约》(The U.S. Plastics Pact）。

（11）2020 年 9 月 22 日，中国政府在第七十五届联合国大会上提出："中国将提高国家自主贡献力度，采取更加有力的政策和措施，二氧化碳排放力争于 2030 年前达到峰值，努力争取 2060 年前实现碳中和。"

（12）2020 年 9 月 25—27 日，由中国包装联合会电子工业包装技术委员会和包装部落主办的第三届纸浆模塑产业高峰论坛在广东佛山成功举办。

（13）2020 年 9 月 26 日，在第三届纸浆模塑产业高峰论坛上，大连工业大学黄俊彦教授宣布即将再版行业急需的专业书籍——《纸浆模塑生产实用技术（第二版）》。

（14）2020 年 10 月 30 日消息，可口可乐近日公布了第一代纸瓶原型，并表示相信纸制包装将在未来发挥作用。这款第一代纸瓶原型由一个纸壳组成，但仍然使用塑料盖和塑料内衬来容纳液体 (两者都是使用 100% 回收的塑料)。但可口可乐的目标是创造一个不需要这种塑料内衬的瓶子。

（15）2020 年 11 月 4 日消息，丹麦哈特曼 (Hartmann) 完成了对印度莫汉纤维制品有限公司 (Mohan Fiber Products) 的收购，该印度莫汉公司，主要向印度的鸡蛋和苹果生产商销售纸浆模塑纤维包装。该交易以 1.19 亿丹麦克朗的价格完成。

（16）2020 年 11 月 7 日，纸浆模塑民间行业组织"纸浆模塑设计力量"在广东佛山成立。

（17）2020 年 11 月 23 日，宜宾市裕同环保科技有限公司在三江新区建成开业。项目占地 154 亩，厂房使用面积 18 万平方米，以竹和甘蔗为生产原材料，自主创新研发新型生产设备，工艺技术领先业界，为客户提供高端环保一站式整体解决方案，年产能 5 万吨以上，达产后产值将超过 9 亿元。

（18）2020 年 12 月 10 日，芬林集团旗下创新企业芬林之春与维美德共同投资 2000 万欧元兴建的 3D 纤维产品试验工厂在芬兰艾内科斯基开工建设，预计于 2021 年底投入运营。

（19）2020 年 12 月 21 日，四川省兴文县竹纸浆模塑餐具及包装产品生产项目签约仪式在宜宾举行。项目由山鹰国际控股股份公司、吉特利环保科技（厦门）有限公司合作兴建，总投资约 7 亿元，用地约 150 亩，首期新建标准化厂房 3 万平方米，建设竹纸浆环保餐具生产线及相关附属设施。项目建成后，预计年生产竹纸浆环保餐具约 5 万吨，实现年销售收入约 8 亿元。

（20）2020 年 12 月 25 日消息，包装部落与美狮传媒集团强强联手，倾力为行业发声，开拓无限应用商机，联合创办全球首届国际植物纤维模塑产业展。

（21）2020年12月29—31日，由国际竹藤组织、海南省生态环境厅、海南省工业和信息化厅、海南省林业局、中科院理化所工程塑料国家工程研究中心、中国竹产业协会指导，博鳌国际禁塑产业论坛组委会、海南省竹藤协会主办的首届博鳌国际禁塑产业论坛在海南博鳌成功举办。

2021年植物纤维模塑行业大事记

Highlights of the Plant Fiber Molding Industry in 2021

（1）2021年1月18日消息，捷普集团收购专业提供纸瓶和纸基包装解决方案的可持续包装领先提供商Ecologic，捷普将通过Ecologic获得具有较高商业成熟度的纸瓶解决方案。包括与欧莱雅和七世代（Seventh Generation）在内的主要CPG品牌合作，实现大幅减少塑料包装和推动其可持续发展目标。

（2）2021年1月20日消息，浙江众鑫环保科技有限公司是一家生产可降解餐具的外贸企业。企业90%的订单出口国外，而国内"限塑令"升级，让国内销售市场迎来旺季，订单数量直线飙升。企业计划扩大生产规模，出口外贸和内需供应两手抓。

（3）2021年3月5日，由包装部落主办，中国对外贸易广州展览总公司、雅式展览服务有限公司以及纸浆模塑设计力量共同协办的第四届纸浆模塑产业高峰论坛在广州成功举行。

（4）2021年3月18日消息，网红咖啡品牌三顿半也同样选用植物纤维模塑包装，代表他们对环保的态度，利用回收废弃咖啡胶囊，彰显禁塑环保主张。

（5）2021年4月23日消息，自热火锅领域的领头羊——自嗨锅拒绝使用塑料包装，并投入大量的人力财力，研发更加环保的包装制品，目前已采用了更为环保的、并取得国家环保材质的甘蔗纸浆外盒，能够直接降解，更加环保安全。

（6）2021年4月25日消息，从"限塑"到"禁塑"为何阻碍重重？限塑令政策实施多年以来，百姓的环保意识有所提高，但距离"限塑令"想要达到的目标还有不小的差距。"限塑"还需要大智慧，要想真正消除白色污染还需要全社会持之以恒地努力，需要与时俱进的政策调控。

（7）2021年4月29日消息，随着纸浆原材料价格的不断上涨，不仅给消费端带来了直接影响，也使生产端、回收端等整个造纸行业产业链产生了连锁反应。同时，纸浆涨价对于其他纸制品生产也产生了一定程度的影响。

（8）2021年5月11日，斯道拉恩索新闻发布，斯道拉恩索公司与Pulpex合作，工业化生产由木纤维纸浆制成的环保纸瓶和容器。双方合作的重点是发展一条高速生产线，年产7.5亿个纸浆模塑纸瓶，预计将于2022年投产。

（9）2021年5月18日消息，江南大学筹建植物纤维模塑中试实验室，预期推动行业理论与技术研究。

（10）2021年6月1日消息，广西裕同包装材料有限公司于2021年5月开始投产。公司设计占地面积 33 亩，建设日产 200 吨蔗渣浆板生产车间，1.5 万吨储备仓库及附属设施，预计达产甘蔗浆板年产能 6.8 万吨。

（11）2021 年 6 月 5 日世界环境日，内蒙古伊利实业集团股份有限公司旗下的金典牛奶推出国内首款植物基瓶盖，由可再生资源甘蔗渣纸浆模塑制作。

（12）2021 年 6 月 22 日，瑞典 PulPac 公司官宣干法模塑纤维生产线 PU300 投产，可用于食品级大批量和经济型干模压纤维产品的生产，起始年产能为 2.3 亿个勺子。

（13）2021 年 7 月 8 日，全国造纸工业标准化技术委员会发文"关于对《纸浆模塑制品单位产品能源消耗限额》行业标准调研的函"，开展对纸浆模塑制品企业的单位产品能耗等调研工作。

（14）2021 年 7 月 20 日消息，Paboco 纸瓶社区再扩容，宝洁正式加入，纸瓶社区包括可口可乐公司、嘉士伯集团、The Absolut、欧莱雅、BillerudKorsnäs 和 ALPLA 等。它们秉持共同的愿景，即打造世界上首款 100% 采用生物材料制造且可回收的纸瓶。

（15）2021 年 8 月 1 日，黄俊彦教授主编的《纸浆模塑生产实用技术（第二版）》新书正式发行，得到行业人士认可。

（16）2021 年 9 月 14 日，腾讯官方账号发布短视频，介绍今年腾讯环保月饼盒制作的幕后故事。腾讯订购的 25 万份中秋月饼，包装盒是由甘蔗渣纸浆模塑做的，可节约 757 棵树，获网友点赞刷屏。

（17）2021 年 10 月 25 日消息，海口市裕同环保科技有限公司一期已经建成，现已开始投产，另外二期正在进行打桩。公司产品主要包括可降解的环保纸托以及餐盒等产品。

（18）2021 年 11 月 11 日，国家十部门联合发布《关于加快推进竹产业创新发展的意见》，规划发展目标将竹产业的总产值定在了万亿级，直指世界竹产业强国的位置，其中特别提到创新型龙头企业、产业集群和园区的构建。

（19）2021 年 11 月 24 日消息，裕同科技、山鹰国际、永发集团、凯成科技、界龙实业、美盈森、合兴、吉宏、斯道拉恩索、汇林包装等多家包装巨头均已低调布局纸浆模塑行业。

（20）2021 年 12 月 18 日，美国环保材料科技公司 Footprint 同意通过与特殊目的收购公司 Gores Holdings VIII Inc 合并，在纳斯达克上市。

2022年植物纤维模塑行业大事记

Highlights of the Plant Fiber Molding Industry in 2022

（1）2022年1月1日起，法国禁止以塑料包装出售重量小于1.5公斤的水果和蔬菜，共涉及30种水果和蔬菜。2026年，该禁令将扩展至所有的水果和蔬菜。

（2）2022年1月4日，钟薛高食品(上海)有限公司携手深圳市裕同包装科技股份有限公司推出2022新春虎色生香冰激凌礼盒，采用纸浆模塑包装盒，拓宽纸浆模塑使用场景。

（3）2022年2月8日，由大连工业大学黄俊彦教授主编的《植物纤维模塑发展报告2020—2022》开始调研和编写。

（4）2022年3月5日，由包装部落主办，雅式展览服务有限公司、中国对外贸易广州展览总公司以及纸浆模塑设计力量共同协办的第五届纸浆模塑产业高峰论坛在广州成功举行。

（5）2022年3月28日消息，PulPac干法模塑纤维技术制造的创新型杯盖助力全球可持续发展。瑞典三家处于可持续发展前沿的创新公司——PulPac、Liplid和MAX Burgers合作，正引领着以可持续纤维为基础的替代品取代传统塑料盖子的发展方向。

（6）2022年5月4日，宁波家联科技股份有限公司发布公告称，拟以4500万元的价格受让双鱼塑胶持有的浙江家得宝科技股份有限公司45%的股权；同时以1.2亿元认购家得宝本次增发的4162.37万股股份。本次增发完成后，家联科技持有家得宝75%的股权，家得宝将成为家联科技的控股子公司。

（7）2022年5月17日，佛山市必硕机电科技有限公司赴法国工程师再度凯旋，必硕科技交付的法国客户四期项目"全自动纸浆模塑杯盖机"顺利投产。

（8）2022年6月1日，芬林集团和维美德合作的3D纤维产品示范工厂已在芬兰艾内科斯基(Äänekoski)投入运营。2020年底，芬林集团旗下的创新公司芬林之春和维美德共同宣布，将投资约2000万欧元建造这处示范工厂。

（9）2022年8月12日消息，云南耿马打造"吃干榨尽"甘蔗全产业链，耿马绿色食品工业园区遵循"一县一业"甘蔗全产业链聚集发展的思路，着力打造上中下游联动的蔗糖产业链，带动蔗糖产业接"二"连"三"产业转型升级，做到将甘蔗"吃干榨尽"。

（10）2022年8月16日，龙岩市青橄榄环保科技有限公司二期项目首条生产线进入设备的调试阶段，8月底可以正式投产。一期项目已全部投产。

（11）2022年9月15日消息，京东、五芳斋、十五月、小鹏、深圳航空、希尔顿、万豪等众多品牌选用全纸浆模塑月饼包装盒，使用全纸浆模塑礼盒包装的品牌连续多年倍增。

（12）2022 年 10 月 14 日，从中国国家邮政局 2022 年第四季度例行新闻发布会上获悉，中国快递包装绿色治理工作取得初步成效，下一步工作包括确保到 2025 年底，全国范围邮政快递网点禁止使用不可降解的塑料包装袋、塑料胶带、一次性塑料编织袋等。

（13）2022 年 10 月 25—27 日，第十三届中国包装创新及可持续发展论坛（CPiS2022）在苏州成功举办，纸浆模塑公模概念在大会亮相，得到众多品牌方的高度关注与认可。

（14）2022 年 11 月 1 日，斯道拉恩索中国包装面向中国市场发布了新一代食品级无氟纸浆模塑产品，采用突破性技术，不含全氟和多氟烷基物质（PFAS），并能满足国内的外卖食品包装行业对耐高温、强防油的需求。

（15）2022 年 11 月 28 日，位于杭州市钱塘区的浙江欧亚联合装备集团有限公司总部大楼举行封顶仪式。

（董正茂　黄俊彦）

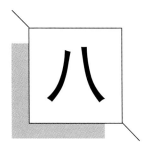

附录

Appendix

★ 国内外限塑禁塑政策盘点

★ 植物纤维模塑行业重点企业介绍

★ 植物纤维模塑部分企业名录

★ 社团与信息平台

国内外限塑禁塑政策盘点

Review of Domestic and Foreign Policies on Plastic Ban

表 1 中央部委限塑禁塑政策一览表

时间	部门	政策文件
2020 年 1 月 19 日	发展改革委	关于进一步加强塑料污染治理的意见 (80 号文)
2020 年 7 月 10 日	发改委等九部委	关于扎实推进塑料污染治理工作的通知
2020 年 9 月 11 日	发改委等十部门	十部门召开全国塑料污染治理工作电视电话会议
2020 年 7 月 3 日	农业农村部等	农用薄膜管理办法
2020 年 8 月 31 日	商务部	关于进一步加强商务领域塑料污染治理工作的通知 商务部：已上线一次性塑料制品使用、回收的报告系统 商务部：电商需逐步停用不可降解塑料包装
2020 年 8 月 7 日	市场监管总局等八部门	关于加强快递绿色包装标准化工作的指导意见（国市监标技〔2020〕126 号）
2020 年 9 月 22 日	国家邮政局	邮政业塑料污染治理工作推进会
2020 年 11 月 25 日	发展改革委	国家生态文明试验区改革举措和经验做法推广清单
2020 年 12 月 11 日	发改委等四部门	饮料纸基复合包装生产者责任延伸制度实施方案
2020 年 12 月 14 日	发展改革委	国务院办公厅转发《关于加快推进快递包装绿色转型意见》
2021 年 1 月 28 日	国管局、住建部、发改委	关于做好公共机构生活垃圾分类近期重点工作的通知 公共机构停止使用不可降解一次性塑料制品名录（第一批） 党政机关带头停止使用不可降解一次性塑料制品
2021 年 2 月 27 日	国家邮政局	《邮件快件包装管理办法》公布，与降解行业相关有 3 个要求
2021 年 4 月 25 日	交通部等八部门	八部门联合发文：快递应不再使用不可降解包装袋，包装有绿色产品认证引导优先采购 八部门联合发文：在全国推广应用标准化物流周转箱
2021 年 5 月 25 日	民航局	民航行业塑料污染治理工作计划（2021—2025 年）
2021 年 7 月 1 日	发展改革委	"十四五"循环经济发展规划
2021 年 7 月 16 日	商务部	商务部《一次性塑料制品使用、报告管理办法（征求意见稿）》
2021 年 9 月 8 日	发展改革委	"十四五"塑料污染治理行动方案

表 2　各省区市限塑禁塑政策一览表

时间	地区	政策文件
2019 年 2 月 16 日	海南省	海南经济特区禁止一次性不可降解塑料制品规定（2020 年 12 月 1 日起实施） 海南省全面禁止生产、销售和使用一次性不可降解塑料制品实施方案 海南省全面禁止生产、销售和使用一次性不可降解塑料制品补充实施方案 关于进一步加强塑料污染治理的实施意见（征求意见稿） 海南省禁止生产销售使用一次性不可降解塑料制品名录（第一批） 海南省禁止生产销售使用一次性不可降解塑料制品名录（第二批） 海南省全生物降解塑料产业发展规划（2020—2025 年） 海南电子监管码（二维码、绿码） 海南 2 项塑料制品检测方法标准 1 月 15 日实施 海南发布一次性塑料制品中不可生物降解成分的检测方法 《海南省禁塑工作突出问题整治方案》解读新闻发布会 海南全面关停一次性不可降解塑料制品生产企业 海南禁塑经验 1，禁塑经验 2
2019 年 11 月 27 日	北京市	北京市生活垃圾管理条例 北京限连卷袋，意义重大！各大城市将加码执行限塑令
2020 年 3 月 30 日	吉林省	关于进一步加强塑料污染治理的实施办法（征求意见稿）
2020 年 4 月 10 日	青海省	关于进一步加强塑料污染治理的实施办法 《青海省塑料污染治理 2021—2022 年工作要点》发布
2020 年 4 月 26 日	西藏自治区	"白色污染"治理攻坚战行动总体方案
2020 年 4 月 27 日	天津市	进一步加强塑料污染治理工作实施方案（征求意见稿） 天津市"十四五"塑料污染治理行动方案 天津市生态环境保护"十四五"规划
2020 年 5 月 25 日	山东省	进一步加强塑料污染治理实施方案 山东省生活垃圾管理条例
2020 年 6 月 2 日	河南省	加快"白色污染"治理　促进美丽河南建设行动方案 濮阳市不可降解塑料制品管理条例（立法） 2022 年 1 月实施，扩大部分塑料制品禁限管理实施范围 河南省城市生活垃圾分类管理办法（2022 年 3 月 1 日起施行）
2020 年 6 月 18 日	山西省	关于进一步加强塑料污染治理的实施办法 山西 20201 年 7 月起全面禁止不可降解一次性塑料制品（2021 年 7 月 1 日起实施） 山西《禁止不可降解塑料规定》列为 2021 年正式立法项目 山西禁塑立法在即，新版已删除台账管理 山西省禁止不可降解一次性塑料制品规定（2021 年 7 月 1 日起实施）
2020 年 6 月 28 日	内蒙古自治区	关于进一步加强塑料污染治理的意见
2020 年 6 月 29 日	江西省	加强塑料污染治理的实施方案
2020 年 7 月 2 日	四川省	进一步加强塑料污染治理实施办法

续表

时间	地区	政策文件
2020 年 7 月 19 日	河北省	关于进一步加强塑料污染治理的实施方案 1000 万元奖金！河北放榜寻找 3 种降解技术 河北省"十四五"时期"无废城市"建设工作方案
2020 年 7 月 28 日	甘肃省	进一步加强塑料污染治理的实施方案
2020 年 7 月 28 日	新疆维吾尔族自治区	进一步加强塑料污染治理的实施方案
2020 年 8 月 11 日	贵州省	关于进一步加强塑料污染治理的实施方案 贵州将禁止和限制使用不可降解一次性塑料制品
2020 年 8 月 18 日	湖北省	进一步加强塑料污染治理的实施方案 武汉市进一步加强塑料污染治理的实施方案 湖北"十四五"：大力发展煤基生物可降解材料
2020 年 8 月 18 日	陕西省	进一步加强塑料污染治理实施方案
2020 年 8 月 19 日	江苏省	关于进一步加强塑料污染治理的实施意见
2020 年 8 月 20 日	广东省	关于进一步加强塑料污染治理的实施意见（2020 年 9 月 1 日起实施） 广东省禁止、限制生产、销售和使用的塑料制品目录（2020 年版） 广州市推进塑料污染治理工作方案 深圳全面淘汰关停列入"禁塑"名录的塑料制品生产企业 广东省推进"无废城市"建设试点工作方案
2020 年 8 月 26 日	云南省	进一步加强塑料污染治理的实施方案
2020 年 9 月 8 日	福建省	关于进一步加强塑料污染治理实施方案 厦门市关于进一步加强塑料污染治理实施办法 福建"十四五"：将发展 PLA、PHA 等生物基可降解塑料
2020 年 9 月 8 日	辽宁省	关于进一步加强塑料污染治理的实施意见
2020 年 9 月 11 日	浙江省	关于进一步加强塑料污染治理的实施办法
2020 年 9 月 17 日	黑龙江	黑龙江省塑料污染治理工作实施方案
2020 年 9 月 23 日	广西壮族自治区	进一步加强塑料污染治理近期工作要点
2020 年 9 月 29 日	重庆市	关于进一步加强塑料污染治理的实施意见
2020 年 9 月 30 日	上海市	上海市关于进一步加强塑料污染治理的实施方案
2020 年 10 月 20 日	安徽省	安徽省进一步加强塑料污染治理实施方案
2020 年 11 月 19 日	湖南省	湖南省进一步加强塑料污染治理的实施方案 长沙公布 2021 年禁塑工作方案，每季度公布红黑榜 《湖南省"十四五"生态环境保护规划》：推广可降解塑料制品，推动塑料污染全链条治理
2020 年 12 月 24 日	北京市	北京市塑料污染治理行动计划（2020—2025 年） 北京市塑料污染治理行动计划 2021 年度工作要点

表 3　国外限塑禁塑政策一览表

时间	国家	政策内容
2015 年 12 月	美国	国会通过了《禁用塑料微珠护水法 2015》，修订了《联邦食品、药品和化妆品法》。禁止制造、包装和分销含有塑料微珠的冲洗化妆品。一些州将重点放在实施有效的塑料回收计划上，而另一些州则实施禁令或收费以完全阻止使用塑料袋
2015 年	英国	英格兰、威尔士、北爱尔兰和苏格兰陆续推出 5 便士的塑料袋收费政策以来，陆续针对微塑、饮料容器和一次性塑料制品发布系列政策。 2017 年至 2019 年，英格兰、威尔士、北爱尔兰和苏格兰陆续推出《环境保护（微珠）条例》，全面禁止在化妆品和个人护理产品中使用微珠
2020 年	英国	2020 年 3 月，英国政府拟征收新的塑料包装税，对含量低于 30% 回收塑料的塑料包装每吨征收 200 英镑。新政策将于 2022 年 4 月生效。 2020 年 9 月，英国发布《环境保护（塑料吸管、棉签和搅拌器）（英格兰）条例 2020》，规定禁止在英格兰使用塑料吸管、棉签和搅拌器
2016 年 11 月	澳大利亚	批准了新的《澳大利亚包装公约》五年战略计划《澳大利亚包装公约战略计划（2017—2022 年）》，提高包装可持续性。 针对《2019 年国家废物政策行动计划》中提到的"从 2020 年下半年开始，禁止出口废塑料、纸张、玻璃和轮胎"的目标，发布《废塑料、纸张和轮胎出口禁令》。各州和各区近年来都陆续立法全面禁止使用一次性塑料袋
2018 年 1 月	西班牙	2018 年 7 月 1 日起，各商业机构被禁止向消费者提供免费塑料购物袋。 2020 年 1 月起，厚塑料袋（厚度大于 50 微米）必须包含至少 50% 的再生塑料，并且禁用易碎塑料制成的袋子。 2020 年 3 月，西班牙通过禁塑令：从 2021 年开始，禁止使用一次性塑料制品
2018 年 8 月	新西兰	政府宣布自 2019 年 7 月 1 日起，禁止使用一次性塑料购物袋。 环境保护部于 2020 年 8 月，就逐步淘汰一些难以回收的 PVC 和聚苯乙烯，以及 7 种一次性塑料制品［塑料吸管、塑料棉、饮料搅拌器、餐具（例如，塑料盘子、碗、餐具）、一次性杯子和盖子、一次性农产品袋不可堆肥的产品贴纸］发布了征求意见稿
2018 年	智利	2018 年 8 月正式颁布"禁塑法"，禁止全国所有超市、商铺向顾客提供塑料袋。智利将由此成为拉美首个全面禁止商家向购物者提供塑料袋的国家。2020 年 8 月 3 日起，智利将全面"禁塑"
2019 年 1 月	韩国	2019 年 1 月实施《促进资源节约与循环利用法实施条例》修正案，禁止大型卖场和超市使用塑料袋。 2019 年 12 月实施《资源循环利用法》修正案和《包装材料的材质、结构标准》，禁止在饮料包装中使用难以回收彩色 PET 瓶和使用 PVC 制成的保鲜膜，同时生产商不得将难以回收的材料或与其他材质混合的材料用于生产包装材料
2020 年	韩国	2020 年 6 月发布《需经安全确认的生活化学产品及安全、标示标准》修改单，规定自 2021 年 1 月 1 日起，禁止在生产、进口的清洁产品（清洁剂、除垢剂）、洗衣产品（洗衣粉、漂白剂、纤维柔软剂）使用清洁、研磨用的微塑料类微珠。 2020 年 6 月发布《为促进国内废弃物循环利用限制进口的废弃物产品告示》，限制 4 种塑料（PET/PE/PP/PS）产品进口。 2021 年 2 月发布了《促进资源的节约及再利用相关法律实施令》部分修改草案，限制塑料和其他一次性物品的使用，规定禁止在咖啡馆和其他餐馆内使用纸杯、塑料吸管和搅拌器。同时，扩大了目前适用于大型商店和超市的塑料袋限制使用的禁令，规定禁止在零售商店和面包店使用塑料袋

时间	国家	政策内容
2019 年 6 月	加拿大	最早在 2021 年禁止使用有害的一次性塑料（例如，塑料袋、吸管、餐具、盘子和搅拌棒），并采取其他措施减少塑料产品和包装的污染
2019 年 6 月	欧盟	发布指令（EU） 2019/904《一次性塑料》，指令适用于一次性塑料制品，指令中明确逐步禁止使用的塑料产品包括：餐具、盘子、吸管、棉签、饮料搅拌器、气球支撑棒、由聚苯乙烯制成的食品容器和可氧化降解塑料制成的产品等
2021 年 6 月	欧盟	发布《关于一次性塑料产品的指南》（2021/C 216/01）和实施决议（EU）2021/958《欧盟根据指令（EU） 2019/904 第 13（1）（d）条和第 13（2）条》，限制一次性塑料制品
2019 年 8 月	巴基斯坦	2019 年 8 月 14 日，巴基斯坦"禁塑令"生效，将在首都伊斯兰堡及周边地区禁止使用一次性塑料袋
2019 年 7 月	哥斯达黎加	执行"废物综合处理"法律修正案，禁止使用聚乙烯泡沫塑料，禁止使用塑料吸管，零售场所不能向消费者提供塑料袋
2019 年	泰国	2019 年底，泰国颁布了"限塑令"，规定自 2020 年 1 月 1 日起，75 个品牌的百货商店、超市和便利店不再向顾客提供一次性塑料袋，并争取在 2021 年实现全国禁塑
2019 年 12 月	日本	经济产业省和环境省修订了《促进容器和包装分类收集和回收法》相关部令，规定明确，自 2020 年 7 月 1 日起，要求所有零售商家禁止向顾客提供免费塑料袋。同时，还发布了《塑料袋收费指南》。 2021 年 3 月，日本内阁提出《促进塑料资源回收利用法案》，拟将所有塑料制成为从生产到回收的可循环资源
2020 年 1 月	法国	2020 年 1 月 1 日起，法国禁止销售部分一次性塑料制品，包括一次性棉花棒、一次性杯子和盘子等塑料制品，学校食堂也禁止使用塑料瓶装纯净水。 未来数年将逐步加强"禁塑令"，计划于 2021 年禁售塑料杯装饮用水、塑料吸管和搅拌棒、发泡胶餐盒等，水果蔬菜的塑料包装也将被禁用；2022 年则将禁止包括连锁快餐店在内的餐饮业向堂食顾客提供一次性餐具。最终目标是在 2040 年前，将一次性塑料制品的使用率降低到零
2021 年 1 月	意大利	2021 年 1 月 14 日起，全面停止使用不可降解的一次性塑料制品
2021 年	希腊	从 2021 年 2 月 1 日起，公共部门将终止采购一次性塑料产品。 从 2022 年 1 月 1 日起，将对塑料杯和盖以及一次性食品容器征收环境税。 到 2023 年，一次性产品的生产商必须建立自己的回收系统或参与现有的回收系统

（黄俊彦　根据网络或公开资料整理）

植物纤维模塑行业重点企业介绍

Introduction of the Key Enterprises in Plant Fiber Molding Industry

★ 吉特利环保科技（厦门）有限公司

★ 广州华工环源绿色包装技术股份有限公司

★ 佛山市必硕机电科技有限公司

★ 浙江欧亚轻工装备制造有限公司

★ 广东瀚迪科技有限公司

★ 浙江珂勒曦动力设备股份有限公司

★ 格兰斯特机械设备（广东）有限公司

★ 浙江众鑫环保科技集团股份有限公司

★ 广东省汇林包装科技集团有限公司

★ 江苏澄阳旭禾包装科技有限公司

★ 山东汉通奥特机械有限公司

★ 焦作市天益科技有限公司

★ 山东辛诚生态科技有限公司

★ 广州市南亚纸浆模塑设备有限公司

★ 佛山美石机械有限公司

★ 沙伯特（中山）有限公司

★ 韶能集团绿洲生态（新丰）科技有限公司

★ 深圳市山峰智动科技有限公司

★ 邢台市顺德染料化工有限公司

★ 开翊新材料科技（上海）有限公司

★ 温州科艺环保餐具有限公司

★ 广东旻洁纸塑智能设备有限公司

★ 莱茵技术监督服务（广东）有限公司

★ 绿赛可新材料（云南）有限公司

★ 星悦精细化工商贸（上海）有限公司

★ 佛山市顺德区富特力模具有限公司

★ 中山市创汇环保包装材料有限公司

★ 河北海川纸浆模塑制造有限公司

★ 清远科定机电设备有限公司

★ 青岛新宏鑫机械有限公司

★ 沧州市恒瑞防水材料有限公司

★ 廊坊茂乾纸制品有限公司

★ 上海镁云科技有限公司

吉特利环保科技（厦门）有限公司

Geo Tegrity Environmental Technology (Xiamen) Co., Ltd.

【企业概况】

吉特利环保科技（厦门）有限公司（以下简称远东·吉特利），由远东环保科技发展有限公司及香港吉特利环保科技有限公司共同出资成立，后由山鹰国际控股股份有限公司（证券代码：600567）、浙江大胜达包装股份有限公司（证券代码：603678）增资扩股，在厦门创建纸浆环保食品包装产业园。

远东·吉特利集团于 1992 年在全国率先成立专业从事纸浆环保食品包装餐饮用具设备设计制造、工艺技术研发、产品生产、市场营销的闭环型集团公司，公司与相关研究机构及高校长期合作建立设备设计、工艺技术综合研发中心，拥有 30 多年纸浆环保食品包装餐具行业技术经验，拥有核心技术研发工程师 50 多人，为新入行的投资客户进行全方位指导服务（包括基建工程设计、培训生产工艺技术、培养市场营销高端人才等），是引领和推动纸浆环保食品包装餐饮用具行业发展的综合性诚信企业。

远东·吉特利集团旗下有七家研发、运营、管理机构及生产基地：①厦门总部；②上海国际营销部；③上海纯绿国内销售中心；④泉州中乾机械研发制造中心；⑤厦门吉特利餐具生产研发中心；⑥四川宜宾祥泰产品生产基地；⑦海南大胜达产品生产基地。

远东·吉特利集团公司经过 30 年的潜心研发，拥有 130 项自主产权的专利技术（其中有 10 项发明专利、3 项软件著作权专利），代表性的有：热油加热节能专利技术；免切、免冲扣全自动化技术设备，此项目荣获"福建省首台（套）重大技术装备"奖励；半自动化设备改造加装机器人切边升级自动化生产技术；热饮咖啡杯、咖啡杯盖、外卖送餐配盖机器人切边高端产品设备；无氟防油添加材料的开发及应用等专利技术。

远东·吉特利集团公司生产的纸浆环保食品包装餐具产品，已获得 FDA、SGS、BPI 等 10 多项国际检测合格认证证书，产品出口 80 多个国家和地区。

远东·吉特利集团公司多年致力于把纸浆环保食品包装产业做强做大，培养一批有环保情怀、有事业心、勇于担当责任的同行，为客户无偿提供新工艺新技术和设备升级改造，让投资者无后顾之忧，赢得了越来越多客户的信赖。公司的愿景：推动纸浆环保食品包装产业的发展，打造具有国际影响力的远东·吉特利集团公司。

地址：厦门市同安区同安工业集中区集安路 523 号　　　邮编：361100

电话：0592-7208177　　　　　　　　　　　　　　　　传真：0592-7205368

网址：www.ydjtl.cn   邮箱：yd2481668@163.com

企业性质：有限责任公司

法人代表：苏炳龙，经营负责人：陈艺铮，技术总监：姜奇进

集团公司成立时间：2011 年，职工总数：711 人，技术人员数：103 人

2021 年产品产量：18883.01 吨

2021 年销售收入：3.9 亿元，利润总额：0.37 亿元

2021 年企业科研经费投入：0.14 亿元

主要产品：纸浆模塑设备、纸浆模塑产品

广州华工环源绿色包装技术股份有限公司

HGHY Pulp Molding Pack Co., Ltd.

【企业概况】

广州华工环源绿色包装技术股份有限公司（以下简称华工环源）是一个集团公司，于2000年由华南理工大学教师吴姣平女士与华南理工大学科技园合资成立，专注于为客户提供纸浆模塑环保包装产品制造的完整解决方案。

作为中国著名大学——华南理工大学的合资企业，华工环源拥有大学优良的研发手段和科研技术的支持；稳定而强大的自主研发团队，确保华工环源在纸浆模塑行业的设备和模具领域的不断突破。

本集团公司旗下分三个运营机构和一个合作基地：①广州总部；②佛山华工祥源设备制造中心；③肇庆华工环源模具制造中心；④合作基地——华北设备制造基地（河北省廊坊市）

本集团公司旗下有一个研发中心：包括纸浆模塑技术工程中心和综合研究所。研发中心拥有核心技术人员40余人，是一支高效率、高水平、具有强大开发实力和丰富实践经验的技术精英团队，专注于纸浆模塑行业各种技术的研究工作，是纸浆模塑行业国家标准的制定者。目前已经获得授权发布6项行业标准；授权专利150余项，其中发明专利20项；6项高新技术产品；15项出口欧盟的CE认证，是华南理工大学轻工科学与工程学院二次纤维综合利用的中试基地。华工环源公司是国际纸浆模塑协会的加盟单位，拥有本行业全面及先进的技术，是目前全球纸浆模塑行业机型种类较多的企业。

华工环源凭借着专业的工艺技术、强大的产品开发能力、配套的模具技术和制造支持、健全的设备制造、安装、培训、售前和售后服务组织架构体系，以及20多年的行业经验积累，确保华工环源为客户提供高性价比的优良纸浆模塑设备产品和全方位的满意服务。随着越来越多客户的信任和支持，华工环源已经成为全球纸浆模塑行业重要的设备供应商之一。

地址：广东省广州市科学城科学大道99号科汇金谷　　　邮编：510700

电话：020-62327808　　　　　　　　　　　　　　传真：020-62327809

网址：www.pulpmoldingchina.cn　　　　　　　　邮箱：hghy@hghuanyuan.com

企业性质：有限责任公司

法人代表：吴姣平，经营负责人：吴姣平

成立时间：2000年，职工总数：150人

主要产品：纸浆模塑设备和模具（包括但不限于：蛋托蛋盒系列、精品工包系列、一次性餐饮具系列等）

佛山市必硕机电科技有限公司

Foshan BeSure Technology Co., Ltd.

【企业概况】

佛山市必硕机电科技有限公司是一家中欧合作企业，总部位于广东省佛山市中国装备制造产业中心，占地面积 38000 平方米，20 多年来专注纸浆模塑设备、模具研发和制造，现已成为中国纸浆模塑设备制造行业首家 OTC 挂牌上市的国际化集团公司（股票代码：220098），是高端纸浆模塑设备、模具、纸浆餐具制品的大型供应商，为广大客户提供纸浆模塑项目"一站式"解决方案。作为国家高新技术企业，必硕科技拥有国家发明专利、实用新型专利、软件著作权共 100 多项；严格执行 ISO9001 质量管理体系，选择与世界一流的欧洲、日本品牌供应商合作，产品取得了欧盟 CE 认证、加拿大 CSA 认证、俄罗斯 CU-TR 认证、美国 UL 认证等国际各项认证。

必硕科技不断地开拓创新，成功开创多项国内首创的核心技术，努力打通上下游向纸浆模塑全产业链发展，引领纸浆模塑行业向自动化、智能化、节能降本方向发展（见表1）。

表 1　主要产品

产品名称	蛋盒生产线	餐具生产线	全自动转鼓式托盘生产线	杯盖生产线	全自动精品工包生产线	全自动普通工包生产线
型号	EC3600 EC5400 EC9600	TSA2-9898	ET3600 ET4300 ET6000 ET7200	TSMP-9570	TSMP-9570	IP3000 IP4000 IP6000 IP8000
成型模板尺寸 /mm	1900×400 2250×400	1000×1000	1900×400 2250×400	1000×750	1000×750	1200×800 1600×800
生产线 / 单机设计产能	3600 件 /h 5400 /h 9600 件 /h（按 10/12 枚蛋盒计）	800 kg/d（按照 9 英寸圆盘，16g 计算）	3600 件 /h 4300 件 /h 6000 件 /h 7200 件 /h（按 30 枚蛋托计）	100000 件 /d（按 80 杯盖计）	400 ～ 500kg（根据具体产品确定）	具体由所生产的产品决定（产品排版 / 产品克重）
热源	天然气、导热油、LPG、LNP、蒸汽	电 / 导热油	天然气、导热油、LPG、LNP、蒸汽	电 / 导热油	电 / 导热油	天然气、导热油、LPG、LNP、蒸汽

地址：广东省佛山市三水区云东海街道永业路 5 号

邮编：528100

电话：0757-86635859

传真：0757-86635848

网址：http://www.mybesure.com

邮箱：bst@mybesure.com

企业性质：有限责任公司

法人代表人 / 经营负责人：赵宝琳

成立时间：2013 年

主要产品：纸浆模塑设备

浙江欧亚轻工装备制造有限公司

Zhejiang Eurasia United Equipment Group Co., Ltd.

【企业概况】

浙江欧亚轻工装备制造有限公司／浙江欧亚联合装备集团有限公司（EAMC），长期专业从事国际先进 EAMC 全自动纸浆模塑生产设备、纸浆模塑餐具生产设备、纸浆模塑杯盖生产设备和精致纸浆模塑工业包装制品生产设备——全自动纸浆模塑成型定型切边一体机的研发、生产、成套和各种植物纤维模塑制品的开发与生产。在纸浆模塑制品及纸浆模塑成型模具的研究和开发领域有丰富的经验，利用可再生的植物资源如麦草、芦苇、甘蔗渣等植物纤维，经过模塑的方法，生产各种纤维日用品、纤维纸模餐具、纤维纸模托盘、纤维纸模工业品防震垫和包装托盘、非平面的纤维纸模装饰墙板以及非平面的纤维纸模立体制品。

公司位于经济发达的长三角中心，拥有专用植物纤维模塑研发大楼和试验车间，设备生产工厂、模具生产工厂和制品生产工厂；并投资 4 亿元在杭州市钱塘区打造一个占地 40 亩的智能全自动一体机研究院和智能制造基地；包括独立法人的植物纤维模塑研究院、植物纤维模塑设备及高端制品的智能制造工厂、欧亚总部大楼和专家技术人员公寓。

我们在国际上率先对自动化、智能化的高效环保可降解的植物纤维模塑设备生产线、生产工艺、模具进行研究开发，并成功研发生产了成型、定型、切边、打孔等一体化的智能高效的全自动设备，一机多用；浙江欧亚研发的一次成型的"带倒扣可降解纸模杯盖"全自动生产线，更具领先性和竞争力。

欧亚公司（EAMC）有多款设备的整机和关键部件已获得一系列中国发明专利、美国发明专利、欧盟发明专利。浙江欧亚轻工装备制造有限公司是国家行业标准主要起草单位，率先在国内同行中制定了植物纤维模塑餐具设备及高档工业包装设备的国家行业标准，在行业内具有领先优势。同时公司也通过了国家高新技术企业、专精特新企业、企业技术中心和省市首台（套）等荣誉的认定。

国际国内许多大型企业都多次采购了浙江欧亚公司生产的全自动植物纤维模塑成型机械生产线，并一直使用至今。公司研发生产的全自动机械生产线已出口到法国、波兰、荷兰、墨西哥等欧美国家以及马来西亚、韩国、泰国等亚洲国家。

多年来我们致力于全自动植物纤维模塑成型生产线的综合研究，是拥有先进全自动植物纤维模塑技术和自主知识产权的研发型生产企业。我们致力于为世界各国提供植物纤维模塑成型技术、设备以及消除"白色污染"的整体解决方案。

　　地址：浙江省杭州市拱墅区文晖路 46 号现代置业大厦

　　邮编：310004

　　电话：0571-85180930

　　网址：www.eamc.cn

　　邮箱：fibermold@eamc.cn

　　企业性质：有限责任公司

　　法人代表：郑天波，经营负责人：金坤，技术负责人：郑天波

　　成立时间：2013 年，职工总数：130 人，技术人员数：50 人

　　主要产品：全自动纸浆模塑成型切边一体机，全自动纸浆模塑精品工包餐包一体机

广东瀚森智能装备有限公司

Guangdong Hanson Pulp Molding Technology Co., Ltd.

【企业概况】

广东瀚森智能装备有限公司是瀚迪集团的全资子公司，是国家认定的高新技术企业。工厂占地面积 50000 多平方米，员工 300 多人。公司专业从事纸浆模塑设备的研发、设计、生产、销售和服务，为客户提供整厂规划设计、智能制浆系统、纸浆模塑设备、模具设计制造、后工序自动化设备、技术人员输出等服务。

我们是纸浆模塑设备行业的标准化推动者，纸浆模塑设备行业的技术领先者，为纸塑包材企业赋能。

超级口号

智能装备　整厂定制

公司使命

纸塑装备　行业标准推动者

价值观

推动智能纸塑生态前行者

社会使命

把绿色还给土地

用纸塑筑造未来

六大核心版块 / 服务范围

1. 整厂规划与设计　　2. 智能化制浆系统　　3. 纸浆模塑成型设备

4. 模具设计与制造　　5. 后工艺自动化设备　　6. 瀚森学院、技术输出

地址：广东省东莞市厚街镇瀚森纸塑产业园

邮编：523962

电话：400 6556 100

网址：www.hspulpmolding.cn

邮箱：lizhonghua@gd-handy.com

企业性质：有限责任公司

法人代表：温兴凯

成立时间：2016 年，职工总数：200 人

浙江珂勒曦动力设备股份有限公司

Zhejiang kelexi Power Equipment Co., Ltd.

【企业概况】

浙江珂勒曦动力设备股份有限公司（以下简称珂勒曦）成立于 2016 年，注册资金 1900 万元，建筑面积 5000 平方米，投资规模 3500 万元，是一家专业从事空气动力系统及设备的研究、设计、制造为一体的高新技术制造企业，主要生产螺杆鼓风机和螺杆真空泵。产品广泛应用于医药、化工、电子、光伏、造纸、印刷、食品加工、电力、污水处理、物料输送等多个行业。

公司多年来致力于空气动力系统应用和开发，积累了丰富的技术经验，同时与专业高校、国内外优秀企业和技术团队合作研发，取得了多项专利技术。目前聚集了国内外顶尖真空、流体领域的专家，其中专家教授 4 人，高级工程师 2 人，中级工程师 3 人。通过多年的研制和开发，目前已拥有国家发明专利 8 项，实用新型专利 2 项，外观设计专利 2 项。公司于 2017 年被浙江省科学技术厅认定为"浙江省科技型中小企业"，2020 年被认定为省级"高新技术企业"。

珂勒曦自成立以来就一直坚持自主研发，并在推动科技成果落地转化上，不断取得成果。7.5kW、37kW 干式螺杆真空泵及 KG335 干式螺杆鼓风机先后通过省级工业新产品鉴定，其中 37kW 干式螺杆真空泵通过了 2020 年浙江省装备制造业重点领域首台（套）产品认定。

公司秉承"追求卓越品质，争创一流企业"的宗旨，先后引进了成套的德国螺杆主机制造技术以及德国 KAPP 磨床、海克斯康三坐标仪、日本马扎克车铣复合机床、日本松浦卧式加工中心等国外高端生产、检测平台，为制造高质量的产品保驾护航。

珂勒曦一直信奉"诚信为本"的商业道德，执着于"追求完美，以客至尊"的信念，始终贯彻客户心、员工心、企业心的共赢理念。时刻以清醒的头脑去重视产品质量，永远不忽视质量链中的任何环节。珂勒曦公司凭借优良的产品品质，节能、环保、高效的产品性能，合理的产品价格，高效的售后服务，深受广大用户的好评和信赖。

地址：浙江省临海市江南大道 288 号

邮编：317000

电话：400-886-7766

传真：0576-85151258

网址：www.kelexi.cn

邮箱：kelexi@kelexi.cn

企业性质：股份有限公司

法人代表：许祖近，经营负责人：金志敏，技术负责人：王波

成立时间：2016 年，职工总数：70 人，技术人员数：12 人

2021 年产品产量：400 台（套）

2021 年销售收入：8000 万元，利润总额：900 万元

2021 年企业科研经费投入：350 万元

主要产品：螺杆真空泵

格兰斯特机械设备（广东）有限公司

Gdgranster Mechanical Equipment (Guangdong) Co., Ltd.

【企业概况】

格兰斯特机械设备（广东）有限公司（以下简称格兰斯特），创立于 2005 年，占地面积 5000 平方米，年销售额 1.1 亿元，公司现有 70 余人，其中技术研发人员 15 人，资财部人员 5 人，装配人员 30 余人，业务人员 15 人，售后人员 8 人等。

格兰斯特是一家专业从事空气流体节能设备的研发、生产及销售为一体的科技创新企业。公司拥有多年的空气流体设备技术研发和生产经验，专业制造绿色环保、节能高效、适合市场需求的产品。主要生产永磁变频无油螺杆真空泵、高速离心鼓风机、单双级螺旋真空泵、无油螺杆鼓风机、双级永磁变频节能空压机等产品。

公司产品广泛应用于纸塑、造纸、包装、泡沫、吸塑、印刷、纺织、印染、家具、塑胶、电子、CNC 雕刻、食品、制药、化工、冶金、五金、汽车、水泥和陶瓷等行业（见表 1）。

表 1　主要产品

产品系列	产品名称	规格系列	产品特点
系列一	永磁变频无油螺杆真空泵	GD650VSD ～ GD12000VSD	全密封式油封及气封设计，100% 干式无油压缩，不锈钢油泵，强制供油恒温散热系统。智能云端服务器，大数据故障预警及自诊断系统
系列二	单双级螺旋真空泵	GD15TPM ～ 800TPM GS15TPM ～ 400TPM	高效稳定的自适应真空系统，主机模块化设计让维保更简单。自研同轴一体嵌入式主电机，转子及压缩腔体内部采用德国纳米陶瓷超温防腐涂层，耐腐蚀，抗老化
系列三	高速离心鼓风机	GT11VSD ～ GT400VSD	采用三元流组合式叶轮，复合型线技术，同一鼓风机可满足 300 ～ 1000Hz 不同频率和转速。机翼型回流器叶片设计技术，风损小，静压能转换更高
系列四	无油螺杆鼓风机	GF11TPM ～ GF355TPM	较好的使用性能，环保节能、运行稳定，相比传统罗茨鼓风机，结构更加简单，独特的润滑和排油通道，保障轴承和齿轮得到良好的润滑和冷却，提升主机效率
系列五	双级永磁变频节能空压机	GKT37-8A ～ GKT315-8A	采用两级独立压缩、等压比、低转速设计，两级压缩螺杆主机，搭载钕铁硼磁性专用永磁电机，无轴承，免维护，低噪声高节能

地址：广东省惠州市博罗县园洲镇深沥经济联合社社火烧墩（土名）地段

电话：0752-6315879

传真：0752-6315879

网址：www.gdgranster.com

邮箱：granster@126.com

企业性质：有限责任公司

法人代表：陈豪，经营负责人：王方，技术负责人：陈豪

主要产品：永磁变频无油螺杆真空泵、高速离心鼓风机、单双级螺旋真空泵、无油螺杆鼓风机、双级永磁变频节能空压机等产品

浙江众鑫环保科技集团股份有限公司

Zhejiang Zhongxin Environmental Protection Technology Group Co., Ltd.

【企业概况】

浙江众鑫环保科技集团股份有限公司是中国领先的纸浆模塑制品解决方案提供商之一。多年来，公司一直致力于高品质的绿色环保可降解制品的研发与制造。凭借卓越的研发团队，丰富的实际经验，多年海外大客户的实操案例，先进的生产设备与业内领先的智能制造技术，国际化的产品加工能力，为众多的客户提供高效率和高品质的产品解决方案。

截至目前，集团在国内拥有三家大型纸浆模塑制品制造工厂、一家可降解袋工厂及一家智能制造装备工厂，为社会创造了2900多个就业机会。现有52台CNC，46条纸浆模塑生产线，500余台机器。集团产品的市场占有率稳居行业前列，产品销售遍及全球80余个国家和地区，为全球数以亿计的消费者提供了绿色环保的餐具，为全球环保事业贡献自己的一份力量。集团一向以科技研发作为企业发展的重要磐石，打造了一支理论扎实，技术过硬的研发队伍，专注于设备和技术的研发，已获得70项国家专利，未来将在科研方面加大投入，不断优化自身的科研团队。集团已通过BRC、NSF、BSCI、ISO9001、QS等各项体系验证及犹太洁食认证，并取得BPI、OK HOME COMPOST、SEEDING、LFGB、FDA等各项产品证书。

基于十多年的模具及技术研发领域的深耕和积累，不断拓宽产品线，现已有200多个产品覆盖纸浆餐具、水杯刀叉勺、精品包装、医疗用品等多个领域，广泛应用于餐厅堂食、外卖打包、高档日用品包装及医疗用具等领域。

集团在专业化、规模化、品牌化的道路上砥砺前行。未来我们将持续不断地提升产品解决方案创新交付能力，秉承客户至上、诚信为本、绿色环保、人才驱动的经营理念，努力为我们的客户创造更好的产品，为人类创造美好绿色生活贡献自身价值。

地址：浙江省金华市兰溪永昌街道永盛路1号　　邮编：321104

电话：0579-82256803

网址：www.zhongxinpacking.cn　　　　邮箱：info@fiber-product.com

企业性质：集团股份有限公司

法人代表：滕步彬，经营负责人：滕步彬，技术负责人：季文虎

成立时间：2016年，职工总数：2900人，其中技术人员数：100余人

主要产品：纸浆模塑产品（餐具系列、刀叉勺系列、杯子及杯盖系列、精品工包系列、医疗用品系列等）

广东省汇林包装科技集团有限公司

Guangdong Huilin Packaging Technology Group Co., Ltd

【企业概况】

广东省汇林包装科技集团有限公司（以下简称汇林公司，前身为利林）成立于 1996 年。位于广东省东莞市桥头镇大洲第一工业区，厂房面积 90000 多平方米，总投资人民币 4.3 亿元，是以纸浆模塑机械设备设计、制造；纸浆模塑模具设计、制造；纸浆模塑产品设计、生产、销售以及工艺创新、新技术开发应用为一体的行业领先企业。

汇林公司拥有专业的技术团队及雄厚的生产、技术实力，在国内同行业中属生产规模最大、工艺先进的领先企业。建有省级工程技术研究中心；自主研创并拥有专利的直热式烘干线、模具加热和保温、产品生产技术、材料调配等新技术的应用领先于同行业；研发的纸浆新型助剂、改性淀粉材料等解决了一直以来困扰行业的纸浆模塑落尘难题；汇林公司纸浆模塑事业部拥有 30 多项包装行业创新技术专利，公司已通过 ISO9001、14001、森林认证。

目前公司已发展成为拥有多家下属公司的集团化企业，涉及纸浆模塑、模切、降解新材料、生态农业等多个领域。拥有东莞、合肥两个制造工厂，东莞工厂占地 105 亩，年产能可达 2.5 万吨；合肥工厂占地 97 亩，年产能可达 1.5 万吨。公司拥有十几个生产系统，可以同时生产十多种不同颜色的产品；拥有 18 台全自动生产线及 400 多台半自动机台，可以同时生产几百款产品，每月产出可达 1800 万 PCS；是全球品牌客户用纸浆模塑包装制品的首选供应商之一。

我们将继续按照科学发展观的要求，坚持理性、务实、积极的发展策略，"以服务为宗旨，以市场为导向"，以一流的品质、上乘的服务、专业的技术吸引国内外知名企业的关注。不断创新、开拓进取、科学管理、以人为本、心系用户、持续发展，将公司发展成为全球规模、技术领先的企业。

地址：广东省东莞市桥头镇大康路 20 号　邮编：523525

电话：0769-83391966　　　　　　　　传真：0769-83390669

网址：www.li-lin.com　　　　　　　　邮箱：canliang.mo@dghuilin.com

企业性质：有限责任公司

法人代表：丘燊飞，经营负责人：莫灿梁，技术负责人：刘武

成立时间：1996 年，职工总数：1000 人，其中技术人员数：80 人

主要产品：纸浆模塑包装纸托、纸浆模塑普通餐具、纸浆模塑耐高低温餐具、纸浆模塑助剂等

江苏澄阳旭禾包装科技有限公司

Jiangsu Warmpack Packing Technology Co., Ltd.

【企业概况】

江苏澄阳旭禾包装科技有限公司由江苏优派克包装科技有限公司与江阴华美热电有限公司共同出资注册成立。工厂建设要求均按照劳氏 BRC-AA 级设计，致力于打造纸浆模塑行业全球首家全自动化、数字化、智能化无尘车间。

工厂占地 66 亩，项目规划总建筑面积 80000 平方米，总规划 100 吨 / 天，年产 4.5 亿只环保包装盒。我公司于 2022 年 1 月一期正式投产，日产可达 25 吨，主要生产杯子、杯盖、餐饮具、一次性医疗容器、商超生鲜托盘等植物纤维（甘蔗浆）模塑制品。二期项目已完成设计，规划日产能 80 吨，合计年产能可达 3 万吨，二期项目含精工包产品，如电子内衬、礼品盒、化妆品盒等各类高端纸浆模塑包装制品。

企业文化：贯彻质量是企业"生命线"的宗旨，打造低碳、绿色、环保的生态环境。以研发力、生产力、服务力、品牌力、可持续性为条件提供整套餐饮包装解决方案；以创造力、设计力、产品力、生命力、可发展性为条件提供整套工业包装解决方案。

公司目前生产产品为：杯子、杯盖、盘、碗、锁盒、生鲜托盘、打包盒、刀叉勺、酱料杯、电子内衬、化妆品盒、食品包装礼盒、天地盖包装盒等（见表 1）。

表 1　主要产品生产线

生产线名称	主要参数 / （mm）	主体设备供货厂商	产品品种	纤维原料	生产能力 /（万吨 / 年）	投产时间
全自动餐盒机	1200×900 定型	合资研发	餐盘餐盒	甘蔗浆、竹浆	0.8	2022 年 1 月
全自动杯盖机	980×800 定型	合资研发	杯盖、杯子	甘蔗浆、竹浆	0.2	2022 年 1 月

地址：江苏省江阴市北国锡张公路 598 号

邮编：214400

电话：0510-86351711

网址：www.yopaking.cn/

邮箱：hjq@yopack.cn

企业性质：有限责任公司

法人代表：杨亮，经营负责人：陈志虎，技术负责人：王国勤

成立时间：2020 年，职工总数：140 人，其中技术人员数：15 人

2021 年产品产量：1 万吨

2021 年销售收入：2.1 亿元，利润总额：1000 万元

2021 年企业科研经费投入：500 万元

主要产品：纸浆餐具、刀叉勺、纸杯、精品工包、化妆品盒、食品礼盒等

主要原料：竹浆、甘蔗浆

设备总数：40 台（套）

山东汉通奥特机械有限公司

Shandong Hantong Machinery Co., Ltd.

【企业概况】

山东汉通奥特机械有限公司成立于 1995 年，总占地 42000 平方米，现代化生产车间 20000 余平方米。拥有数控龙门铣、数控加工中心、数控镗铣床、CD1800×8m 大型车床、动平衡机、激光切割机、振动时效仪等一大批高、精、特设备。

公司主要从事纸浆模塑制浆成套设备的生产制造，居行业领先水平。产品销往全国各地并出口欧洲、东南亚、中东、非洲等地区的 37 个国家，有良好的市场美誉度。

公司凭借近 30 年的制造经验，建立了现代化的管理体系，在国内外客户中赢得了广泛的赞誉，成为中国纸浆模塑制浆装备领域的领跑者！

公司将售前、售中、售后的服务标准化、系统化，为客户提供全方位服务，减轻客户安装维护工作量，具备提供全方位交钥匙工程的能力。

公司荣誉：

①通过了 ISO9001 国际质量体系认证；

②拥有制浆装备领域实用新型专利 33 项；

③青岛蓝海股权交易中心挂牌上市（股权代码：800890）；

④山东省轻机协会常务理事单位；

⑤国家高新技术企业；

⑥山东省"守合同 重信用"企业。

核心技术及优势产品：

①纸塑制浆成套生产线（包括流程设计、安装调试、自动控制）；

②植物纤维制浆成套生产线；

③白水回收及污水处理成套设备。

公司位于中国恐龙之乡——诸城市，东邻青岛，南接日照，北靠潍坊，交通便利，环境优美。

公司创始人、董事长王希刚先生 1985 年毕业于山东理工大学机械制造专业，专注于制浆装备领域 30 余年，曾任诸城市第六届、第七届政协委员。

主要用户：

山东裕同、东莞裕同、山东卓尔、青岛永发、河南永发、海南丰瑞康、温州临港、山东昌盛大力、徐州亮华、宁波百鸽、福建青橄榄等。

地址：山东省诸城市龙都街西十里

邮编：262200

电话：0536-6218640 13705360796

传真：0536-6113828

网址：www.chinahantong.cn

邮箱：aote7910@163.com

企业性质：有限公司

法人代表：王希刚，经营负责人：郑杰，技术负责人：王太清

成立时间：1995 年，职工总数：150 人，其中技术人员数：25 人

主要产品：纸塑制浆成套生产线（包括打浆设备、浆罐、自动控制）

焦作市天益科技有限公司

Jiaozuo Tianyi Technology Co., Ltd.

【企业概况】

焦作市天益科技有限公司（以下简称天益科技）成立于 2006 年，占地 22000 平方米，拥有独特的耐高温聚酰亚胺树脂(PI)及其应用于多种复合材料的自主知识产权与核心技术，在此基础上研发制造出系列耐高温高分子基础材料及多种耐高温复合材料，在聚酰亚胺树脂粉树脂液领域、工业加热装备隔热绝热材料领域、电子 SMT 耐高温防静电合成石材料领域、C 级绝缘耐高温材料领域、PI 板棒制品尖端材料领域，以专精特新的产品形象占有优势地位，并以优势性价比替代进口高价材料，满足客户环保节能、提升品质、延长寿命的使用目标。广泛应用于军工、半导体、电子、各类工业加热装备、动力传动与控制、超硬磨具磨料等耐高温领域，彰显了中国制造新材料的优越性能。

天益科技拥有聚酰亚胺复合材料工程技术研发中心及全自动制造装备，具有完善的组织管理机构和质量管理体系，产品执行欧盟 ROHS 标准，客户遍布珠三角、长三角发达地区及其他特定工业装备领域，是多个大型国际企业集团及上市公司的指定材料供应商，并具有自营进出口贸易资质，与多个国家和地区的客户保持着长期稳定的合作关系。

公司拥有以下三个制造事业部。

事业一部：聚酰亚胺 (PI) 树脂粉、树脂液，服务于超硬砂轮磨块结合剂、纯 PI 板棒制品、高温复合材料基体树脂之用。

事业二部：电子耐高温防静电合成石材料，服务于电子 SMT 领域 PCB 线路板波峰焊、回流焊治具之用。

事业三部：加热装备隔热绝热材料，服务于植物纤维模塑、吸塑吹塑、橡胶硫化、平面热压设备及多种包装印刷设备领域的隔热保温材料之用；C 级绝缘隔热部件之用；吹瓶机模具隔热帽之用；动力传动与控制领域齿轮、滑块、阀座之用；半导体领域高温工艺部件之用；船舶 / 油田 / 等领域耐零下低温及耐高温环境之用。

天益科技致力于聚酰亚胺树脂基耐高温复合材料的研发制造，立足工匠精神，持续技术创新，坚持品质理念，在中国电子 SMT 合成石材料领域实现了中国制造高级材料的技术突破及国际化的市场竞争；在装备隔热材料领域国内领先，助力下游客户实现节能降耗、绿色环保、增值增效的目标；在聚酰亚胺制品尖端材料领域打破国外产品长期垄断格局参与国际竞争。天益科技将秉持专精特新的产品路线，持续为客户提供系列化的选择和解决方案，满足"一站式"的产品定制式服务。

地址：河南省焦作市示范区南海路 1758 号

邮编：454000

电话：0391-8865551 15839187888

传真：0391-3565218

网址：www.ty863.com.cn

邮箱：tyty863@163.com

企业性质：有限责任公司

法人代表：冯星起，经营负责人：毋玉芬，技术负责人：冯星起

成立时间：2006 年，职工总数：60 人，其中技术人员数：8 人

主要产品：耐高温隔热绝热材料

山东辛诚生态科技有限公司

Shandong Sincere Eco Technology Co., Ltd.

【企业概况】

山东辛诚生态科技有限公司是一家致力于打造国内外领先的高端一次性全降解植物纤维环保餐具供应商，专注于为顾客提供环保的、健康的、有市场竞争力的产品和卓越的服务。公司将节能环保、低碳循环经济的创新意识与理念融入经营实践中，并应用于项目的研究与开发设计中。精心打造环保、健康、可信赖的产品，广泛应用于餐厅堂食、外卖打包、高档包装等领域，还可根据客户的要求定制生产多品种的纸浆模塑产品，远销美国、英国、法国、日本等几十个国家和地区。

山东辛诚生态科技有限公司依托总公司山东辛化集团的人员和技术，以国家级高新技术企业科研人员为研发主体，以专业的技术团队、质量检测设备为保障，专注于环保降解新材料和新工艺的开发，有较强技术实力和产品竞争力。公司生产的全降解纸浆环保餐具产品合格率达98%以上，可为客户的食品提供最合适的环保材料和最优质的包装服务。公司产品不仅符合国家相关标准，同时满足美国FDA及欧盟的相关食品安全要求，并已通过OK HOME COMPOST、SGS、BPI、ISO9001等多项国际认证。

作为全球环保产业可持续发展的践行者，公司在欧洲设有分公司，为全世界环保产业以及全人类可持续发展贡献自己的力量。山东辛诚生态科技专业的市场营销团队秉承客户至上、诚信经营为本、践行绿色环保、合作共赢的企业信念，融合技术创新，为客户提供最合适的产品方案和真诚的服务。

地址：山东省滕州市西岗镇辛诚工业园　　邮编：277500

电话：400-666-5128

网址：www.sincerus.com.cn　　　　邮箱：sinchem@sinchem.net

企业性质：有限责任公司

法人代表：仇兴亚，经营负责人：房宽，技术负责人：王新安

成立时间：2020年，职工总数：400人，其中技术人员数：52人

2021年产品产量：4亿件

主要原料：甘蔗浆、竹浆

主要产品：全降解纸浆模塑制品（餐具系列、包装制品等）

广州市南亚纸浆模塑设备有限公司

Guangzhou Nanya Pulp Molding Equipment Co., Ltd.

【企业概况】

广州市南亚纸浆模塑设备有限公司成立于 1992 年，是一家专业从事纸浆模塑机械设备研发制造及技术服务的综合性企业，为客户提供纸浆模塑环保制品生产全套解决方案。公司于 1994 年开发制造了第一条国产纸浆模塑工业包装制品生产线，投入生产取得良好效果。多年来公司致力于纸浆模塑环保事业的发展，现已发展成为国内较具规模和实力的纸浆模塑设备及制品研发、生产和服务的企业之一。产品销往国内市场和欧洲、美国、南美洲、东南亚等 60 多个国家和地区，在国内外市场均有较高的市场占有率，产品和服务质量深得国内外广大客户赞誉。公司规模、技术力量、生产能力、服务能力居于行业领先水平。

公司是国家级高新技术企业，拥有专门的科研和开发机构，着力开展纸浆模塑设备技术、模具、生产工艺的开发。在自身丰富经验的基础上，先后与华南理工大学、广东工业大学及多家国外专业机构合作，结合中国实情，充分吸收国内外先进经验，将新技术新工艺应用于纸浆模塑领域，不断提高设备效率和自动化程度，产品系列日趋完整，产品性能日臻提高。

公司目前拥有广州研发中心、佛山机械设备制造工厂两大生产基地。生产的 200 多种型号设备的完整产品系列覆盖纸浆模塑应用的各个领域。可以提供整厂设计、设备制造、安装、技术培训、售后服务等全套交钥匙项目，完全满足各种纸浆模塑制品生产投资的需求：

①一次性环保餐具生产线；

②鸡蛋托、水果托、育苗杯等环保可降解农用产品生产线；

③高品质电子产品内衬纸浆模塑包装生产线；

④普通电子产品内衬纸浆模塑包装生产线；

⑤医用纸浆模塑产品生产设备；

⑥纸浆模塑物流托盘、其他特殊纸浆模塑产品生产设备。

地址：广东省广州市花都区花山镇工业园南社中街 79 号

邮编：510500

电话：020-86022274

传真：020-86022271

网址：www.nanyaboen.com

邮箱：nanya@nanyaboen.com

企业性质：有限责任公司

法人代表：王爱民，经营负责人：王平安，技术负责人：伦永亮

成立时间：1992 年，职工总数：220 人，其中技术人员数：30 人

2021 年产品产量：500 台（套）

2021 年销售收入：1.5 亿元

主要产品：纸浆模塑设备、模具

佛山美石机械有限公司

Foshan MeiShi Machinery Co., Ltd.

【企业概况】

佛山美石机械有限公司（以下简称美石机械），是目前全球纸浆模塑行业的高端设备供应商之一，创立于 2015 年，专注于提供自动化纸浆模塑生产线及纸浆模塑制品的解决方案，服务全球纸制品、纸餐具、纸托等行业。公司拥有一支高技术水平、高工作效率、强大开发实力和丰富经验的精英团队，该团队早在 2011 年就已进入纸浆模塑行业，致力于纸浆模塑设备的设计、制造和经营，为客户定制开发全自动生产设备，在自动化纸浆模塑生产设备等领域持续开展优质服务。美石机械率先在纸浆模塑行业使用连线切边堆垛、机器人应用、旋转多工位结构、旋转吸浆、伺服控制、在线检测剔除等先进技术。

公司旗下拥有三个生产基地：①云南工厂（纸浆模塑设备设计与制造）；②佛山工厂（纸浆模塑设备营销与服务）；③清远（佛冈）工厂（纸浆模塑设备测试与打样）（见表 1）。

表 1　主要产品

产品系列	产品名称	模板尺寸 /mm	产品特点
系列一	自动化湿压生产线	1500×850、1100×950、950×950	成型机、热压机数量根据客户现场及需求灵活搭配；机器人转移产品；全伺服全自动生产线；配有全伺服电动、液压、气液增压结构，可靠稳定，生产效率高
系列二	半自动湿压机	950×950	适合劳动力便宜的地方建厂使用，后续增加机器人可升级为全自动生产线
系列三	湿压自动机	1300×1400、800×600	一成型一热压两段机；一成型两热压三段机；适合高尺寸精度产品的生产（精品工包专用自动机）
系列四	伺服工包成型机	800×600	双工位全伺服成型机，全面对接干压生产自动化
系列五	试验打样设备	300×300、600×600	碎浆一成型一热压一切边一真空一空压小型一体机，适合研发中心、实验室等场合的使用，仅用极少量的原材料情况下也能做出产品
系列六	制浆系统	—	纸浆制备系统
系列七	模具	—	湿压模具、干压模具
系列八	非标定制	—	非标结构或板面的定制生产线
系列九	配套设备	—	真空系统、空压系统、烘干线

地址：广东省佛山市三水区乐平镇范湖工业区

邮编：528137

电话：0757-8765 9228

传真：0757-8765 9238

网址：www.meishijixie.com

邮箱：269892833@qq.com

企业性质：有限责任公司

主要产品：纸浆模塑设备

沙伯特（中山）有限公司

Sabert (Zhongshan) Limited

【企业概况】

沙伯特集团是一家提供创新食品包装解决方案的制造商，致力于可持续的食品接触用容器和高品质餐具。沙伯特集团于 1983 年成立于美国新泽西州，在多年全球发展的过程中始终坚持同一个宗旨：通过提供创新和可持续发展的包装解决方案让人们更好地享受美食。沙伯特集团在美国、欧洲、中国设有多个生产基地。

沙伯特（中山）有限公司（以下简称沙伯特）成立于 2005 年，生产基地位于广东省中山市。沙伯特深耕国内外包装市场多年，拥有丰富的设计经验和创新实力，为国内外知名食品及餐饮品牌提供"一站式"的包装解决方案。公司主要研发、设计、生产纸浆模塑产品、纸板 & 纸制品、吸塑类和注塑类一次性包装和餐具，为客户提供多元化的服务。沙伯特公司拥有强大的创新设计及项目管理能力、卓越稳健的运营能力、世界级的制造水平，以及对可持续发展和社会责任的坚定承诺。沙伯特中山生产基地通过 BRC 包装体系认证、ISO 45001 认证、BSCI 认证、SCAN 认证、犹太洁食认证及 GB 生产许可证，并且沙伯特所有产品都符合中国国家标准、美国 FDA 和欧盟的食品安全要求。

沙伯特对食品和消费者趋势有深刻的见解，以提供更快速响应的服务和更高附加价值的产品，满足消费者的不同需求。沙伯特研发中心拥有经验丰富的研发团队，专注于新材料和新工艺流程的创新研发，可以为消费者的食品包装提供最合适的材料，适用于餐饮堂食和外卖打包、新零售超市轻食、冷冻食品及烘焙食品包装等。

作为纸浆模塑行业的领跑者，沙伯特团队拥有多年纸浆模塑行业经验，在自动化设备研发、模具设计制作、纸浆模塑产品生产方面均有雄厚的技术积累。所有模具以及自动化生产线均为自主研发，自动化程度行业优先，并拥有先进的模具工厂，是全国重要的生产优质食品级纸浆模塑产品的大型生产基地之一。

在沙伯特，可持续发展是我们对保护环境的郑重承诺，是我们业务发展的核心。作为在食品包装领域率先践行可持续发展的先行者，沙伯特建立 Earthtelligent 的平台，通过创新的思维模式推动改善可持续进一步发展。我们致力于提供可持续发展的食品包装及餐饮解决方案，通过提供创新和可持续发展的包装解决方案让人们更好地享受美食。

地址：广东省中山市三乡镇平昌路 231 号

邮编：528463

电话：0760-86691777

传真：0760-86691000

网址：www.sabert.asia.

邮箱：gliang@Sabert.com

企业性质：有限责任公司

法人代表：Goh Kim，经营负责人：Goh Kim，技术负责人：Tony Wong

成立时间：2005 年，职工总数：580 人，其中技术人员数：91 人

主要产品：纸浆模塑产品、纸板 & 纸制品、吸塑类和注塑类一次性包装和餐具

韶能集团绿洲生态（新丰）科技有限公司

Shaoneng Group Luzhou Eco (XingFeng) Technology Co., Ltd.

【企业概况】

韶能集团绿洲生态（新丰）科技有限公司 [以下简称绿洲（新丰）公司] 由广东韶能集团股份有限公司（深交所 000601）出资注册于 2019 年成立，注册资本 3.5 亿元，占地面积约 16 万平方米，一期年产能 6.8 万吨，是韶能集团生态植物纤维餐具产业的第二个生产基地，专业生产可降解的纸盘、碗、托盘、餐盒和饭盒等，产品远销美国、欧洲、中东和日本等国家和地区。

绿洲（新丰）公司为国家级高新技术企业，设有技术研发中心，拥有核心技术人员 56 人，是一支高效率、高水平、具有强大开发实力和丰富实践经验的技术精英团队。公司专注于纸浆模塑行业各种技术的研究工作，是纸浆模塑行业国家标准的制定者，拥有多项国家专利。公司将品质入心，对质量严格把控，为产品注入看得见的绿色健康，用优良的产品品质为客户创造价值。以匠心独运，永无止境，打造精英团队，精心耕耘绿色事业，为建设生态家园而不懈努力。公司凭借着专业的工艺技术、强大的产品开发能力、配套的模具技术和制造支持，赢得了客户的一致好评。

公司主要生产生态植物纤维可降解纸浆模塑餐具系列产品，是全国重要的生产优质植物纤维餐具的大型生产基地之一（见表 1）。

表 1　主要产品生产线

生产线名称	主要参数	主体设备供货厂商	产品品种	纤维原料	生产能力/（万吨 / 年）	投产时间
漂白餐包线	600kg/ 台	宏乾智能装备	餐包	甘蔗浆	6.8	2019 年

地址：广东省新丰县马头镇工业园鑫马大道 18 号　　邮编：511130

电话：0751-2369661　　　　　　　　　　　　　传真：0751-2369667

网址：www.gdlz.com　　　　　　　　　　　　　邮箱：xfxflz@163.com

企业性质：有限责任公司

法人代表：徐红兵，经营负责人：徐红兵，技术负责人：林楷坚

成立时间：2017 年，职工总数：446 人，其中技术人员数：56 人

主要原料：甘蔗浆、竹浆

主要产品：纸模餐具系列产品

设备总数：360 台（套）

深圳市山峰智动科技有限公司

Shenzhen Shanfeng Intelligent & Technology Co., Ltd.

【企业概况】

深圳市山峰智动科技有限公司（以下简称山峰智动公司）成立于2014年，是一家集技术研发、机械制造、销售维护为一体的综合性企业。专注于生物可降解餐具的核心工艺与设备、自动化生产线、装卸机器人研发与制造，是全球领先的竹木智能化装备制造商。

近年来，山峰智动公司积极响应全球"禁塑令"、碳中和政策，研发团队专注开展"以竹（木）代塑"产品工艺技术及高效自动化生产设备研发，先后自主开发出竹子一次性刀叉勺自动生产线、竹吸管自动生产线、竹子咖啡棒生产线、竹盘生产线（见表1），并持续拓宽以竹（木）代塑在工业、农业及商业领域应用。公司已拥有"单层竹片数字化弯曲技术""高频环（扇）形竹子开片技术""竹餐具碳化技术""单层竹子管状对接"等自主研发的发明专利6项、新型实用及软著专利40多项。

公司依托自有的研发团队和东莞生产基地的优势，在智能制造装备领域专注开展新技术新装备的研发，先后为机器人、LED制造、智能厨房、智能家居、工业生产行业开发出全地形机器人、LED高速焊线机、输电站巡检机器人、视觉自动化检测组装机、槟榔自动化生产设备、智能无人厨房及多种非标自动化设备，并获得多项专利。

山峰智动公司本着"以质量赢得市场，以售后服务赢得口碑"的经营理念，严守严格的质量保证体系与售后服务体系，在经营领域和公司结构方面不断探索和自我完善，现已形成一套严密、高效的生产、销售、服务、研发组织体系和同业联盟，在本行业内奠定了坚实的基础。我们深信企业的成功来源于产品的卓越品质，来源于客户的信赖与支持，我们一定会不懈努力，以优良的产品和服务来回报客户对我们的信赖。

表1　主要产品系列

序号	产品系列	序号	产品系列
1	竹木刀叉勺生产线	5	竹木餐盒餐盘生产线
2	竹木直卷式吸管生产线	6	无人装卸机器人
3	竹浆刀叉勺干式生产线	7	机器视觉自动化分拣线
4	竹粉餐具生产线	8	自动化包装线

地址：广东省东莞市大岭山杨朗路 422 号嘉盛科技园 10 栋 3 楼

邮编：518000

电话：13602588181

网址：www.shanfengzhidong.com

邮箱：202601168@qq.com

企业性质：有限责任公司

法人代表：刘坤锋，经营负责人：刘坤锋，技术负责人：刘坤锋

成立时间：2014 年，职工总数：100 人，其中技术人员数：60 人

主要产品：竹木（浆、粉）餐具设备、自动化设备、装卸机器人

邢台市顺德染料化工有限公司

Xingtai Shunde Chemical Co., Ltd.

【企业概况】

邢台市顺德染料化工有限公司（以下简称邢台顺德）成立于 1996 年，现染料类生产基地位于内蒙古阿拉善腾格里工业园区，厂区厂房面积 20000 多平方米，是一家专注于研发、生产及销售染色原料、助剂产品的高科技企业，公司致力于为客户提供造纸、纸塑、纺织等产业链染色、增强产品性能的解决方案服务，公司不断强化技术与创新，以"共筑生态，共筑未来"为经营理念，广泛服务于国内外客户。

随着植物纤维模塑行业的快速发展，邢台顺德一直坚持与客户共同成长，在服务行业期间提升技术研发能力，积累丰富的实操经验，生产的产品颜色上色率高，可定制化服务（颜色可定制），可进行防掉纤维、低卤低硫等产品的研发，为客户提供"一站式"端对端服务。邢台顺德可为植物纤维模塑行业客户提供工包类染料及助剂和餐盘类染料及助剂等产品，以及产品所用辅助助剂的销售和技术支持，包括制定制浆工艺、原料比例、碎浆 & 磨浆工艺、浆料稳定性控制、染色技术的选择与应用（颜色稳定可控制在 $\triangle E \leqslant 1.5$ 以内）、水资源利用等，协助客户技术沉淀与突破、风险控制（优化流程、控制能耗、提高人均产值等），协助企业建立企标、提升客户品牌价值等。

目前服务终端部分客户群体有华为、苹果、三星、戴尔、索尼、惠普、兰蔻、迪奥、OPPO、VIVO 等。

邢台顺德在珠三角、长三角及西南地区均设立分公司和配送中心，可为客户提供 JIT 模式配送及技术支撑。

地址：河北省邢台市桥东区新华北路 18 号

邮编：054001

电话：0319-3609881　15833606085　13383195958

传真：0319-3609882

网址：http://www.shundehg.com

邮箱：xtsd01@shundehg.com，157478882@qq.com

企业性质：有限责任公司

法人代表：回振增，经营负责人：孙少锋，技术负责人：回雪川

成立时间：1996 年，职工总数：182 人，其中技术人员数：12 人

2021 年产品产量：0.8 万吨

主要产品：工包类染料及助剂：工包纸塑专用黑、纸塑专用红、纸塑专用蓝、纸塑专用黄等。紫液、蓝液体、助染剂、固色剂、防水剂、防油剂、增白剂、增强剂、湿强剂、干强剂、脱模剂、平滑剂、固化硅油、耐模剂、洗模剂、消泡剂、杀菌剂等

餐盘类染料及助剂：餐盘类食品级防水剂、食品级防油剂、纸塑专用黑、纸塑专用红、纸塑专用蓝、纸塑专用黄等

开翊新材料科技（上海）有限公司

Chemkey New Material Technology (Shanghai)Co., Ltd.

【企业概况】

开翊新材料科技（上海）有限公司（以下简称开翊）成立于 2016 年。开翊（CHEMKEY）是一家专注于先进材料和高性能化学品的科技公司。开翊利用自身在氟化学、水性涂料、生物与纳米材料等领域的技术专长致力于防水、防油、防潮、防氧气传递、脱模、耐磨、防滑等阻隔、防护及表面改性解决方案的开发。开翊通过整合网络全球材料领域的创新资源并结合自主研发，持续为客户提供创新产品和专业服务。

开翊产品与解决方案的设计理念是为客户的产品提供高附加值的效能。开翊的产品和解决方案广泛应用于电子与光学、锂电池、纸浆与包装、纸浆模塑、纺织、皮革与无纺布、建筑、消费品护理等多个领域，开翊致力于帮助客户在这些领域进行产品创新和技术升级并成为客户优先的合作伙伴。开翊在纸浆模塑和食品包装领域的阻隔解决方案兼顾传统氟素类防油剂和新型水性阻隔乳液两类产品并可以为客户进行定制性研发。

开翊在上海设有销售和技术服务中心，在山东东营设有生产基地。目前主要生产包括 KefrierTM 系列含氟功能化学品和 Kecote 系列功能涂料和添加剂在内的多种高性能产品，开翊也通过互联网和微信公众平台"翊·化学"向客户推送专业技术信息与最新市场情报，开翊将是打开新材料之门的钥匙（见表1）。

表1　主要产品

产品系列	产品名称	应用领域	产品特点
Kefrier 系列防油抗脂剂	kefrier106	纸浆模塑防油剂	C6 含氟类防油剂，浆内添加、用量少、防油性能优秀
Kecote 系列阻隔乳液	kecote1652	纸浆模塑防水、防油处理剂	丙烯酸类阻隔乳液，不含氟；适用于纸浆模塑的浸渍、喷涂处理
Kecote 系列阻隔乳液	kecote1202	纸浆模塑防水剂	丙烯酸类防水剂，阳离子产品，不含卤素，与 AKD 相比能有效渐少系统沉积物

地址：上海市闵行区向阳路 855 号 B210

邮编：201108

电话：021-52211360

传真：021-64196821

网址：www.chemkey.com.cn

邮箱：sales@chemkey.com.cn

企业性质：私营企业

法人代表：杨磊，经营负责人：康广，技术负责人：李清林

成立时间：2016 年　职工总数：23 人

主要产品：化学助剂（防水剂、防油剂、增强剂等）

温州科艺环保餐具有限公司

Wenzhou Keyi Environmental Tableware Co., Ltd.

【企业概况】

温州科艺环保餐具有限公司成立于 2004 年（原为温州绿兴环保餐具有限公司），是全国较早专业从事一次性环保纸浆餐具生产的企业之一，主要产品有一次性纸浆餐具、无氟全降解纸浆餐具及一次性纸吸管等。并自 2010 年开始生产覆膜产品（环保可降解膜），并提供产品封盖技术及配套设备。

公司在国内拥有三家大型纸浆模塑制品制造工厂。2017 年建立分厂福建绿威环保餐具有限公司，一期产能可达 25 个高柜 / 月，二期建设全自动机械手操作生产车间，将于 2022年正式投入生产。2021 年建立三分厂浙江科艺源餐具有限公司，为提高生产效率，降低生产成本，公司自主研发全自动机械手生产设备，目前已投入生产。2022 年公司开设的无氟全降解系列产品生产线顺利投产，生产的白色 / 本色无氟产品率先出口英美等国家，引领公司深入开拓海外全降解纸浆餐具市场，促进公司无氟产品的生产技术进一步走向成熟。

公司产品经权威部门检测，符合相关国家标准、ASTM D6060/D6868 可降解标准，并获得 BPI 无氟全降解认证。通过 SGS 针对 FDA 和 LFGB 标准的检测，工厂每年接受 NSF验厂，并获得 ISO9001 质量体系证书。公司荣获"浙江省科技型中小企业""浙江省十佳优秀厨具设备企业""满意消费长三角放心工厂"等荣誉称号。

公司产品远销美国、加拿大、澳大利亚、英国、德国、日本、法国、南非等遍及全球60 多个国家和地区，促进全球环保事业的蓬勃发展，为世界数以万计的消费者提供高品质的可降解餐具包装解决方案。

经过在中国可降解纸浆餐具领域近 20 年的摸索历练，不忘节能环保、健康可持续发展的初心，本着顾客至上、严抓质量的公司理念，我们不断拓宽我们的产品线。目前公司主要的打包盒锁盒、外卖碗、套盒套碗、送餐盘、商超果蔬肉盘、轻食蛋糕包装、各种覆膜淋膜产品与纸吸管热销于国内外甜品、外卖、学校、商超、银行、医院等领域，建立了深厚的友谊，与客户实现共赢并收获了一致好评。

地址：浙江省温州经济技术开发区滨海园区滨海十二路 588 号 1 幢

邮编：325025

电话：0577-56901888

传真：0577-56901889

网址：www.fibertableware.com

邮箱：kristen@fibertableware.com

企业性质：有限责任公司

法人代表：徐洪池，经营负责人：徐洪池，技术负责人：王金斌

成立日期：2005 年 5 月 25 日，职工总数：500 人，其中技术人员数：30 人

2021 年主要产品产量：2.2 万吨

广东旻洁纸塑智能设备有限公司

Minjie Eco-machinery Technology Co., Ltd.

【企业概况】

广东旻洁纸塑智能设备有限公司多年来专注于纸浆模塑整体方案评估与实施，秉持"创新、科技、专注、和谐"的企业理念，旨在为客户提供纸浆模塑装备"一站式"服务。

公司生产基地位于中国侨都——江门，占地 10000 平方米，拥有纸浆模塑设备制造和模具车间，涵盖纸浆模塑设备制造、电气自动化、工程安装调试等多个功能模块。

公司注重技术与研发方面的投入，依傍国际化科技创新园区设立运营中心，拥有行业经验丰富的技术研发、模具设计、售后服务、营销管理团队，生产的纸浆模塑干湿压设备和模具受到业内人士的广泛好评，公司致力于推动纸浆模塑行业朝着更高效、更智能、更节能方向纵深发展（见表 1）。

表 1　主要产品

产品系列	机型	型号	模板尺寸 /mm	备注
湿压设备	全自动内转式餐具机	MJDTN120-1210 MJDTN121-1210	1200×1000	普通款及带密封设计餐具连线切边或免切边
	全自动内转式精品湿压机	MJCTN121-1210	1200×1000	普通款及带密封设计餐具热 / 冷饮杯盖、杯及精品工包
	全自动外转式模转 / 网转餐具机	MJWTN121-1010A/B	1000×1000	普通款餐具、圆盘、锁盒、浅碗等
干压设备	往复式成型机	MJW1-1208	1200×800	双工位
	翻转式成型机	MJF1-1208	1200×800	单工位
	多面成型机	MJX4-200	2000×460	多工位
	单层 / 分层燃气 / 导热油 / 蒸汽烘干线	MJSH-170 MJFH-200	1700×100 2000×320	根据产能确定烘干线长度
	隧道式燃气 / 导热油 / 蒸汽烘干线 / 阳光房烘干线	MJDH2-120	2400×900	推车自动串联根据产能确定烘干线长度
	热压整形机	MJTD-0806	800×600	移出式 / 直上直下结构
	切边机	MJYTN-T86P	800×600	移出式 / 直上直下结构
湿压干压模具	普通餐具、圆盘、锁盒、碗、方格盘等 热饮 / 热饮杯盖、杯及精品工包，如化妆品包装、手机托等 工业内衬防震包装、蛋类 / 果蔬包装托 / 盒等			

营运中心：佛山市南海区狮山镇桃园东路 99 号力合科技产业中心 20 栋 902 室

工厂地址：广东省江门市蓬江区棠下镇堡安路 18 号 1 栋

邮编：529085

电话：0757-2633033

网站：www.minjiegd.com

邮箱：sales01@gdminjie.cn; minjie01@gdminjie.cn

企业性质：有限责任公司

法人代表：李杰敬，经营负责人：李杰敬，技术负责人：黄吉金

成立时间：2020 年，职工总数：75 人，其中技术人员数：50 人

莱茵技术监督服务(广东)有限公司

TÜV Rheinland (Guangdong) Ltd.

【企业概况】

德国 TÜV 莱茵集团作为全球领先的检测、检验、认证、培训、咨询服务提供商，总部位于德国科隆，拥有近 150 年的经验，全球员工数超过 20000 人。

德国 TÜV 莱茵大中华区员工超过 4000 人，共有五大事业群：工业服务与信息安全、交通服务、产品服务、管理体系服务、莱茵学院与生命关怀。

德国 TÜV 莱茵业务涉及商业活动和日常生活的所有重要领域，不仅包括能源行业和消费品行业，还包括汽车行业、基本材料和投资产品、环保技术、贸易、建筑、食品工业、航空、铁路技术、IT 行业、信息安全和数据保护、物流、银行和金融服务提供商、农业、旅游以及教育和医疗行业。德国 TÜV 莱茵向来以严谨高质量的测试认证服务著称，从公正独立的角度提供各项专业评估，为当地企业提供符合安全、质量以及环保的"一站式"解决方案。

在中国，TÜV 莱茵拥有世界领先的生物降解检测实验室，获得了欧洲生物塑料协会（EuBP）、德国标准化学会认证中心（DIN CERTCO）、美国生物降解产品学会（BPI）、澳大利亚生物塑料协会（ABA）、日本生物塑料协会（JBPA）、英国可再生能源协会（REAL）、Ok Compost(TÜV AUSTRIA) 以及中国合格评定实验室 CNAS、检验检测机构资质认定 CMA 等认可。该实验室可为所有终端产品、中间物（如膜）、材料（如粒子）、添加剂（如油墨、色母）、纤维类（含纸及纸制品）等提供工业堆肥和家庭堆肥测试认证服务以及技术指导。

1. **可生物降解测试项目**

①理化测试（红外鉴定、重金属、氟含量、灰分、厚度、克重）；

②降解率测试；

③崩解率测试；

④植物毒性测试；

⑤蚯蚓毒性测试。

2. **参照测试标准**

工业堆肥类：DIN EN 13432:2000、DIN EN 14995:2007、ISO 17088—2012、ISO 18606—2013、ASTM D 6400-19、ASTM D 6868-19、GB/T 41010—2021、GB/T 28206—2011、GB/T 19277.1—2011、AS 4736-2006。

家庭堆肥：AS 5810-2010、NF T51-800:2015。

生物降解项目负责人：李国俊

地址：广东省广州市经济技术开发区骏功路 22 号之一 401-1

邮编：510530

电话：13825018698（微信同号）

网址：https://www.tuv.com

邮箱：jim.li@tuv.com

企业性质：有限责任公司

法人代表：姜宏，经营负责人：姜宏

成立时间：1995 年，职工总数：600 人

绿赛可新材料（云南）有限公司

ECOCYCLE New Material (Yunnan) Limited Company

【企业概况】

绿赛可新材料（云南）有限公司纸浆模塑项目系上海对口帮扶云南的沪滇产业合作示范项目，公司发挥云南地区特有的资源优势，利用当地榨糖剩余的甘蔗渣、竹子等植物原材料，通过先进的植物纤维改性技术加工生产可降解的植物纤维模塑（纸浆模塑）制品。

公司地处中国西南边陲，云南省临沧市耿马傣族佤族自治县城内，位处中缅经济走廊、"一带一路"重要进出口节点上，毗邻国家一类开放边境口岸清水河口岸，产品可陆路直达缅甸货物港口仰光港和皎漂港，出口至欧洲、北美等地。

项目一期占地 70000 多平方米，已建成制浆车间、成定型车间、检包车间（洁净车间），拥有 100 套自动成型定型机和在线切边机，相关检测设备，形成了近 15000 吨 / 年的产能，年消耗甘蔗渣近 5 万吨，实现碳减排 20 余万吨。目前公司产品涵盖了一次性可降解餐饮包装（盘类、盒类、碗类、托盘类等）、一次性医疗器械、可降解家居用品、工业包装四大品类。公司依托上海母公司的技术力量，严控产品质量，已通过 ISO9001、ISO14001、BRC、BSCI、OK COMPOST、REACH 等多项认证和检测。

项目二期将结合上海母公司的纤维织造技术和东华大学、上海合成纤维研究所等科研院校的研发实力，上马拥有自主知识产权、国际领先的纸浆模塑干压生产线。未来公司将以云南省为主要生产基地进行产业布局，拟建 8 个生产车间分别用于一次性餐包、工业包装、医疗器械、家居用品等细分行业，利用机器人技术和人工智能技术实现无人化的生产，推动行业发展和技术提升。

公司利用云南地区资源、能源等方面的成本优势，秉承开放、包容、广泛合作的理念，工厂定位为纸浆模塑行业的代工厂，公司注重品质管理和产品开发，通过植物纤维改性技术，不断拓展可降解材料在各细分领域中的应用。同时，公司将继续贯彻响应乡村振兴、东西部协作、RCEP 等国家战略，立足云南深耕植物纤维模塑产业，坚定不移走生态优先、绿色低碳的高质量发展道路，立志成为巩固脱贫攻坚成果、有效衔接乡村振兴的排头兵，生态文明的示范点，双碳目标的实验田，在绿色生产、绿色创新、绿色投资等方面，为生态环境增值赋能，为建设美丽中国贡献力量。

地址：云南省临沧市耿马傣族佤族自治县绿色工业园区

邮编：677500

电话：19808833993

邮箱：tj810@eco-cycle.com.cn

企业性质：有限责任公司

法人代表：童钧

成立时间：2019 年

主要产品：植物纤维模塑（纸浆模塑）制品

星悦精细化工商贸（上海）有限公司

SEIKO PMC (Shanghai) Commerce & Trading Corp.

【企业概况】

星悦精细化工商贸（上海）有限公司为日本星光 PMC 株式会社设在中国的全资子公司，负责产品营业相关业务。星光 PMC 株式会社是由日本 PMC 株式会社和日本星光化学工业株式会社合并成立的上市公司，总部设在日本东京，具有 50 多年历史；其中日本 PMC 株式会社的前身是由美国赫克力士化学公司（Hercules）和大日本油墨化学工业株式会社（DIC）于 1968 年共同出资成立。为了更好地服务中国市场，集团公司于 2005 年在苏州市张家港扬子江国际化工园区成立了全资子公司——星光精细化工（张家港）有限公司，负责公司产品的生产。

公司专门从事造纸功能性助剂、水性树脂等环保高性能化学品的研发、生产和销售。我公司开发的内添增强剂，可提升纸器产品的强度；外涂防水防油剂产品，具有优异的耐水性、耐油性、水蒸气阻隔性和热封性；符合 GB、FDA 安全标准。可以为顾客提供耐水性、耐油性、热封性以及阻湿性等多种产品涂布方案，可替代 PE 等塑料覆膜，实现纸材的回收再利用，推动可持续、绿色发展（见表 1）。

表 1 主要产品

产品系列	产品名称	产品特点
浆内添加增强剂系列	湿强剂	• 高固含量、高性能环保型 PAE 湿强剂。 • 可用于非食品接触用纸张、纸容器，提升湿强度
	食品用途湿强剂	• 氯丙醇含量低，符合 GB、FDA、BfR 安全法规，德国 ISEGA 权威认证。 • 可用于食品接触用纸张、纸器，提升湿强度、防水性
	干强剂	• PAM 型，可提升纸张、纸器的耐破度、抗压强度、挺度等强度性能。 • 丙烯酰胺单体残留量低，可用于食品接触用纸张、纸器
涂布用水性乳液 SEIKOAT™ 系列	耐水耐油剂	• 可替代 PE 覆膜的水性乳液，涂布在纸材表面，赋予纸材优秀的耐水性、耐油性、热封性，同时具有耐粘连性，可满足涂层纸杯、纸碗的要求。 • 不含氟系化合物，安全环保，符合 GB9685、FDA 相关的食品安全法规
	热封剂	• 是以代替塑料覆膜为目的，面向食品容器、包材的热封涂层助剂，符合 FDA 相关的食品安全法规。具有优秀的热封性，且发泡性低。 • 推荐用于食品包装、工业包装等纸材的热封剂
	阻湿剂	• 涂布后可赋予纸材优秀的水蒸气阻隔性、热封性，可热封黏结。 • 可满足食品包装、工业包装等不同需求，实现优异的阻湿性、热封性

地址：上海市徐汇区肇嘉浜路 1065 甲号飞雕国际大厦 905 室

邮编：200030

电话：021-52283211

传真：021-62187200

网址：www.seikopmc.co.jp

邮箱：he-aihua@seikopmc.co.jp

企业性质：外资企业

法人代表：刘炯年，经营负责人：刘炯年，技术负责人：何爱华

成立日期：2006 年 3 月，职工总数：55 人

佛山市顺德区富特力模具有限公司

Foshan Shunde Futeli Mould Co., Ltd.

【企业概况】

　　佛山市顺德区富特力模具有限公司成立于 2005 年，是一家专注纸浆模塑技术及模具制造的专业性公司。服务面向全球客户，重点服务于纸浆模塑行业用户群体，开发设计的上万款纸浆模塑包装，赢得了业内外用户的一致好评。制造的模具广泛应用于食品和工业品包装的纸浆模塑制品企业。在多年的潜心经营中，公司凭借丰富的实践经验和成熟的制造技术，不断提升企业的核心竞争力，使企业在行业中树立了良好的形象。在国内，指导协助制品企业进行技术升级，单机纸浆模塑成型设备产能超过 10000 件 / 小时。在国外，帮助制品企业进行技改，单机纸浆模塑成型设备产能达到 30000 件 / 小时，创造了行业多项世界纪录。公司始终坚持"质量第一，信誉至上，诚信为本，服务用户"的宗旨，以科学的管理手段，雄厚的技术力量，不断深化改革，创新机制，适应市场，全面发展。

　　地址：广东省佛山市顺德区大良镇红岗飞鹅岗工业区

　　邮编：528399

　　电话：0757-22297957　　13360353569

　　邮箱：futeli88@163.com

　　企业性质：有限责任公司

　　法人代表：向孙团，经营负责人：向孙团，技术负责人：向孙团

　　成立时间：2005 年

　　主要产品：纸浆模塑模具及技术培训

中山市创汇环保包装材料有限公司

Zhongshan Chuanghui Environmental Protection Packaging Materials Co., Ltd.

【企业概况】

中山市创汇环保包装材料有限公司是一家集包装纸托、纸托模具、纸卡板等生产、销售为一体的企业。公司位于广东省中山市南朗镇第六工业区，建筑面积 20000 多平方米，年产能 3600 吨左右。公司是国家科技部科技型中小企业、省级高新技术企业，拥有多项国家发明专利与实用新型专利，公司通过了 GB/T19001—2016/ISO9001:2015 认证及 FSC 认证。

公司基础设施完备，机器设备处于行业领先水平。拥有先进的纸浆模塑成型机 11 台（套），全自动吊篮线及配套天然气烘干线 3500 米，单日最大生产量 20 吨左右。另配有水力碎浆机 2 台，可生产精品白浆、灰浆及普通黄浆纸浆模塑产品。主要应用于高端电器、音响设备、衡器、汽车配件、手机、化妆品等工业产品的内包装衬托。公司一直在倡导绿色环保的理念，始终践行"消除白色污染，让地球充满生机"的企业使命！

地址：广东省中山市南朗镇第六工业区蒂峰西路 3 号

邮编：528451

电话：0760－88291883

传真：0760－88291882

邮箱：chanceway@126.com

企业性质：有限责任公司

法人代表：王镘，经营负责人：王书红，技术负责人：王书红

成立时间：2002 年，职工总数：38 人，其中技术人员数：3 人

主要产品：工业包装纸托系列产品

河北海川纸浆模塑制造有限公司

Hebei Haichuan Pulp Molding Manufacturing Co., Ltd.

【企业概况】

河北海川纸浆模塑制造有限公司（海川机械）成立于1990年，坐落于河北省石家庄市正定经济开发区，公司成立30年来专注研发纸浆模塑蛋托机、咖啡托机、育苗机等系列干压成型设备，是国内唯一一家集纸浆模塑研发、生产、学习、培训于一体的技术型企业。

公司下设有机械加工厂车间、模具制造车间、客户实地学习车间、机械组装车间。分别从事纸浆模塑技术研究开发、纸浆模塑设备制造、模具设计加工、纸托制品生产及各项技术支持和服务，生产的设备广泛应用于食品和工业品的纸浆模塑包装。例如，鸡蛋、机械零部件、酒、水果等产品的包装。河北海川纸浆模塑制造有限公司不断革新技术，以客户利润最大化为己任，不断优化生产工艺，生产的转鼓成型机在国内已处于领先水平。

地址：河北省石家庄市正定经济开发区

邮编：050800

电话：13731083388　4001135156

网址：http://www.chinamoldingmachine.com

邮箱：haichuanmschinery@163.com

企业性质：有限责任公司

法人代表：胡朝霞，经营负责人：刘君，技术负责人：胡丛林

成立时间：1990年，职工总数100人，其中技术人员数：35人

2021年产品产量：190台（套）

2021年销售收入：1.14亿元，利润总额：0.12亿元

2021年企业科研经费投入：0.02亿元

主要产品：纸浆模塑设备（往复式成型机；转鼓式成型机：蛋托生产设备、咖啡托生产设备、育苗盘生产设备等）

清远科定机电设备有限公司

Qingyuan Keding Electromechanical Equipment Co., Ltd.

【企业概况】

清远科定机电设备有限公司成立于 2015 年，是一家省级高新技术企业，位于广东省清远国家高新区，主营纸浆模塑成套设备研发生产、安装、配套和服务。公司设有纸浆模塑设备研发生产部门、设备工程服务部门、设备自动化研发部门、产品模具设计部门和售后培训部门，拥有 70 余名员工，其中大专以上学历技术人员占员工总数的 46% 以上，自动化预备技师十余人。公司控股的清远铧研新材料科技有限公司依托华南理工大学国家重点实验室负责人徐峻教授研发平台，深入开展纸塑原材料（竹子、甘蔗渣、秸秆）的研究，取得重大行业突破，获得国家专利和发明 70 多项。公司已通过 ISO9001 认证体系，业务网络遍及国内和东南亚市场。为 100 多家行业客户提供优质服务，清远科定机电设备有限公司以技术和服务获得了业界的高度认可。欢迎各界朋友莅临公司参观、指导和洽谈业务。

公司地址：广东省清远国家高新区华南 863 科技创新园

邮编：511520

工厂地址：广东省清远市清城区横荷泰洋湖工业区 A 区

电话：0763-3550528　　13903055961

传真：0763-3550529

网站：www.kedingchina.com

邮箱：qykeding@163.com

企业性质：私营企业

法人代表：叶锦强，经营负责人：叶锦强，技术负责人：叶锦强

成立时间：2015 年，职工总数：70 人

主要产品：纸浆模塑自动化制浆系统、配套真空和空压系统、干压 / 湿压成型、热压和切边设备、大型烘干系统、全智能机械手工包 / 餐具生产线、纸塑模具和可降解纸塑原材料

青岛新宏鑫机械有限公司

Qingdao New Hongxin Machinery Co., Ltd.

【企业概况】

青岛新宏鑫机械有限公司（原隆鑫达、世福机械公司）成立于 2003 年，积累了近 20 年纸浆模塑机械设备制造经验，公司主要生产、销售纸浆模塑设备、模具、机械手（研发中）。公司研发的纸浆模塑特殊产品制作技术处于行业领先水平，如高 1.5m 以上的马托及人体模特分 3 ～ 4 部分一体成型技术；粘虫球带挂钩一体成型技术等。我公司与多家企业建立了长期稳定的合作关系，重信用、守合同、保证产品质量，赢得了广大客户的信赖，公司全力跟随客户需求，不断进行产品创新和服务改进。公司愿与社会各界同人携手合作，谋求共同发展。

地址：山东省青岛市即墨区邢家岭大食堂对面

邮编：266000

电话：13573882073

邮箱：1393162194@qq.com

企业性质：私营企业

法人代表：孙欢，经营负责人：李时福，技术负责人：李时福

成立时间：2003 年，职工总数：20 人

主要产品：纸浆模塑设备、模具、机械手（研发中）

沧州市恒瑞防水材料有限公司

Cangzhou Hengrui Waterproof Material Co., Ltd.

【企业概况】

沧州市恒瑞防水材料有限公司（以下简称沧州恒瑞）成立于 2009 年，已发展壮大十余年，我公司愿与社会各界同人携手合作，谋求共同发展。公司主要经营生产：纸浆模塑用防水剂；销售：大金品牌防水防油剂，纸浆模塑用消泡剂。公司与多家企业建立了长期稳定的合作关系，重信用、守合同，保证产品质量，赢得了广大客户的信赖，公司全力跟随客户需求，不断进行产品创新和服务改进。公司秉承"诚信、专业"的经营理念，坚持用户至上、质量第一，经过不断的努力和超越已经成为一家最具规模、最具影响、发展最快的防水材料企业之一。欢迎广大企业、客户与沧州恒瑞联系、洽谈，我们将用最好的产品和服务让您满意！

地址：河北省沧州市新华区北京路京贵中心 3-1109

邮编：061000

电话：17631799998

传真：0317-3565558

邮箱：531172543@qq.com

企业性质：私营企业

法人代表：吴琼，经营负责人：吴学晗，技术负责人：罗玉峰

成立时间：2009 年，职工总数：27 人

主要产品：化学助剂（防水剂、防油剂、增强剂等）

廊坊茂乾纸制品有限公司

Langfang Maoqian Paper Products Co., Ltd.

【企业概况】

廊坊茂乾纸制品有限公司成立于 2015 年 10 月，主要生产和销售纸包装制品及农副产品包装用纸浆模塑制品，包括纸箱、纸盒、纸板鸡蛋盒、鸡蛋托、纸托等。公司设有生产车间两处、自动蛋托生产线 2 条、蛋盒生产线 1 条、烘干线 3 条、定型机 40 台等。公司对鸡蛋托、鸡蛋盒等高质量要求的产品进行了大量的生产实验，目前是国内唯一一家能够提供适应 MOBA 设备自动化装蛋要求的鸡蛋包装纸托产品厂家，产品获得了国家实用新型专利。公司通过了 ISO9001 质量管理体系认证，严格按照环保法规要求进行生产，办理了全国通用的排污许可证。公司日产 10 万个鸡蛋盒，10 万个鸡蛋托，与国内多家大型蛋业企业合作，如正大蛋业（北京）有限公司、正大蛋业（上海）有限公司、北京德青源农业股份有限公司、四川圣迪乐畜禽养殖有限公司等。欢迎国内外客户光临本公司指导。

地址：河北省廊坊市固安县温泉休闲商务产业园区林城铺村西 3 号

邮编：065501

电话：15930636928

邮箱：maoqianzzp@163.com

企业性质：私营企业

法人代表：吕春华，经营负责人：石殿相，技术负责人：石金玉

成立日期：2015 年 10 月，职工总数：50 人，其中技术人员数：5 人

主要产品：纸浆模塑食品包装制品、纸浆模塑农副产品包装制品

上海镁云科技有限公司

Shanghai Meiyun Technology Co., Ltd.

【企业概况】

上海镁云科技有限公司（以下简称镁云科技）是一家专业提供纸浆模塑化学品整体解决方案的生产贸易型企业。公司专注于研发和生产纸浆纤维产品用功能性助剂，包括高效能无氟防油剂、防水剂和节能降耗等增效产品。公司的目标是提供创新的化学品解决方案来帮助生产企业实现产品无氟化转型、可持续性发展和减少碳足迹。镁云科技的无氟防油剂产品 MTC-8180 系列可以稳定满足从低温到高温的防油需求，技术全球领先，并与国内外行业头部企业建立了长期合作关系。产品具有浆内添加、零设备投资、高保留、低泡沫、无结垢、零氟，符合北美、欧洲和国内的食品接触要求，不影响纸浆模塑产品的可降解堆肥性能等优势。镁云科技的节能降耗增效剂产品 MTC-Z1100 系列可以帮助企业提高生产效率并实现节能降耗，帮助企业实现可持续性发展转型。

地址：上海市奉贤区远东路 668 号 3 号楼 3 楼 328 室

邮编：201401

电话：13611618710

传真：021-58332019

网址：www.meiyuntech.com

邮箱：meiyuntech@163.com

企业性质：私营企业

法人代表：陈洁，经营负责人：吕杰，技术负责人：高艳霞

成立日期：2021 年 1 月，职工总数：100 人，其中技术人员数：20 人

主要产品：化学助剂（防水剂、防油剂、增强剂等）

植物纤维模塑部分企业名录

List of Part of Plant Fiber Molding Enterprises

★ 工业包装制品制造企业名录

★ 餐具与食品包装制品制造企业名录

★ 装备与器材及相关企业名录

★ 染料助剂与化学品企业名录

工业包装制品制造企业名录

List of Industrial Packaging Products Manufacturing Enterprises

河北省

廊坊茂乾纸制品有限公司

企业性质：私营企业

地址：河北省廊坊市固安县温泉休闲商务产业
　　　园区林城铺村西 3 号

邮编：065501

电话：15930636928

邮箱：maoqianzzp@163.com

法人代表：吕春华

经营负责人：石殿相

技术负责人：石金玉

主要产品：纸浆模塑食品包装制品、纸浆模塑
　　　　　农副产品包装制品

成立日期：2015 年

职工总数：50 人

技术人员：5 人

浙江省

浙江万得福智能科技股份有限公司

企业性质：股份有限公司

地址：浙江省金华市金东区孝顺镇镇北功能区

邮编：321035

电话：0579-83708979

传真：0579-82385196

网址：www.cn-homesupplier.com

邮箱：sales5@jhwdf.com

法人代表：张一为

经营负责人：张一为

技术负责人：徐世杰

主要产品：纸浆模塑产品

成立时间：2004 年

职工总数：500 人

技术人员：49 人

浙江众鑫环保科技集团股份有限公司

企业性质：集团股份有限公司

地址：浙江省金华市兰溪永昌街道永盛路 1 号

邮编：321104

电话：0579-82256803

网址：www.zhongxinpacking.cn

邮箱：info@fiber-product.com

法人代表：滕步彬

经营负责人：滕步彬

技术负责人：季文虎

主要产品：纸浆模塑产品

成立时间：2016 年

职工总数：2900 人

技术人员：100 余人

广东省

广东省汇林包装科技集团有限公司

企业性质：有限责任公司

地址：广东省东莞市桥头镇大康路 20 号

邮编：523525

电话：0769-83391966

传真：0769-83390669

网址：www.li-lin.com

邮箱：canliang.mo@dghuilin.com

法人代表：丘燊飞

经营负责人：莫灿梁

技术负责人：刘　武

主要产品：纸浆模塑包装纸托、纸浆模塑普通
　　　　　餐具、纸浆模塑耐高低温餐具、纸
　　　　　浆模塑助剂等

成立时间：1996 年

职工总数：1000 人

技术人员：80 人

东莞市美盈森环保科技有限公司—纸浆模塑事业部

企业性质：有限责任公司

地址：广东省东莞市桥头镇东部工业园桥头园
　　　区美盈森工业园

邮编：523525

电话：0769-8693 8888-6329

网址：www.szmys.com

邮箱：mysmb@szmys.com

法人代表：王海鹏

经营负责人：钟同苏

技术负责人：江东辉

主要产品：包装印刷制品、纸浆模塑制品

成立时间：2008 年

职工总数：1300 人

技术人员：110 人

沙伯特（中山）有限公司

企业性质：有限责任公司

地址：广东省中山市三乡镇平昌路 231 号

邮编：528463

电话：0760-86691777

传真：0760-86691000

网址：www.sabert.asia.

邮箱：gliang@Sabert.com

法人代表：Goh Kim

经营负责人：Goh Kim

技术负责人：Tony Wong

主要产品：纸浆模塑产品、纸板 & 纸制品、吸
　　　　　塑类和注塑类一次性包装和餐具

成立时间：2005 年

职工总数：580 人

技术人员：91 人

中山市创汇环保包装材料有限公司

企业性质：有限责任公司

地址：广东省中山市南朗镇第六工业区蒂峰西
　　　路 3 号

邮编：528451

电话：0760-88291883

传真：0760-88291882

邮箱：chanceway@126.com

法人代表：王镤

经营负责人：王书红

技术负责人：王书红

主要产品：工业包装纸托系列产品

成立时间：2002 年

职工总数：38 人

技术人员：3 人

佛山市浩洋包装机械有限公司

企业性质：私营企业

地址：广东省佛山市南海国家生态工业示范园
　　　区金石大道 25 号

邮编：528216

电话：0757-85438848

传真：0757-85438848

邮箱：helen.yang88@outlook.com

法人代表：邓剑峰

经营负责人：刘意辉

技术负责人：邓志坚

主要产品：纸浆模塑工业包装制品（干压制品、
　　　　　湿压制品）、模具设计与制造、成型
　　　　　与干燥设备（全自动机、半自动机）

成立时间：2022 年

职工总数：20 人

技术人员：8 人

佛山市顺德区致远纸塑设备有限公司

企业性质：股份有限公司

地址：广东省佛山市顺德区伦教街道三洲社区
　　　振兴路 17 号 C 区

邮编：528300

电话：0757-27838852

传真：0757-26607933

网址：http://www.zhiyuanfs.com

邮箱：s-dzhiyuan@163.com

法人代表：黄炜圻

经营负责人：黄炜圻

主要产品：纸浆模塑机械设备和纸浆模塑制品

成立时间：2004 年

职工总数：500 人

技术人员：30 人

云南省

绿赛可新材料（云南）有限公司

企业性质：有限责任公司

地址：云南省临沧市耿马傣族佤族自治县绿色
　　　工业园区

邮编：677500

电话：19808833993

邮箱：tj810@eco-cycle.com.cn

法人代表：童钧

主要产品：植物纤维模塑（纸浆模塑）制品

成立时间：2019 年

香港特区

TAW Holdings Limited

企业性质：私营企业

地址：香港 Flat H, 8/F, Fu Cheung Centre, No. 5-7
　　　Wong Chuk Yeung Street, Fotan

电话：14714308380

网址：www.taw.com.hk

邮箱：chris@taw.com.hk

法人代表：Chris Lo

经营负责人：Chris Lo

技术负责人：Chris Lo

主要产品：纸浆模塑食品包装制品

成立时间：2008 年

职工总数：10 人

餐具与食品包装制品制造企业名录

List of Tableware and Food Packaging Products Manufacturing Enterprises

江苏省

江苏澄阳旭禾包装科技有限公司

企业性质：有限责任公司

地址：江苏省江阴市北国锡张公路 598 号

邮编：214400

电话：0510-86351711

网址：www.yopaking.cn/

邮箱：hjq@yopack.cn

法人代表：杨亮

经营负责人：陈志虎

技术负责人：王国勤

主要产品：纸浆模塑餐具、精品工包、化妆品盒、食品礼盒等

成立时间：2020 年

职工总数：140 人

技术人员数：15 人

浙江省

浙江众鑫环保科技集团股份有限公司

企业性质：集团股份有限公司

地址：浙江省金华市兰溪永昌街道永盛路 1 号

邮编：321104

电话：0579-82256803

网址：www.zhongxinpacking.cn

邮箱：info@fiber-product.com

法人代表：滕步彬

经营负责人：滕步彬

技术负责人：季文虎

主要产品：纸浆模塑产品

成立时间：2016 年

职工总数：2900 人

技术人员：100 余人

浙江万得福智能科技股份有限公司

企业性质：股份有限公司

地址：浙江省金华市金东区孝顺镇镇北功能区

邮编：321035

电话：0579-83708979

传真：0579-82385196

网址：www.cn-homesupplier.com

邮箱：sales5@jhwdf.com

法人代表：张一为

经营负责人：张一为

技术负责人：徐世杰

主要产品：纸浆模塑产品

成立时间：2004 年

职工总数：500 人

技术人员：49 人

温州科艺环保餐具有限公司

企业性质：有限责任公司

地址：浙江省温州经济技术开发区滨海园区滨海十二路 588 号 1 幢

邮编：325025

电话：0577-56901888

传真：0577-56901889

网址：www.fibertableware.com

邮箱：kristen@fibertableware.com

法人代表：徐洪池

经营负责人：徐洪池

技术负责人：王金斌

主要产品：可降解一次性纸浆餐具和纸吸管

成立时间：2005 年

职工总数：500 人

浙江金晟环保股份有限公司

企业性质：股份有限公司

地址：浙江省仙居县安洲街道艺城二路 28 号

邮编：317300

电话：0576-87718882

传真：0576-87718993

网址：www.papertableware.com.cn;

邮箱：kingsun11@163.com

法人代表：张平

经营负责人：张平

技术负责人：卢明聪

主要产品：纸浆模塑餐具系列产品

成立时间：2008 年

职工总数：1500 人

技术人员：200 人

江 西 省

江西中竹生物质科技有限公司

企业性质：私营企业

地址：江西省赣州市崇义县关田工业园

邮编：341306

电话：18827959279

传真：18827979279

邮箱：412088431@qq.com

法人代表：刘欢

经营负责人：孟帅

技术负责人：孙曾举

主要产品：纸浆模塑专用竹纤维

成立时间：2018 年

职工总数：400 人

技术人员：40 人

福建省

吉特利环保科技（厦门）有限公司

企业性质：有限公司

地址：福建省厦门市同安区同安工业集中区集安路 523 号

邮编：361100

电话：0592-7208177

传真：0592-7205368

网址：www.ydjtl.cn

邮箱：yd2481668@163.com

法人代表：苏炳龙

经营负责人：陈艺铮

技术负责人：李家鹏

主要产品：纸浆模塑食品包装制品、纸浆模塑设备

成立时间：2011 年

职工总数：711 人

技术人员：103 人

山东省

山东辛诚生态科技有限公司

企业性质：有限责任公司

地址：山东省滕州市西岗镇辛诚工业园

邮编：277500

电话：400-666-5128

网址：www.sincerus.com.cn

邮箱：sinchem@sinchem.net

法人代表：仇兴亚

经营负责人：房宽

技术负责人：王新安

主要产品：全降解纸浆模塑制品（餐具系列、包装制品等）

成立时间：2020 年

职工总数：400 人

技术人员数：52 人

广东省

广东省汇林包装科技集团有限公司

企业性质：有限责任公司

地址：广东省东莞市桥头镇大康路 20 号

邮编：523525

电话：0769-83391966

传真：0769-83390669

网址：www.li-lin.com

邮箱：canliang.mo@dghuilin.com

法人代表：丘燊飞

经营负责人：莫灿梁

技术负责人：刘武

主要产品：纸浆模塑包装纸托、纸浆模塑普通
餐具、纸浆模塑耐高低温餐具、纸
浆模塑助剂等

成立时间：1996 年

职工总数：1000 人

技术人员：80 人

东莞市美盈森环保科技有限公司—纸浆模塑事业部

企业性质：有限责任公司

地址：广东省东莞市桥头镇东部工业园桥头园
区美盈森工业园

邮编：523525

电话：0769-8693   8888-6329

网址：www.szmys.com

邮箱：mysmb@szmys.com

法人代表：王海鹏

经营负责人：钟同苏

技术负责人：江东辉

主要产品：包装印刷制品、纸浆模塑制品

成立时间：2008 年

职工总数：1300 人

技术人员：110 人

韶能集团绿洲生态（新丰）科技有限公司

企业性质：有限责任公司

地址：广东省新丰县马头镇工业园鑫马大道 18 号

电话：0751-2369661

传真：0751—2369667

网址：www.gdlz.com

邮箱：xfxflz@163.com

法人代表：徐红兵

经营负责人：徐红兵

技术负责人：林楷坚

主要产品：纸浆模塑餐具系列产品

成立时间：2017 年

职工总数：446 人

技术人员：56 人

沙伯特（中山）有限公司

企业性质：有限责任公司

地址：广东省中山市三乡镇平昌路 231 号

邮编：528463

电话：0760-86691777

传真：0760-86691000

网址：www.sabert.asia.

邮箱：gliang@Sabert.com

法人代表：Goh Kim

经营负责人：Goh Kim

技术负责人：Tony Wong

主要产品：纸浆模塑产品、纸板 & 纸制品、吸
塑类和注塑类一次性包装和餐具

成立时间：2005 年

职工总数：580 人

技术人员：91 人

云南省

绿赛可新材料（云南）有限公司

企业性质：有限责任公司

地址：云南省临沧市耿马傣族佤族自治县绿色工业园区

邮编：677500

电话：19808833993

邮箱：tj810@eco-cycle.com.cn

法人代表：童钧

成立时间：2019 年

主要产品：植物纤维模塑（纸浆模塑）制品

装备与器材及相关企业名录

List of Equipment Manufacturing Enterprises

河北省

河北海川纸浆模塑制造有限公司

企业性质：有限责任公司

地址：河北省石家庄市正定经济开发区

邮编：050800

电话：13731083388

网址：http://www.chinamoldingmachine.com

邮箱：haichuanmschinery@163.com

法人代表：胡朝霞

经营负责人：刘君

技术负责人：胡丛林

主要产品：纸浆模塑设备（往复式成型机；转鼓式成型机、蛋托生产设备、咖啡托生产设备、育苗盘生产设备等）

成立时间：1990 年

职工总数 100 人

技术人员数：35 人

河北省蟠桃机械设备有限公司

企业性质：有限责任公司

地址：河北省石家庄市正定县蟠桃村

邮编：050800

电话：0311-88222022　13722999096

传真：0311-88224345

网址：www.pantaojixie.com

邮箱：502172182@qq.com

法人代表：王兵雪

经营负责人：张路虎

技术负责人：张路虎

主要产品：转鼓式成型设备、多层金属自动线、转鼓式精品湿压成型机、制浆系统、节能真空系统

成立时间：2011 年

职工总数：150 人

技术人员：20 人

江苏省

苏州艾思泰自动化设备有限公司

企业性质：有限公司

地址：江苏省苏州市惠安路 8 号

邮编：215105

电话：0512-66186681

传真：0512-66186682

网址：http://isteautomation.com/cn

邮箱：fiona@isteautomation.com

法人代表：张雷

经营负责人：张雷

技术负责人：徐强波

主要产品：纸塑产品切边设备

成立时间：2012 年

职工总数：15 人

技术人员：10 人

浙江省

浙江欧亚轻工装备制造有限公司

企业性质：有限责任公司

地址：浙江省杭州市下城区文晖路 46 号现代置业大厦

邮编：310004

电话：0571-85180930

网址：www.eamc.cn

邮箱：fibermold@eamc.cn

法人代表：郑天波

经营负责人：金坤

技术负责人：郑天波

主要产品：纸浆模塑设备

成立时间：2013 年

职工总数：130 人

技术人员：50 人

浙江珂勒曦动力设备股份有限公司

企业性质：股份有限公司

地址：浙江省临海市江南大道 288 号

邮编：317000

电话：400-886-7766

传真：0576-85151258

网址：www.kelexi.cn

邮箱：kelexi@kelexi.cn

法人代表：许祖近

经营负责人：金志敏

技术负责人：王波

主要产品：真空泵设备

成立时间：2016 年

职工总数：70 人

技术人员：12 人

杭州品享科技有限公司

企业性质：有限责任公司

地址：浙江省杭州市东新路 948 号 2 幢 6 楼

邮编：310022

电话：0571-88351253

传真：0571-88351263

网址：www.pnshar.com

法人代表：苏红波

经营负责人：倪旭青、赵鹏程

技术负责人：郭利斌

邮箱：pnshar@pnshar.com

主要产品：纸浆模塑检测仪器设备

成立时间：2007 年

职工总数：56 人

技术人员：12 人

福建省

吉特利环保科技（厦门）有限公司

企业性质：有限责任公司

地址：福建省厦门市同安区同安工业集中区集安路 523 号

邮编：361100

电话：0592-7208177

传真：0592-7205368

网址：www.ydjtl.com

邮箱：yd2481668@163.com

法人代表：苏炳龙

经营负责人：苏双全

技术负责人：李家鹏

主要产品：纸浆模塑设备、纸浆模塑产品

成立时间：2011 年

职工总数：711 人

技术人员：103 人

山东省

山东汉通奥特机械有限公司

企业性质：有限公司

地址：山东省诸城市龙都街道西十里

邮编：262200

电话：0536-6218640

传真：0536-6113828

网址：www.chinahantong.cn

邮箱：aote7910@163.com

法人代表：王希刚

经营负责人：郑 杰

技术负责人：王太清

主要产品：纸塑制浆成套生产线（包括打浆设备、
　　　　　浆罐、自动控制）

成立时间：1995 年

职工总数：150 人

技术人员：25 人

青岛新宏鑫机械有限公司

企业性质：私营企业

地址：山东省青岛市即墨区邢家岭大食堂对面

邮编：266000

电话：13573882073

邮箱：1393162194@qq.com

法人代表：孙欢

经营负责人：李时福

技术负责人：李时福

主要产品：纸浆模塑设备、模具、机械手（研发中）

成立时间：2003 年

职工总数：20 人

河南省

焦作市天益科技有限公司

企业性质：有限责任公司

地址：河南省焦作市示范区南海路 1758 号

邮编：454000

电话：0391-8865551

传真：0391-3565218

网址：www.ty863.com.cn

邮箱：tyty863@163.com

法人代表：冯星起

经营负责人：毋玉芬

技术负责人：冯星起

主要产品：耐高温隔热绝热材料

成立时间：2006 年

职工总数：60 人

技术人员：8 人

广东省

广州华工环源绿色包装技术股份有限公司

企业性质：有限责任公司

地址：广东省广州市科学城科学大道 99 号科汇
　　　金谷

邮编：510700

电话：020-62327808

传真：020-62327809

网址：www.pulpmoldingchina.cn

邮箱：hghy@hghuanyuan.com

法人代表：吴姣平

经营负责人：吴姣平

技术负责人：陈忠

主要产品：纸浆模塑设备和模具（包括但不限
　　　　　于：蛋托蛋盒系列、精品工包系列、
　　　　　一次性餐饮具系列等）

成立时间：2000 年

职工总数：150 人

广东瀚森智能装备有限公司

企业性质：有限责任公司

地址：广东省东莞市厚街镇瀚森纸塑产业园

邮编：523962

电话：400 6556 100

网址：www.hspulpmolding.cn

邮箱：lizhonghua@gd-handy.com

法人代表：温兴凯

主要服务：工厂设计与规划、智能化制浆系统、
　　　　　纸浆模塑成型设备、模具设计与制
　　　　　造、后工艺自动化设备、专业人才
　　　　　输出等

成立时间：2016 年

职工总数：200 人

佛山市必硕机电科技有限公司

企业性质：有限责任公司

地址：广东省佛山市三水区云东海街道永业路 5 号

邮编：528100

电话：0757-86635859

传真：0757-86635848

网址：http://www.mybesure.com

邮箱：bst@mybesure.com

法人代表：赵宝琳

经营负责人：赵宝琳

主要产品：纸浆模塑设备

成立时间：2013 年

职工总数：270 人

技术人员：160 人

格兰斯特机械设备（广东）有限公司

企业性质：有限责任公司

地址：广东省惠州市博罗县园洲镇深沥经济联
　　　合社社火烧墩 (土名) 地段

邮编：516123

电话：0752-6315879

传真：0752-6315879

网址：www.gdgranster.com

邮箱：granster@126.com

法人代表：陈豪

经营负责人：王方

技术负责人：陈豪

主要产品：永磁变频无油螺杆真空泵、高速离
　　　心鼓风机、单双级螺旋真空泵、无
　　　油螺杆鼓风机、双级永磁变频节能
　　　空压机等产品

成立时间：2005 年

职工总数：70 人

技术人员：15 人

迪乐科技集团·佛山市美万邦科技有限公司

企业性质：有限责任公司（外商投资企业法人
　　　独资）

地址：广东省佛山市南海区狮山镇罗村务庄小
　　　丰田工业区庄梁三路 8 号

邮编：528000

电话：0757-86400386

传真：0757-86400386

网址：http://www.deluxe-tech.com/

邮箱：sales5@jhwdf.com

法人代表：饶日华

经营负责人：饶日华

技术负责人：饶日华

主要产品：纸塑模具、机械制造及销售

成立时间：2014 年

职工总数：100 人

技术人员：25 人

广州市南亚纸浆模塑设备有限公司

企业性质：有限责任公司

地址：广东省广州市花都区花山镇工业园南社
　　　中街 79 号

邮编：510500

电话：020-86022274

传真：020-86022271

网址：www.nanyaboen.com

邮箱：nanya@nanyaboen.com

法人代表：王爱民

经营负责人：王平安

技术负责人：伦永亮

主要产品：纸浆模塑设备、模具

成立时间：1992 年

职工总数：220 人

技术人员：30 人

佛山美石机械有限公司

企业性质：有限责任公司

地址：广东省佛山市三水区乐平镇范湖工业区

邮编：528138

电话：0755-87659228

传真：0755-87659238

网址：www.meishijixie.com

邮箱：269892833@qq.com

法人代表：黄石招

经营负责人：蔡仁志

技术负责人：林伟健

主要产品：纸浆模塑设备

成立时间：2015 年

职工总数：110 人

技术人员：30 人

佛山市顺德区致远纸塑设备有限公司

企业性质：股份有限公司

地址：广东省佛山市顺德区伦教街道三洲社区
　　　振兴路 17 号 C 区

邮编：528300

电话：0757-27838852

传真：0757-26607933

网址：http://www.zhiyuanfs.com

邮箱：s-dzhiyuan@163.com

法人代表：黄炜圻

经营负责人：黄炜圻

主要产品：纸浆模塑机械设备和纸浆模塑制品

成立时间：2004 年

职工总数：500 人

技术人员：30 人

佛山市南海区双志包装机械有限公司

企业性质：有限责任公司

地址：广东省佛山市南海区狮山镇招大产业园
　　　创业南路 5 号

邮编：528225

电话：15814337880

传真：0757-86656770

网址：www.dnwpack.com

邮箱：manager@dnwpack.com

法人代表：范志交

经营负责人：范志交

技术负责人：范志清

主要产品：覆膜设备、覆膜材料、覆膜制品

成立时间：2010 年

职工总数：50 人

技术人员：8 人

广东旻洁纸塑智能设备有限公司

企业性质：有限责任公司

地址：广东省江门市蓬江区棠下镇堡安路 18 号
　　　1 栋

邮编：529085

电话：0757-2633033

网站：www.minjiegd.com

邮箱：sales01@gdminjie.cn;
minjie01@gdminjie.cn

法人代表：李杰敬

经营负责人：李杰敬

技术负责人：黄吉金

主要产品：纸塑模塑设备和模具

成立时间：2020 年

职工总数：75 人

技术人员数：50 人

深圳市山峰智动科技有限公司

企业性质：有限责任公司

地址：广东省东莞市大岭山杨朗路 422 号嘉盛
　　　科技园 10 栋 3 楼

邮编：518000

电话：13602588181

网址：www.shanfengzhidong.com

邮箱：202601168@qq.com

法人代表：刘坤锋

经营负责人：刘坤锋

技术负责人：刘坤锋

主要产品：竹木（浆、粉）餐具设备、自动化设备、装卸机器人

成立时间：2014 年

职工总数：100 人

技术人员数：60 人

东莞市基富真空设备有限公司

企业性质：有限责任公司

地址：广东省东莞市道滘镇小河智伟街 11 号

邮编：523170

电话：0769-88329766　13925733811

　　　13712288293

网址：http://www.dgjifuzkb.com/

邮箱：dgjifu888@163.com

法人代表：尹志强

经营负责人：刘锦祺

技术负责人：谢远东

主要产品：无油双级节能真空泵、无油螺杆真空泵、微油螺杆真空泵

成立时间 :2018 年

职工总数：40 人

技术人员：6 人

汕头市凹凸包装机械有限公司

企业性质：有限责任公司

地址：广东省汕头市金园工业城 16-09-1 片区厂房 2 幢全幢

邮编：515064

电话：13531232752

传真：0754-82533296

网址：www.auto-machinery.com

邮箱：automachinery@vip.163.com

法人代表：谢福松

经营负责人：陈壮平

技术负责人：陈壮平

主要产品：全自动纸浆模塑热成型机（纸浆模塑设备）

成立时间：2010 年

职工总数：50 人

佛山市顺德区富特力模具有限公司

企业性质：有限责任公司

地址：广东省佛山市顺德区大良镇红岗飞鹅岗工业区

邮编：528399

电话：0757-22297957　13360353569

邮箱：futeli88@163.com

法人代表：向孙团

经营负责人：向孙团

技术负责人：向孙团

主要产品：纸浆模塑模具及技术培训

成立时间：2005 年

佛山市南海区旭和盛纸塑科技有限公司

企业性质：有限责任公司

地址：广东省佛山市南海区狮山镇招大创业园

邮编：528225

电话：18038859838

邮箱：lijun91017@126.com

法人代表：李军

经营负责人：李军

技术负责人：黎炽林

主要产品：纸塑模塑生产模具、纸浆模塑生产设备、工业设计规划

成立时间：2019 年

职工总数：20 人

技术人员：5 人

深圳市超思思科技有限公司

企业性质：私营企业

地址：广东省深圳市横岗荷坳社区长江埔路 49
　　　号 U 栋 2 楼

邮编：518115

电话：0755-28995730　28992831　84044095

传真：0755-84044260

网址：www.chaosisi.com

邮箱：932359768@qq.com

法人代表：孙兆乐

经营负责人：孙兆乐

技术负责人：胡影平

主要产品：模具设计与制造

成立时间：2006 年 9 月 20 日

职工总数：105 人

技术人员：23 人

佛山市南海区凯登宝模具厂

企业性质：私营企业

地址：广东省佛山市南海区小塘镇五星社区宵
　　　家村 1 号

邮编：528231

电话：18176980199

传真：18176980199

邮箱：540183256@qq.com

法人代表：黄李萍

经营负责人：李泰

技术负责人：李泰

主要产品：模具设计与制造，精品湿压工包，
　　　　　餐具、杯盖模具设计与制造，铁氟龙，
　　　　　纳米陶瓷喷涂

成立时间：2021 年

职工总数：10 人

技术人员：3 人

佛山市浩洋包装机械有限公司

企业性质：私营企业

地址：广东省佛山市南海国家生态工业示范园
　　　区金石大道 25 号

邮编：528216

电话：0757-85438848

传真：0757-85438848

邮箱：helen.yang88@outlook.com

法人代表：邓剑峰

经营负责人：刘意辉

技术负责人：邓志坚

主要产品：纸浆模塑工业包装制品（干压制品、
　　　　　湿压制品）、模具设计与制造、成型
　　　　　与干燥设备（全自动机、半自动机）

成立时间：2022 年

职工总数：20 人

技术人员：8 人

深圳市昆宝流体技术有限公司

企业性质：私营企业

地址：广东省深圳市沙井街道沙井路大王山广
　　　场中心楼 401

邮编：518104

电话：0755-27391692

传真：0755-20695476

邮箱：quiber2019@163.com

法人代表：尹海军

经营负责人：尹海军

技术负责人：尹海军

主要产品：辅助设备（真空泵、空压机、真空
　　　　　气液分离罐、真空自动排水器、真
　　　　　空除尘过滤器等）、昆宝微油变频螺
　　　　　杆真空泵、昆宝无油变频螺杆真空

成立时间：2019 年

职工总数：15 人

技术人员：4 人

东莞市勤达仪器有限公司

企业性质：私营企业

地址：广东省东莞市洪梅镇尧均村涌鑫工业园内

邮编：523159

电话：0769-88438685

传真：0769-88433120

网址：www.china-qindayq.com

邮箱：89505708@qq.com

法人代表：李梅英

经营负责人：何献

技术负责人：李仕文

主要产品：制浆造纸检测仪器（抄片机、磨浆机、
　　　　　打浆度仪、环压仪等）

成立时间：2007 年

职工总数：70 人

技术人员：50 人

清远科定机电设备有限公司

地址：广东省清远国家高新区华南 863 科技创
　　　新园

邮编：511520

电话：0763-3550528　13903055961

传真：0763-3550529

网址：www.kedingchina.com

邮箱：qykeding@163.com

法人代表：叶锦强

经营负责人：叶锦强

技术负责人：叶锦强

主要产品：纸浆模塑自动化制浆系统、配套真
　　　　　空和空压系统、干压 / 湿压成型、热
　　　　　压和切边设备、大型烘干系统、全
　　　　　智能机械手工包 / 餐具生产线、纸塑
　　　　　模具和可降解纸塑原材料

成立时间：2015 年

职工总数：70 人

技术人员：48 人

莱茵技术监督服务（广东）有限公司

企业性质：有限责任公司

地址：广东省广州市经济技术开发区骏功路 22
　　　号之一 401-1

邮编：510530

电话：020-28391467

传真：020-28391999

网址：https://www.tuv.com

邮箱：Jim.Li@tuv.com

法人代表：姜宏

经营负责人：姜宏

生物降解项目负责人：李国俊

可生物降解测试项目：理化测试（红外鉴定，
　　　　　　　　　　重金属，氟含量，灰分，
　　　　　　　　　　厚度，克重）、降解率测
　　　　　　　　　　试、崩解率测试、植物
　　　　　　　　　　毒性测试、蚯蚓毒性测
　　　　　　　　　　试

成立时间：1995 年

职工总数：600 人

染料助剂与化学品企业名录

List of Dye Additives and Chemicals Manufacturing Enterprises

河北省

邢台市顺德染料化工有限公司

企业性质：有限责任公司

地址：河北省邢台市桥东区新华北路 18 号

邮编：054001

电话：0319-3609881　15833606085，

13383195958

传真：0319-3609882

网址：http://www.shundehg.com

邮箱：xtsd01@shundehg.com，

157478882@qq.com

法人代表：回振增

经营负责人：孙少锋

技术负责人：回雪川

主要产品：纸浆模塑工包类、餐盘类染料及助

剂

成立时间：1996 年

职工总数：182 人

技术人员：12 人

沧州市恒瑞防水材料有限公司

企业性质：私营企业

地址：河北省沧州市新华区北京路京贵中心

3-1109

邮编：061000

电话：17631799998

传真：0317-3565558

邮箱：531172543@qq.com

法人代表：吴琼

经营负责人：吴学晗

技术负责人：罗玉峰

主要产品：化学助剂（防水剂、防油剂、增强剂等）

成立时间：2009 年

职工总数：27 人

上海市

开翊新材料科技（上海）有限公司

企业性质：私营企业

地址：上海市闵行区向阳路 855 号 B210

邮编：201108

电话：021-52211360　18678688685

传真：021-64196821

网址：www.chemkey.com.cn

邮箱：sales@chemkey.com.cn

法人代表：杨磊

经营负责人：康广

技术负责人：李清林

主要产品：化学助剂（防水剂、防油剂、增强剂等）

成立时间：2016 年

职工总数：23 人

星悦精细化工商贸（上海）有限公司

企业性质：外资企业

地址：上海市徐汇区肇嘉浜路 1065 甲号飞雕国

际大厦 905 室

邮编：200030

电话：021-5228321

传真：021-62187200

网址：www.seikopmc.co.jp

邮箱：he-aihua@seikopmc.co.jp

法人代表：刘炯年

经营负责人：刘炯年

技术负责人：何爱华

主要产品：化学助剂（防水剂、防油剂、增强剂等）

成立时间：2006 年 3 月

职工总数：55 人

上海镁云科技有限公司

企业性质：私营企业

地址：上海市奉贤区远东路 668 号 3 号楼 3 楼 328 室

邮编：201401

电话：13611618710

传真：021-58332019

网址：www.meiyuntech.com

邮箱：meiyuntech@163.com

法人代表：陈洁

经营负责人：吕杰

技术负责人：高艳霞

主要产品：化学助剂（防水剂、防油剂、增强剂等）

成立时间：2021 年 1 月

职工总数：100 人

技术人员：20 人

广东省

深圳市龙威清洁剂有限公司

企业性质：私营企业

地址：广东省深圳市龙岗区宝龙街道龙新社区盈科利工业园 F 栋 301

邮编：518116

电话：13823639923

传真：0755-33833085

网址：www.szlwqjj.com

邮箱：lw368@szlwqjj.com

法人代表：张达

经营负责人：张达

技术负责人：周冰

主要产品：模具洗模水、纸塑脱模剂

成立时间：2007 年

职工总数：20 人

技术人员：5 人

社团与信息平台

Associations and Information Platform

★ 国际纸浆模塑协会

★ 包装部落

★ 领航纸模技术顾问

★ 纸浆模塑设计力量

★ IPFM 上海国际植物纤维模塑产业展

国际纸浆模塑协会

International Molded Fiber Association (IMFA)

国际纸浆模塑协会 (IMFA) 是在 1997 年成立的非营利组织，其使命是：

The International Molded Fiber Association (IMFA), was founded as a non-profit group in1997 with the mission of:

促进全球使用模塑纤维产品并倡导环境可持续性

Promoting the Global Use of Molded Fiber Products and to Advocate for Environmental Sustainability

IMFA 的运营由会员缴纳会费和捐赠提供资金与支持。作为模塑纤维专业人士的大家庭，IMFA 在全球模塑纤维行业中占很大比例。IMFA 的成员包括代表各种模塑纤维产品制造商、设计师和模塑机械制造商以及行业供应商。会员可接收模塑纤维行业新闻、市场信息和更新、监管问题、新技术和环境问题。

IMFA is funded and supported by dues paying members and donations, representing a large portion of the global molded fiber industry as a family of molded fiber professionals. The membership of IMFA consists of individuals representing manufacturers of many types molded fiber products, designers and molding machinery builders, as well as industry suppliers. Members receive molded fiber industry news, information and updates on markets, regulatory issues, new technology, and environmental issues.

IMFA 通过举办年度会议和网络研讨会来推动模塑纤维行业，为教育、网络、制造新技术和营销模塑纤维产品提供论坛。通过其网站，IMFA 还提高了公众对模塑纤维产品的认识，并为潜在的终端用户提供了轻松的途径联系全球模塑纤维制造商。

IMFA drives the molded fiber industry by holding annual conferences and webinars, providing a forum for education, networking, new technology in manufacturing, and marketing molded fiber products. With its comprehensive web site IMFA also provides for both expanded public awareness of molded fiber products, and for the ability for potential end users to easily find and contact global molded fiber manufacturers.

对于参与全球模塑纤维行业的伙伴通过 IMFA 统一声音、展示可信度、扩大模塑纤维市场并了解竞争问题是非常重要的。IMFA 是唯一的模塑纤维国际贸易组织，为模塑纤维产品的生产商和消费者提供利益。我们的亚洲总监卢逸升先生居住在中国广州和香港，随时欢迎回答有关如何联系 IMFA 以获得支持以及加入 IMFA 成为会员的问题和询问。

It is very important for those involved in the global molded fiber industry, to be unified with a combined voice through IMFA, to exhibit credibility, expand the molded fiber market, and be aware competitive issues. IMFA is the exclusive Molded Fiber International Trade Organization which provides benefits to both producers and consumers of Molded Fiber Products. Our Asia Broad Director Chris Lo is locate in China – Guang Zhou & Hong Kong. We always feel welcome to answer your questions & enquiry about how to connect to IMFA for support as well as join us to be a member.

International Molded Fiber Association
1350 Main Street Suite 110
Springfield, MA 0103 USA
www.imfa.org
International Molded Fiber Association 国际纸浆模塑协会

Kristen Wing —— Board member	Chris Lo —— Asia Board Director
Kristen Wing —— 董事会会员	卢逸升 —— 亚洲总监
Email: Kristen@imfa.org	Emai: Chris@imfa.org
Phone: +1 (413)285-8609	Phone: +86 147 143 08380
Web site: www.imfa.org	Web site: www.imfa.org

包装部落

　　包装部落是专业服务植物纤维模塑行业的平台型组织。以公众号包装部落2018（pulpmolding)、行业峰会、展会、微信社群、视频号、纸浆模塑商城等为媒介，配合使用产业互联网相关技术，集合行业内外从业人士力量，推广植物纤维模塑行业、产品，致力于促进植物纤维模塑行业发展，降低植物纤维模塑行业、客户准入门槛，让行业信息透明，让更多的朋友认识、了解、使用植物纤维模塑制品，为保护环境、保护地球尽绵薄之力。

　　植物纤维模塑，因我们而不同。

　　为行业发声，促行业发展，降低植物纤维模塑行业客户准入门槛。

　　联系人：董正茂

　　电话：13480663146

　　微信：13922840103

　　公众号：包装部落2018（pulpmolding）

领航纸模技术顾问

　　微信公众号"领航纸模技术顾问"是由领航纸模技术顾问（大连）有限公司搭建的微信公众平台，旨在收集、整理国内外植物纤维模塑行业发展概况、行业企业经营情况、科研与新技术研发情况等，以及相关行业企业介绍等，并予以发布和传播，以促进我国植物纤维模塑行业持续健康快速发展，展示我国植物纤维模塑行业企业形象，为植物纤维模塑行业的发展提供有价值的参考。

　　"领航纸模技术顾问"平台创始人黄俊彦教授多年来专注于植物纤维模塑专业理论和生产技术的研究，积累了二十多年植物纤维模塑专业理论研究和生产技术经验。先后于2008年主编出版第一版《纸浆模塑生产实用技术》，2021年主编出版第二版《纸浆模塑生产实用技术》，该著作是我国第一部全面展现现代植物纤维模塑行业新技术、新工艺、新产品、新装备、新趋势的专著，填补了我国植物纤维模塑行业专业理论书籍的空白，为我国植物纤维模塑行业的从业人员提供了重要的理论和技术参考，助推我国植物纤维模塑行业持续快速健康地向新的高度发展。

联系人：黄俊彦

电话：15566902258（微信同号）

公众号：领航纸模技术顾问

纸浆模塑设计力量

纸浆模塑设计力量是立足民间纸浆模塑产业一线设计群体，团结民间纸浆模塑产业一线设计力量，关注纸浆模塑产业一线设计力量能力提升和实现价值的平台。我们秉承"集结设计力量，共建设计生态"的理念：共同提高纸浆模塑行业设计驱动力，提升纸浆模塑行业设计师专业影响力，以业界交流、共享设计、经验分享、培训提升、资源整合、产业合作等活动为主要工作范畴的民间行业组织。

纸浆模塑设计力量——我们是相互帮助相互成就的有机团体。为了让纸浆模塑设计更有价值，为了让纸浆模塑设计师更有尊严，为了让大地更绿，天空更蓝。我们坚信，只要我们不忘初心，砥砺前行，纸浆模塑会因我们更有力量！纸浆模塑会因我们而不同！

IPFM上海国际植物纤维模塑产业展

聚焦植物纤维模塑智能精益制造、原辅材料革新及制品创新设计和应用，彰显植物纤维模塑绿色力量的无限潜力。由包装部落和美狮传媒集团上海华克展览强强联合主办的 IPFM 上海国际植物纤维模塑产业展 (IPFM Shanghai) 是植物纤维模塑产业专属的商贸交流盛会。

在全球禁塑和中国双碳政策下，IPFM 以"植物纤维模塑 成就美好生活"为主题，基于行业全局视野，连接各方资源，致力于为植物纤维模塑产业链打造"共谋共赢"的智慧商贸大平台和生态圈。IPFM 的展品涵盖制浆与助剂、制品成型设备、后道加工设备、辅助设备与模具、工包餐包精包制品、行业咨询与投融资 6 大主题板块的 11 个细分领域，是目前全球范围内产业链最集中的商贸展会。以制品为基点，向上打通设备与制造的发展与需求，向下连接各类餐饮外卖、方便预制食品、生鲜蔬果、农产品、日化美妆、奢侈品、电子家电、工业品、电商快递物流、医疗卫生、建材家居、园艺宠物、文创玩具等终端品牌用户。

展会创办于 2020 年，每年举办一届。展位官方微博 IPFM-Shanghai。同期举办植物纤维模塑产业创新中国论坛。

联系人：潘燕萍

电话：13817815318（微信同号）

公众号：